現代機械設計学

日置　進・楠井　健・水本宗男
岡村共由・吉永洋一・三枝省三・保川彰夫
岡野秀晴・河野顕臣・小林淳一・梅沢貞夫
共　著

内田老鶴圃

著者担当章一覧
(五十音順)

梅沢 貞夫　　第Ⅱ編 8 章
岡野 秀晴　　第Ⅱ編 6 章
岡村 共由　　第Ⅱ編 2 章
楠井　健　　　第Ⅰ編 1～3 章
河野 顕臣　　第Ⅱ編 7 章
小林 淳一　　第Ⅱ編 8 章
三枝 省三　　第Ⅱ編 4 章
日置　進　　　第Ⅰ編 1～4 章，第Ⅱ編 4 章
水本 宗男　　第Ⅱ編 1 章
保川 彰夫　　第Ⅱ編 5 章
吉永 洋一　　第Ⅱ編 3 章

はじめに

　本書は，新しく『機械設計学』を学ぶ，学生のための教科書として執筆したものである．大学の機械系学科で「機械の科学と技術」を学び卒業した若い技術者は，高度な学問領域の豊富な知識を即戦力的に新しい機械として具体化する設計・製造の業務に従事できるように訓練されていなければならない．また機械系を中心としたサービス産業においては，機械は多くの技術分野の成果が統合されたものという認識にたって，業務を遂行できるように教育されていなければならない．したがって，本書は，機械の生産の現場で新しい高度な知識と設計という成熟した技術を融合して新しい機械を創造するための基礎的な知識と技術を習得させることを念頭において執筆されている．

　さて，『機械』とは，例外を除いて通常は人力や畜力を用いることなく，移動・輸送・生産・情報処理・人間の生活の快適化などに寄与し，人類の生活を豊かにするための道具・無機物である．様々な機械を生産するに当たっては，事前に，機能・性能・価格・その他の影響因子について，設計者を含む生産者，顧客，ならびに最終的には一般社会との間で合意を得るための資料をつくることが必要である．この行為を具体的構想として描き出し，仕様を決定し，図面とすること，が『機械設計』である．

　そこで，『機械設計』を若い学生・技術者に修得させるには，上述の事柄を踏まえて，本来的に含まれている『機械』の意義を理解させると同時に，現代社会・市場の要求，新しい科学技術に対する独創的な閃きを具体的な図面とするための古くから確立され，通念化されている設計技法，それを最近発達の著しいコンピュータを用いたコンピュータ援用設計技法（Computer Aided Design：CAD）を教授することが必要である．したがって，『機械設計』の教育プログラムには機械設計学の講義とそれを補完する意味での設計製図の演習が必須となる．

　その意味で，本書は機械設計学を講義することを念頭において執筆されている．第Ⅰ編では，まず機械の一般的な内容を概論し，設計における材料の重要性に言及している．第Ⅱ編では，代表的な機械の設計手法を具体的に理解するためのケーススタディとし，機械要素，産業機械の例としてポンプ，電力機械の例としてガスタービン，

はじめに

コンピュータの外部記録装置として磁気記録装置，電子部品の例として半導体装置，自動化機器としてロボットを，近年の話題であるマイクロマシンを採り上げて概説し，また，コンピュータ援用設計法および力学による解析手法をコンピュータ援用化したコンピュータ援用エンジニアリング（Computer Aided Engineering：CAE）を含めている．

なお，本書は下記のような担当を定め共著としたものである．しかし，著作物としての一貫性を持たせるため，共著者それぞれが監修者の立場から精読している．執筆者とその担当した章は，第I編の第1章から第4章は日置 進，楠井 健，第II編の第1章機械要素の設計は水本宗男，第2章ポンプは岡村共由，第3章ガスタービンは吉永洋一，第4章磁気記録装置は三枝省三と日置　進，第5章半導体装置は保川彰夫，第6章ロボットは岡野秀晴，第7章マイクロマシンは河野顕臣，第8章CADおよびCAEは小林淳一，梅沢貞夫である．

なお，本書を執筆するにあたり，内田老鶴圃の内田 悟氏には慣れない執筆者に貴重なご助言と激励を頂いた．また，本書で引用している著書の出版社ならびに著者の方々には，その引用などについてご高配を頂いている．ここに感謝を申し上げる次第である．

2002年九重の節句　鳥海山を望む研究室にて

著者代表　日置　進

著者紹介
(五十音順)

梅沢 貞夫　(うめざわ　さだお)
1967年　東北大学工学部機械工学科卒業
1967年　(株)日立製作所（日立研究所）入社
1978年　(株)日立製作所（機械研究所）
2002年　(株)日立製作所退職後，JICA シニア海外ボランティア（現在にいたる）
主な研究歴：構造強度，疲労評価，破損解析に関する研究

岡野 秀晴　(おかの　ひではる)
1967年　東京工業大学機械工学科卒業
1967年　(株)東芝（原子力技術研究所）入社
1999年　秋田県立大学システム科学技術学部教授（現在にいたる）
主な研究歴：材料強度，トライボロジーに関する基礎研究．回転機器，原子力用機
　　　　　　器，遠隔作業装置，ロボットに関する研究開発
工学博士（東京大学）

岡村 共由　(おかむら　ともよし)
1967年　京都工芸繊維大学大学院修士課程修了
1967年　(株)日立製作所（機械研究所）入社
1992年　(株)日立製作所（土浦工場），現(株)日立インダストリイズ
　　　　（現在にいたる）
主な研究歴：ポンプの水力性能およびキャビテーションに関する研究開発
工学博士（東北大学）

楠井　健　(くすい　たけし)
1945年　東京大学卒業
1945年　リズム時計工業入社
1961年　大阪府立大学講師
1973年　同大学助教授
1987年　同大学退職後，NEC と中国語ワープロ共同開発（現在にいたる）
工学博士（大阪大学）

著者紹介

河野 顕臣（こうの あきおみ）
1973年　大阪府立大学大学院修士課程修了
1973年　(株)日立製作所（機械研究所）入社
2002年　(株)日立製作所（産業・流通システム事業部）(現在にいたる)
主な研究歴：材料加工技術，強度信頼性評価技術に関する基礎研究．金属材料の熱処理・表面処理・塑性加工，粉末成形，半導体実装技術，非破壊検査技術，マイクロマシン技術に関する研究開発
工学博士（大阪府立大学）

小林 淳一（こばやし じゅんいち）
1976年　東北大学大学院博士課程修了
1976年　(株)日立製作所（機械研究所）入社（現在にいたる）
主な研究歴：ターボ機械の流体性能，反応を伴う流体解析，プラズマ解析，希薄気体解析
工学博士（東北大学）

三枝 省三（さえぐさ しょうぞう）
1975年　広島大学大学院工学研究科修了
1975年　(株)日立製作所（機械研究所）入社
1990年　(株)日立製作所（横浜工場）
1996年　(株)日立製作所（ストレージ事業部）(現在にいたる)
主な研究歴：振動工学，実験的モード解析，光計測，機械結合部の動剛性に関する基礎研究．光ディスク装置の機構と制御，磁気ディスク装置の機構と制御に関する研究開発

日置 進（ひおき すすむ）
1966年　大阪大学大学院工学研究科博士課程単位取得
1967年　大阪大学文部教官助手
1971年　(株)日立製作所（機械研究所）入社
1999年　秋田県立大学システム科学技術学部教授（現在にいたる）
主な研究歴：破壊力学，疲労，破損解析に関する基礎研究．産業機械，量産型圧縮機，原子力機器，半導体装置，機能性材料（超微粒子，セラミックス加工など）に関する研究開発
工学博士（大阪大学）

著者紹介

水本 宗男　（みずもと　むねお）
1975年　慶應義塾大学大学院修士課程修了
1975年　（株）日立製作所（機械研究所）入社（現在にいたる）
主な研究歴：軸受，シール，トライボロジー技術に関する基礎研究．超伝導発電機用磁性流体シール，ターボチャージャ用軸受，半導体製造装置用低発塵摺動技術，宇宙ロボット用トライボロジー技術，ノンフロン圧縮機用軸受・摺動材料に関する研究開発
工学博士（東北大学），技術士（機械部門）

保川 彰夫　（やすかわ　あきお）
1973年　早稲田大学理工学部機械工学科卒業
1973年　（株）日立製作所（機械研究所）入社
2000年　（株）日立製作所（自動車機器グループ）（現在にいたる）
主な研究歴：半導体装置，半導体センサの応力，強度に関する連続体解析，原子レベル解析および最適設計
工学博士（早稲田大学）

吉永 洋一　（よしなが　よういち）
1967年　大阪府立大学大学院修士課程修了
1967年　（株）日立製作所（機械研究所）入社
1994年　（株）日立エンジニアリングサービス
2001年　津山工業高等専門学校電子制御工学科教授（現在にいたる）
主な研究歴：熱流体工学に関する基礎研究．ターボ機械，ガスタービンに関する研究開発
工学博士（慶應義塾大学）

目　　次

はじめに …………………………………………………………………… i
著者紹介 …………………………………………………………………… iii

第Ⅰ編　機械設計概論

第1章　緒　　言 ……………………………………………………… 3

第2章　機械の定義 …………………………………………………… 7
2.1　機械の目的　*7*
2.2　機械の構成　*8*
2.3　機械の性能と評価　*11*

第3章　機械設計と設計者ならびに手法 ………………………… 19
3.1　設計と設計者　*19*
3.2　各種の設計の目的と内容　*21*
3.3　設計の過程　*27*
3.4　設計者の基本的な心得　*29*
3.5　設計と規格　*31*

第4章　機械設計と材料 ……………………………………………… 39
4.1　はじめに　*39*
4.2　材料の価格　*39*
4.3　製品の単位重量当たりの価格　*43*
4.4　工業用材料の一般的な性質　*45*
4.5　材料特性の効果的な利用　*47*
4.6　まとめ　*50*

目　次

第 II 編　ケーススタディ

第 1 章　機械要素の設計 ·· 55
1.1　はじめに　*55*
1.2　ねじの設計　*56*
1.3　軸の設計　*62*
1.4　軸受の設計　*66*
1.5　演　習　*84*

第 2 章　ポ　ン　プ ·· 87
2.1　はじめに　*87*
2.2　ポンプの機能・性能と構造　*87*
2.3　ポンプの作動原理　*92*
2.4　ポンプの性能に関する相似則　*95*
2.5　ポンプの設計　*96*
2.6　遠心ポンプの設計法　*106*
2.7　演　習　*109*
2.8　まとめ　*110*

第 3 章　電力機械—ガスタービン ································ 113
3.1　はじめに　*113*
3.2　ガスタービンの作動原理　*115*
3.3　ガスタービンの構造　*120*
3.4　ガスタービンの設計　*129*
3.5　ガスタービンの運転・制御　*185*
3.6　演　習　*196*
3.7　まとめ　*198*

第 4 章　磁気記録装置 ··· 201
4.1　はじめに　*201*
4.2　磁気記録の原理　*202*

4.3　磁気ディスク装置における高密度化・高速化の課題の要約　*205*
4.4　ハードディスク装置の高密度化　*208*
4.5　ヘッドの位置決めと浮上量　*211*
4.6　スライダの設計上の留意点　*213*
4.7　スピンドルと軸受構造　*215*
4.8　まとめ　*217*

第5章　半導体装置の構造設計　219

5.1　はじめに　*219*
5.2　半導体装置の構造設計概要　*219*
5.3　半導体チップ実装構造の熱応力発生挙動の概観と設計項目　*222*
5.4　各設計項目の解析評価技術　*225*
5.5　設計手順　*232*
5.6　演習　*234*
5.7　まとめ　*237*
　　付録　シリコンの脆性破壊強度と原子レベルシミュレーション　*237*

第6章　自動化機器—ロボット　243

6.1　はじめに　*243*
6.2　ロボットの分類とその構成　*243*
6.3　基本構成要素　*246*
6.4　設計の要領　*255*
6.5　設計演習　*261*
6.6　まとめ　*280*

第7章　マイクロマシン　283

7.1　はじめに　*283*
7.2　マイクロマシンの特徴　*284*
7.3　マイクロマシン技術　*284*
7.4　マイクロマシンの設計　*286*
7.5　マイクロマシン要素デバイスの設計演習　*293*

第8章 コンピュータ援用設計およびエンジニアリング ……………………305
- 8.1 CAD と CAE　*305*
- 8.2 CAE 実行の概要　*306*
- 8.3 CAE 事例　*317*

索　　引 ………………………………………………………………………*337*

第Ⅰ編 機械設計概論

第Ⅰ編　機械設計概論

第1章　緒　　言

　まず，世の中にはどのような機械があるのかをみてみる．機械の主たる位置を占めていたものを歴史的にみると，次のようになる．古くは動力を人力・畜力に求めた運搬用車両・船舶・戦車・ポンプ・精錬用ふいごなどがあり，次いで自然界の力を動力源とした水車・風車，これらを用いた製粉機・ポンプ・送風機などがあった．時代が少し下がって，動力源である蒸気機関・内燃機関・蒸気タービン・ガスタービンなどの熱機関，これらの熱機関を動力源とした発電機・自動車・航空機・建設機械・電動機（モータ），モータを利用したポンプ・圧縮機・空調機などの電気機械，機械の製作のための工作機械などをあげることができる．

　ここ30年を最近というとすると，ハード面でのコンピュータやLSI・ICまで含めた半導体，およびその製造装置，情報の記録のための機器であるVTR・磁気ディスクや光ディスクなどのディスク機器類，情報の印刷のためのプリンタや複写機，これらを組合せたATMなどを，最近の機械ということができる．また，コンピュータと制御技術を組合せたロボットや自動生産機械もまた最近の機械ということができる．現在の出荷額からいえば，これらの機械が主たる機械の座についたといってもよい状況にある．

　ここで，現在一般に使用されている機械を分類してみると次のようになる．
　（1）流体機械：水力機械・油圧機械・空気機械
　（2）熱　機　械：燃焼装置・ボイラ・蒸気機関・内燃機関・冷凍機械・空調機械
　（3）輸送機械：自動車・鉄道車両・航空機・船舶・各種運搬機械
　（4）工作機械：鋳造・鍛造・圧延・プレス・切削・溶接接合・組立などに関わる各種工作機械
　（5）産業機械：繊維機械・化学機械・建設機械・鉱山機械・農業機械・水産機械・事務機械などの各種機械

(6)制御機械：自動制御機械
(7)計測機械：計測機器・試験機
(8)電子機械：コンピュータ・プリンタ・記憶装置・半導体装置などの情報機器・ATM・ロボット

　電子機械は制御用電子回路を持つ機械という意味合いが強い機械であり，(1)〜(7)にあげた分類に属する機械も最近ではほとんどが制御指令は電子的に行っており，それゆえ，改めて電子機械の項目をもうけることはないのであるが，ここでは従来の機械と異なることを強調するためにあげておく．

　さて，上に述べた様々な機械の必要性は市場すなわち社会の発展状況に依存する傾向にあり，機械に限らず新しい科学技術や材料の発明は市場が必要とするものに対する先見性を持った個人の卓越した閃き，アイデアによることが多い．しかしながら，研究開発や機械などの設計・改良に携わっていると，程度の差こそあれ，独創的な閃きが湧き出てくるものである．この閃きをいかに具体化するかであるが，イメージを具体的構想として概念的に描き出し，そこに機械の目的，機能・性能および使用者の心理的・肉体的要求を満足するように形状・材料・寸法すなわち仕様を決定し図面化する．これが設計行為である．もちろんその機械が機能と性能を満足するように力学（材料力学・流体力学・熱力学・機械力学）や機構学，材料学の観点から検討し，生産工程での製造のしやすさを考慮していなければならない．また工業製品として相応しい優良な機械に要求されることは，経済的な観点から利益を生み出し，次世代の機械の開発・生産に継承されるに耐えうる仕様であることである．また，機械は，その開発者・設計者・製造者および彼らが所属する企業体に利益をもたらすものであるから，構造・性能などの発明に対して独占的に使用する権利を保有するため，特許を中心とした工業所有権があり，活用することが必須事項となる．

　さて，コンピュータが現在ほど発達していなくて，自由に使えなかった時代では，概念図から手書きで行い，その性能や強度などは計算尺や対数表・手動の計算機により計算され，設計図として描かれた．この設計図は製造部門に渡され，製造部門では設計図から各部品を製作するための部品図を作成していた．この部品図をもとに，素材を所定の寸法と精度に加工し，部品を製作した．これらの各部品は次の組立の工程に供給され，組立の工程では機械として，または組立のための機械として機能を発揮するように組立てられていた．

　現在では，概念図を手書きのスケッチで始めるのは以前と同様であるが，図面化の段階からコンピュータで図面を描き，コンピュータが持っているデータベースを用い

ることにより素早い設計が可能となってきている．同時に，コンピュータと連動したプリンタにより具体的な図面として提供され，部品図への展開もコンピュータ内のソフトを使うことにより手間を掛けずに得ることができる．また，従来は図面の流れが生産の流れであったのが，各職場のコンピュータのネットワーク化により設計図面などの情報伝達が高速かつ正確になってきている．机上においてその機械の性能を把握するに当たっても，複雑な形状に対する強度計算や複雑な流れに対する流体解析，熱伝導に対する熱解析も有限要素法をはじめとする数値解析法の発達により，短時間に，場合によっては瞬時に計算が可能となっている．

　さて，これらの工程を経て，組立てられた機械は，所定の性能を満足しているか否か確認のための試運転と検査を行う．検査には，性能検査以外に，寸法など外観上の検査なども行う．この検査段階で検査基準に合格したもの，すなわち製品が市場に出荷されることになる．ここで，検査に合格したことを認定したということは，製造者が社会に対してこの製品はある所定の基準を満たした製品であること，すなわち，性能を満足し，安全に使用に供することができる製品であることを宣言したことと同じ意義を持つことであるから，合格認定者は製造者と社会の接点という重要な立場に立つ者であり，大きな責任を担っているのである．

　出荷された機械は市場すなわち社会において，安全に効率よく稼働していなくてはならない．このことを確認し，状況に応じて修理や部品の交換することが必要である．これは機械の保守管理に関することであるが，設計の時点で保守すべき仕様を決

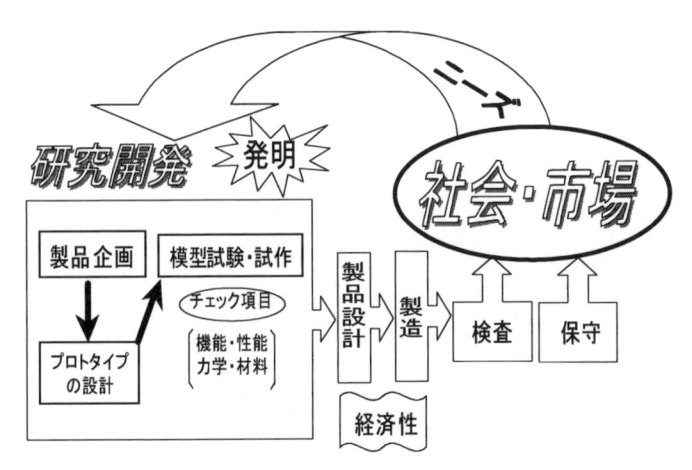

図 I-1-1　市場ニーズ・製品開発・設計・製造・検査・保守にいたる流れ

定しておくべきであり，この仕様に対していかに保守作業を行うかは，担当部署の主導により行われる．

これまで述べてきた事項を図に示すと図I-1-1のようになる．すなわち，機械は，市場のニーズを把握して生じたアイデアの具体化である発明から，設計・経済性評価・製造・検査・保守・市場にいたるまでの流れに従うこと，そこでは，設計がすべての過程に重要な役割を担っていることが分かる．

[例題] 図I-1-1は社会のニーズを製造者がつかみ，新しい機械を作り社会に提供する有様を図式化したものである．しかし，本来製造者も社会の一員として組込まれた存在である．これを考慮すると，どのような図式が成り立つかを考えよ．

第Ⅰ編　機械設計概論
第2章　機械の定義

2.1　機械の目的

　機械の設計を講義するに当たり，最初に「機械とはなんぞや」という命題から入ることも考えられるが，本書では実際的な内容から入り，その存在意義に関する議論についてはここで少し触れておくにとどめることとする．機械の目的を，一般論的にいえば「人類の生活を豊かにするための道具である，または人間の欲望を満たすための道具である」と考える．「機械設計の基礎」[1]の機械の目的の項の記述を引用要約すると次のようになる．

　──19世紀においてルーロー[1]が「機械はいくつかの固体の集まりで，ある決まった関連運動が可能なように，それらが組立てられており，動力の供給を受けて（人間に）有用な生産活動をするもの」と定義している．以来，日本では20世紀の中頃に渡辺茂[2]や富塚清[3]が論じているが，前者は「機械とは，人間に有用な目的を達成させるために，物体を組合せて作り，これらの各部に所定の機能を与え，全体として所定の機能を実現させたものである」と述べ，後者は機械の功罪に言及して「機械は牛馬的苦役から人間を解放し，しかも豊富な物質を与え，飢餓，凍死を救い，各種の乗物による敏速な移動能力を獲得させた．これで永い年代にわたる人類の夢想はあらかた実現された．」「しかし機械の副作用も，また次第に目につきだした．安逸による人類の能力の低下，いっさいの仕事の巨大化，人間そのものの相対的な小型化ないし主体性の喪失による各種のゆがみ，特に戦争手段の巨大化による人類全滅への不安など…機械文明が進むにつれてノイローゼ患者が増加したことが，端的にこのこと（機械の副作用）を物語っている．」富塚はこのように述べた後，結論として，「機械のそもそもの目標は人間の福利増進にあることは決まっているが」これに反することが出てくるのは，「機械の使いかたが悪いからだ」と述べている．そして機械文明を

いかにうまく我々の生活に取り入れていくべきかについては,「特に政治家の責任が重く, ここに誤りがあれば現代の社会は, 一見繁栄しているように見えていても案外早い衰亡に導かれることは必至で, 反省は現段階においても決して早すぎない重大なことだ」と述べている.──

富塚のこの記述は 1965 年であり, 公害・資源問題が現在のように厳しい状況になっていない時点で基本的な見通しを与えているのは注目に値するものである.

さて, 機械が現代ほど氾濫していない時代においては, 上述のような議論も有用であり, 現代にも通じる卓越した意見もあるが, 我々は現代に生きておりこれを次の世代に継承しようとしているのである. したがって, 機械の功罪をひっくるめて解釈し, これをいかに「有用」に使い, 有害になる要素を抑制していくか, また実行していくかを考えるべきである. 冒頭に述べたように, 機械は人間の欲望を満たすための道具と考えると, それを有用に使うのも有害に使うのも人間次第ということになり, 人間の成熟度に依存することが大きいと考えられる. すなわち, 社会全体の課題であり, 単に政治家や, 官僚, 科学者など特定の専門家に責を課する問題ではない.

[例題] 機械の目的について, 自分の考えをまとめよ.

2.2 機械の構成

機械は先人が定義したようにハード的にはいくつかの固体が組合され, それが関連運動し, ある効果をもたらすものである. したがって意志を持たない物体があたかも意志を持つがごとく特定の運動をし, 作業をするのであるから, その仕組みが理解できない限り, 機械を理解できないことになる. しかし, 以下に述べる複雑な機械でも, 一つ一つの部品に分解すれば, その各々の形や働きは単純で, それぞれがどのような形でどのように動くかは, 容易に理解できるのである[1].

例えば裁縫ミシンについては, 縫うという人間の手指の精巧な作業を機械化する目的で作られた機械にふさわしく, 一見して非常に複雑な機構を持っているので, 動作の原理については, ほとんど理解し難いように思える. しかし分解してしまえば, これはフレーム・軸・軸受・レバー・各種のカムやリンクなどの総合されたものであることが分かる. そしてこれらの部品の一つ一つはそれぞれ決められた単純な機能を持っているにすぎない. 自動車についても同じことがいえる. 自動車は, シャーシに走

第 2 章　機械の定義

行のためのホイールが取りつけられ，ボディにより人貨が保護され，駆動のためのエンジンがあり，発生する熱を取るためのラジエータが搭載され，始動のためのセルモータ，円滑な走行のためのミッションギヤ，操舵のためのハンドル，停止と減速のためのブレーキ，運転者などのための座席シートを始めとする機械部品で成り立っている．また各種の計器類・ライト類・ラジオ・ナビゲータなどの電装品，特に最近では各種の機械は電子的に制御されるのでそのための電子部品など非常に多くの部品で構成されている．そして機械部品の中では，エンジンのようにそれ自体が相当規模の大きい，まとまった一つの単位機械になっている．これらの単位機械を分解すれば，まだいくつかの小規模な単位機械に分かれ，それを分解してやっと一つずつの部品になる．

このように，たいていの機械は単一の部品の集合体であるが，単なる集合体ではなく，秩序立った構成となっており，図 I-2-1 に示すような階層組織（ハイアラーキ：hierarky）状となっている[1]．すなわち，最小単位の個々の部品が組立てられてモジュールを作り，多くのモジュールがさらに組立てられてユニットを作り，それがまた組立てられて最終的に目的の機械として作り上げられる．

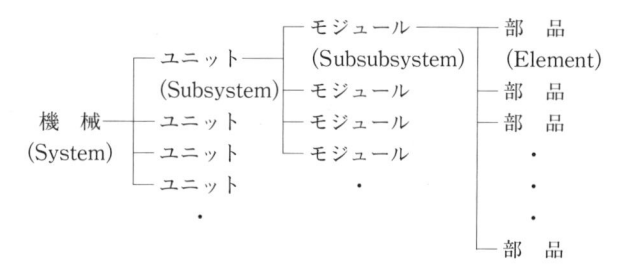

```
                    ┌─ モジュール ──┬─ 部 品
              ┌─ ユニット ──┤  (Subsubsystem) │  (Element)
              │  (Subsystem)├─ モジュール   ├─ 部 品
 機　械 ──────┼─ ユニット    ├─ モジュール   ├─ 部 品
 (System)     ├─ ユニット    ├─ モジュール   │   ・
              ├─ ユニット    │   ・         │   ・
              │   ・         │              │   ・
              │                              └─ 部 品
```

図 I-2-1　機械の階層組織[1]

図の構成では階層組織は 4 階層になっているが，機械の規模の大小によって階層の段数は様々である．自動車のようにエンジン→ディストリビュータ→電気接触片というものもあれば，最も単純な，手廻しドリル→駆動歯車→ハンドルという例もある．部品の種類・数と階層数の多い機械ほど，高級というより，複雑な機械である．したがって設計においては多くの要求技術を取りまとめるシンセシス（synthesis）能力が要求される．

先に述べたように，機械はいかに大規模なものでも，分解すれば簡単な個々の部品の集合体である．ここで簡単なと表現したのは，機能的に単純なことを指し，形状の

単純さにも通じる．機能の側面から機械部品を分類したとき，「機械要素」という概念が生み出される．例えば締結要素としてねじ・リベット・ピンなどが，変位・力・動力などの伝達要素として軸・軸受・摩擦車・プーリとベルト・歯車・リンク・カムなどが，流体輸送要素として管やバルブその他の各種配管部品が分類される．これらの機械要素は，それぞれの機能を満足するため，その運動と作用する力に耐えられるように形状が定められる．以前は，要素に作用する応力は材料力学により，運動に関しては機械力学や機構学により解析的に求められてきたが，現在では有限要素法などの数値解析によることが多くなっている．すなわち，これらの学問分野の知識，要素技術は，非常に重要なものであるとともに，現代に使われる解析技術を駆使することにより，完全な設計を可能としている．

　上述のように実際に機械を設計する設計技術では，これらの学問の成果を使って部品の形状と寸法を求めることになる．しかしこの形状と寸法の変化の可能性は，実地においては解は無限に存在し得る．例えばボルト・ナットは締結機械要素として一般によく使われているものの一つであり，これに関する機構学と力学はよく知られている．すなわちボルト・ナットの機能部分であるねじの形状と締付力と材料とが与えられれば，ねじの有効直径（ねじの山径と谷径の平均径）とピッチが計算できる．ねじの形状と材料を一定としても，締付力はこのボルト・ナットの適用箇所によって大小があるから，それに応じてボルトの直径は多くの値を取り得るし，それに応じてピッチの値もいろいろとなる．これは設計者ごとに，機械ごとに，無数の種類のボルト・ナットが設計製作され得ることを意味する．その上，ねじ山の形の決定が設計者の自由だとすれば，非常に多くの種類が使用され得ることになる．このような状況は，学問的には間違いがなくても，技術的・社会的には不合理であり，経済的に不合理であることを意味する．この不合理を避けるため，機械部品の分類，形状と寸法の単純化と後に述べる標準化が生まれてきたのである．

　上述のねじ類と同様に，共通に，大量に使用される基本的な機械部品は同様に標準化され，規格部品となっている．また単一部品でなく，まとまった機械であっても普遍的に各種の機械の中に組込まれてモジュール，ユニットなどとして使用される機械が，それ自身標準化され規格品となっている例も多い．汎用の交流電動機や軸継手がその例である．

　機械部品，モジュール，ユニットの標準化は，これらを専門に生産する企業が生まれ，大量に生産されるようになっている．大規模な機械を設計するときにも，部品，モジュールなどにできるだけ規格品を使用することによって，設計の手間を省くと同

2.3 機械の性能と評価

2.3.1 機械の仕様と基本性能

　完成した機械には，すべて仕様書（specification：いわゆるスペック）が付いている．一例として，非常に成熟した機械であるポンプのうち，組立図を図I-2-2に示す小型片吸込渦巻ポンプを取り上げる．図中の右上にその仕様が簡単に記されている．また，表I-2-1は別の渦巻ポンプに記されている仕様について，その意味を解説したものである[1],[4]．

　すなわち，設計者がポンプを設計するとき，設計の大前提として設計要求書に与えられるのは吐出し量，揚程，流体の種類の三つである．これをもとにして設計製作されたポンプに付いているのが仕様書である．表I-2-1による，電動機がポンプ羽根車に与える仕事量を羽根車の回転によって水に移した結果，この例では毎秒当たり125

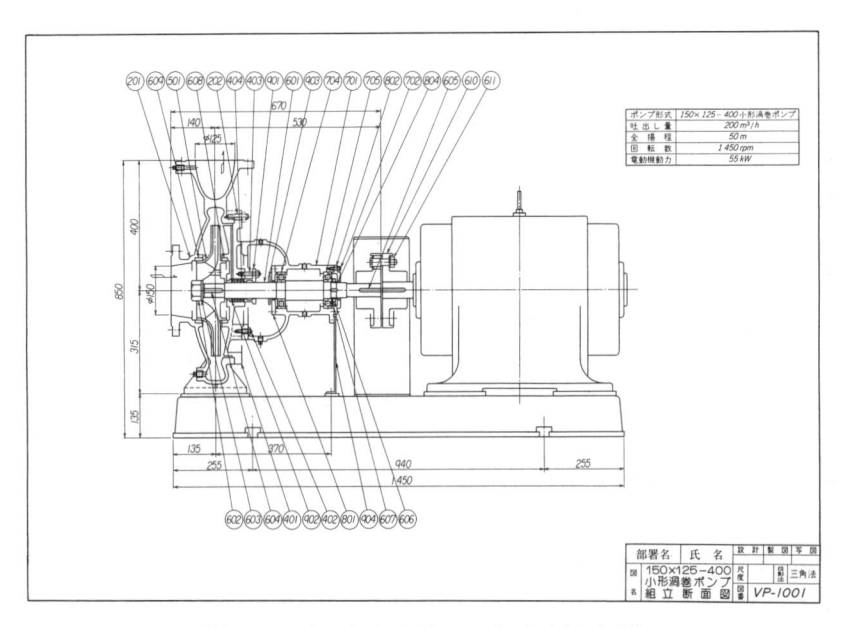

図 I-2-2　小型片吸込渦巻ポンプの組立断面図[4]

表 I-2-1　[例] ○○型渦巻きポンプ（汎用）[1]

用途	上下水道	腐食性の液体や固形物の混じった水など特殊な液は使用されないので，材料は特殊なものを使わない．
型式	両吸込み	羽根車が2枚，背中合せに組立てられており羽根車の軸に沿って両側から水を吸込み，軸と直角方向に吐出す形式．
口径	300 mm	吸込管・吐出し管の内径で，ポンプの代表寸法の一つ．
吐出し量	7.5 m³/min	125 kg/sec．水の温度が常温である．
揚程	12.5 m	定格運転条件すなわち正規の運転状態において，吸水面から12.5 mの高さの吐出し水面に7.5 m³/min（125 kg/sec）の割合で揚水する性能を示している．
電動機（直結）	220 V 3φ 4P 22 kW 60 Hz 1750 rpm	電圧 220 V，3相，4極，定格消費電力 22 kW，周波数 60 Hzのとき，回転数 1750 回転/分の電動機がポンプベッドに組込まれている．
寸法		長さ(L)×幅(W)×高さ(H)　単位(mm)
重量		単位(kg)

　kgの質量の水を，12.5 mの高さに持ち上げる仕事がなされるが，計算すればそれは15.3 kWの電力に相当する．このポンプの動力効率を75%と仮定すると，電動機は20.4 kWの出力が必要となるが，余裕をみて22 kWの規格品の電動機を付けることになったのである．普通のポンプ設計では，設計の前提として吐出し量と揚程が与えられ，回転数と口径を設計者が決定すると，羽根車の型が決まる．次に，羽根車の大きさと形，ケーシングの型と構造と寸法，効率と所要動力が一応決まり，全体と細部の構造が決定され，寸法や重量が計算され，ポンプが製造され，試験され，設計結果が確認され，その結果仕様書が確定される．詳細は第II編第2章を参照されたい．このように仕様書は，その機械の基本的な性能（同時に設計の大前提を意味するが），設計結果のうちの主要な諸元（例えば口径，動力，全体寸法，重量）をまとめたものである．

　この程度の要目さえあれば，ポンプの基本性能がどの程度に優れているかを推定することもできる．例えば，この例では効率が少なくとも69.5%以上であることが分かる．効率は高いほど，100%に近いほどよい．また重量が小さいということは，機械が軽く設計製作されていることを示す．これにより，使用目的に合致したポンプかどうか，また経済的に優位かどうかを，大略判定することができる．

2.3.2 基本性能とコストの間の矛盾

前節に引き続いて，ポンプを例として考えてみる．ポンプ設計の目的の一つは動力効率を少しでも上げるような構造と形状を決めることである．すなわち効率はポンプの基本性能評価における最重要の項目といってよい．しかし，生産コストもこのポンプの優劣の評価に対する重要な因子である．以下に両者の間の矛盾について述べる．

渦巻ポンプにおいて効率が100%に達しない理由は，第1に，羽根車の回転によって水が遠心力で振り飛ばされ，羽根の間を通って流れるときに摩擦が避けられないからである．その他の部分における水の摩擦もある．第2に水が羽根車に沿って流れず，局部的な逆流や衝突が起こるからであるが，これは流体力学の理論を適用して，主要部の形状を上手に決めることによって，正規の運転状態[*1]においては，ほとんど避けることができる．第3に，パッキングや軸受などの機械的摩擦のために供給動力の一部が熱になる．第4に，吐出し側（高圧）から吸入側（低圧）へ，ケーシングの内部で水の逆流が避けられず，第5に，シャフトがケーシングを貫くパッキングのところで水が外部に漏れるからである．大まかにいえば，第1と第2の原因によって揚程が減少し，第3の原因は動力の直接の損失となり，第4と第5は吐出し量の目減りを招くのである．これらをポンプ内部における損失という．効率を上げるためには構造および部品を精密に仕上げることにより，これらの損失を減少させるようにしている．

第1と第2の損失に対しては，水の流れる羽根車内部，ケーシングや吸入吐出し管内壁を精密に仕上げ，理論どおり，設計どおりの精度にする．第3に対してはメカニカルシールを用い，高級な軸封じを適用したりして摩擦を減らす．第4と第5に対してはケーシングと回転部の間の隙間を極小にして漏れを減らし，パッキングにメカニカルシールを使うと有効である．

ところで，これらの措置は，すべて生産コストの上昇を招くものばかりである．また第3と第5は，実際には矛盾している．なぜならば軸がケーシングを貫く軸封部に

[*1] ポンプの性能は運転状態で変わり，横軸に吐出し量，縦軸に揚程・回転数・動力・効率をとった特性曲線図によって表現される．仕様書に書かれている吐出し量や揚程は，この図上に示される正規の運転状態における値で，そこで効率はほぼ最大となり最適設計条件を満たしている．

おいては，必ずパッキングがあり，そこは潤滑しないと焼付いて破壊するが，そこでは，漏れる水の作用によって潤滑しなければならないのであるからである．

　汎用（農業・土木・工場用）の揚水ポンプでは水が完全に清浄であることを期待できないから，精密極小の隙間のはめあいは摩耗が早く，部品交換が頻繁になることを避けるためには，吐出し量損失が多くても，精密でなく武骨な構造のほうがかえって適した設計になる場合もある．以上は，ポンプ設計における，ほんの一部にすぎないが，基本性能を上げるために効率を高めようとして高級精密な機械にすれば，コストが高くなったり，保守費が不当に増加したりして，せっかくの高効率の利益を帳消しにしてしまうこともある，という状況の一例を述べたものである．すなわち，総合的に機械の性能を評価するには，常に多面的に考えるべきであり一面的であってはならない．このことはポンプのみならず，多くの最新の機械においても同様である．

2.3.3　機械への要求事項

　ポンプのような動力を扱う機械においては，動力効率が最も重要な基本性能である．VTRのように量産される精密電気製品の自動組立装置のような機械では，製品であるVTRの品質の均一性および生産能率が最も重要な基本性能である．機械の良否を評価するとき，まず最初に取り上げなければならないのは，これらの基本性能の良否である．しかし基本性能が高くても，それだけでは，その機械が社会から歓迎されるとは限らない．以下に，機械に要求される各種の評価因子について説明を加えておく．

（1）信　頼　性

　機械または部品の故障しにくさを表す性質をいう．この分野の工学が信頼性工学である．機械を最小単位の部品にまで分解していき，数多くある最小単位の部品の寿命や故障率を評定し，この部品の集合体であるシステムとしての機械が総合的に使用中の故障率がどの程度かを評価し，故障のしにくさを評定することにより信頼性を評価することができる．

（2）操　作　性

　人間が機械を操作するとき，肉体的，精神的な負担が軽く，心理的なミスを誘発しにくい機械の性質をいう．機械の操作性に関する問題を，人間と機械の接点のところ

第2章 機械の定義

でとらえ，そこでの人間の肉体的・精神的特性を扱う分野が人間工学である．また機械の誤操作による労働災害の防止技術は，安全工学や産業心理学によっても扱われる．個々の機械の基本性能が飛躍的に上昇し，大型化し，さらに多数の機械が有機的に組合されて（システム化），生産性が飛躍的に高まったことに対しては，第二次大戦後の自動制御技術の著しい進歩が貢献している．この技術の適用によって機械に対する肉体的操作性は大変高くなった．自動車におけるパワーステアリングがそのよい例である．精神的操作性も，機械やシステムの動作が定常的である限りにおいては進歩した．例えば新幹線の運転士は細かい速度ノッチの操作は不用で，地上信号注視の必要もない．心理的操作ミスに対しても運行システムは fail-safe の考え方が取り入れられており，車内停止信号に運転士が応じなくても電車は自動停止するし，制御機械が故障したら，これまた自動停止するようになっている．すなわち操作性は非常に高い．ところが間一髪的な事故は，これでも防げないのである．機械の操作性改善の技術は，まだまだ進歩が要求されている分野である．

（3）耐 久 性

寿命のことである．材料と加工に関する品質管理が未熟だった第二次大戦前の日本では，機械の各部分と全体の寿命を確実に推定し，その上に立って設計を進めるという手法は，材料の疲労試験がすでに実行されていた航空機の機体強度設計のようなごく一部の先進的分野で行われていた．しかし，機械の各部ごとの耐久性がまちまちで，特定の部品が先に破損し全体的な機械としてのシステムがダウンすることが多かった．現在では，航空機を始め，新幹線，自動車など多くの機械は，個々の構成部品ごとに寿命が予測されており，それによって定期点検や部品交換などの保守システムが確立されている．

（4）安 全 性

安全性とは，まずその機械を操作する作業者に対して害を与えることが少ない性質をいう．さらに機械またはその生産物および廃出物が，一般大衆に害をもたらすことが少ない性質のことである．すべての機械は，先に述べたように一方では明らかに人間に利益を与えるが，他方では必ず害を及ぼす側面を持っている．この利益と害とを天秤にかけて，利益のほうが質的にも量的にも明白に遥かに勝っているときに，その機械の安全性は高いと評価される．ただしこの話は，利益を受ける者（受益者）と害を蒙る者（被害者）とが一致しているときにのみ成り立つものである．公害は，受益

者と被害者が異なっている場合であり，しかも後者が不特定の市民大衆である場合である．機械の設計者は以上のことを深く認識して計画や設計を進めるべき社会的責任がある．このことは，例えば水俣病は，プラント設置のときに，当時わずかに数10万円の廃水浄化水銀回収装置をつけておけば起こらなかったといわれているのを知れば明らかである．

（5） 経　済　性

機械の経済性は，機械そのものの生産コストに営業などの諸経費を加えたイニシャルコストと，燃料や電力など運転のための直接費・保守整備費などのランニングコストの両者を，総合的に考慮して評価するのが合理的である．機械の生産コストを決める非常に大きな要素は，その機械を製作するときの生産性である．設計に際して，各部品が工作しやすく，機械が組立やすく検査しやすいように，合理的に工夫することによって，この生産性を上昇させることができる．そのためには，機械の構成や部品の形状などは，工作の便宜を考えて極力単純に設計する必要がある．また図面は読む人が読み誤りのないようにしなければならない．さもなくば，機械の基本性能の要求を満たし，その他の評価因子のいずれをも高い水準に保つことはできない．その間の妥協と調和を図るのが，設計者の最も苦心するところである．どの項目に重点を置くかについて疑問を持ったときは，その機械の目的と機能という原点にもどり検討すべきである．

（6） 再利用・リサイクル性

機械の生産量が現在ほど大量でなかった時代には，寿命の尽きた機械は再利用できる材料は鋳物の原料とされたり，適当な場所に放置廃棄されたりするのが一般であったが，現代のように機械の種類が多くなった上に大量に製作される時代では，従来のように放置廃棄することができなくなった．また，機械の中で閉鎖的に使用されていた，有害物質が機械を廃棄することにより暴露放出されることにより，環境を汚染するいわゆる公害が発生する．したがって，近年，寿命の尽きた機械の大部分は適当な大きさに破砕されて埋めたてられていたものが，現在では埋立地にも限界があると同時に，環境汚染のもととなるためと，資源そのものの枯渇が懸念されるようになってきた状況に鑑み，廃棄される機械を積極的に再利用しようとすることが要求されるようになった[5]．そこで，部品そのものをそのままに，または多少の変更を加えても，新しい機械に組込んだり，機械の部品そのものを新しい資源としてとらえて，適

当な処理後に精錬工程に流して，例えば金やタングステンなど多くの希少金属を取出すことが実施されるようになってきている．また，再利用やリサイクル性に富んだ機械を設計する技術が要求されるようになってきている．

参 考 文 献

[1]　小野敏郎, 楠井　健編著：機械設計の基礎, 日新出版 (1989).
[2]　渡辺　茂：設計論 I（岩波基礎工学 10）, 岩波書店 (1968).
[3]　富塚　清編：機械工学概論, 森北出版 (1965).
[4]　押田良輝, 他：渦巻ポンプ・歯車ポンプ・遠心ファン, オーム社 (2000).
[5]　西山　孝：地球エネルギー論, オーム社 (2001).

第I編　機械設計概論
第3章　機械設計と設計者ならびに手法

　こういう機械を作ったら人間社会を豊かにする，という発想，つまり閃き，ideaが発現した場合，これを実現するために，応用すべき科学的原理，適用すべき技術的手法を探し出し，対象の構成と形を考え材料を決め，できるだけ効率的に製作できるように，対象となった機械各部の相互関係・形状・寸法などを決定し，最後に図面として描き上げる．このような一連の仕事が「設計」である．ここでは，設計と設計者の変遷，設計の目的と動機，設計の過程，設計と規格などについて述べることとする．

3.1　設計と設計者

3.1.1　閃き，研究開発と設計

　設計の仕事を専門の職業とする者が「設計技術者」である．設計の仕事を最も広く考えれば，そこには閃きを得たときから設計図の完成，製造・検査・保守にいたるまでの全過程が含まれることは前章において述べたとおりである．この過程の前半部分は閃きと原理や物理法則にのっとった新しい機械を創造する研究開発の過程であり，必然的に「発明」の行為を伴うものである．そして設計と呼ばれる作業には，研究開発の段階におけるプロトタイプの設計とともに性能確認後の製品設計がある．以下に，閃きを具体化した発明と設計の両行為が，当初結合していたもの，すなわち発明者と設計者が同一人物であった時代から現代のように研究開発者と設計技術者に分かれてきた経緯について述べることとする．
　一般的にいって，技術としての「設計」が確立したのは土木建築が早く，次いで船舶であり，機械に関していえばルネッサンスのダ・ヴィンチの時代あたりからと考え

てよい．この古い時代から産業革命の時代にいたるまで，設計者たちは個人として発明し，設計し，図面を描き，時には試作にいたるまで自ら手を下したのであった．蒸気機関のジェームズ・ワット，飛行機のライト兄弟などはその典型である．日本の明治維新後の急速な近代工業化の中で活躍した自動織機の豊田佐吉も同様である．彼らは発明者であると同時に設計者であり，起業家でもあったのである．例えば，ワットは自分の発明した蒸気機関の効果を宣伝するため蒸気機関の力を当時の代表的動力であった馬と比較展示することにより蒸気機関の有用性を喧伝したのであった．このような傾向は現代においても引き継がれており，現在大企業といわれる多くの企業においても，創業者はおおむね発明・設計・起業家であった[1]．

　企業の創業後，工業生産が量的に増大するに従って，設計の対象としての機械は多様になり，設計の仕事の規模が大きくなり，研究開発と設計の仕事が分業化していったのである．すなわち，設計は少数の天才的な発明家・起業家の手から離れ，正規の工学教育を受けた多くの設計技術者たちが，専門分化し組織化され，チームワークによって設計を行うようになったのである．同時に新しい機械に関する閃きをえて，これを具体化する研究開発者と，それを受けて製品設計を行う者とに分離されるようになるのである．

　さて，こういうものを作ったらよいという閃きをえるのは，企業のトップ・研究開発に携わるもの・設計技術者・製造技術者・検査保守技術者，またはまったくの門外漢であったりする．この閃きを具体的に計画するのは一般的には企画担当部門の技術者や経営的利潤を担当する者であるが，研究開発部門において企画され，開発のための費用が予算化され，具体化されることも多い．前者の場合はトップダウン的に，企業としての利点が十分にあれば，発想を現実化するための原理などを検討する研究開発部門に仕事が引き継がれ，プロトタイプの設計試作が行われる．研究開発部門で試作された機械は設計プロジェクトに引き継がれ，機械の全設計を遂行する．

　航空機，船舶，化学プラントのように設計の仕事の規模が大きくなると，多くの専門分野ごとに分かれた組織を作り設計される．最近では，これらの機械では設計や施工だけで会社として成り立っている．

　先に示したポンプのように小規模な機械では，一人の設計者で十分にこなせる時代となっている．小規模でかつ少量の機械の設計では，このような例が多く，企業の設計室では各人が別々に自分に任せられた個々の機械の設計をしている光景が見られる．

3.1.2　設計者の立場

　イギリスの栄光の象徴であるロールス・ロイスの自動車や航空機用エンジンを生んだ天才的設計者ヘンリ・ロイスは名設計者として，その名が彼が設計した機械に刻み込まれ，機械とともに記憶されている．このような例は，その機械の発想と設計がまったく彼個人の業績であったし，また絶対的なチームの指導者で，彼自身が設計者であるとともに企業のトップを兼務していたのであった．これは，設計の仕事や企業経営がコンパクトな時代だったということによると考えられる．日本では名機零式戦闘機の設計リーダーであった堀越二郎は名設計者の一人であると考えるが，ヘンリ・ロイスほど知られていないのは，軍事用機械である戦闘機と民事用高級自動車との違いと世界の技術地図の相対的力関係がその要因であろう．現代社会では，設計技術者の数は厖大で，産業の興亡が国の興亡と同じ意味を持っている時代ではあるが，過去のように設計者個人の名が表面に出てこないのは，現代の設計者の立場が地味なものであるためである．しかし，設計の仕事の面白さ，複雑に関連し合った諸要求や諸要素を合理的に柔軟に総合判断し，機能美にあふれた新しい機械を創造する面白さ，そのような設計者の喜びは最も人間的なものであり，昔も今も変わらないものである．

　このような創造的設計の面白さの，一部にでも触れてみることは機械工学系の学生にとって必要である．そのためには，名設計者の記録を読んでみるのもよいことである[2]．

[例題]　著名な技術者の伝記を読み，critical review を書け．

3.2　各種の設計の目的と内容

3.2.1　各種の設計

　機械設計を狭義に定義すると，
　「発想された機械を実現するために，適用すべき動作原理を選定し，構成と形状を考え，材料を決め，工作法を決め，そのための図面を作り上げること」
と要約される．しかし，個々の設計は，その目的によって，次のように分けて考えることができる[1]．

(1) 開発設計

まったく新しい原理を応用した機械や，原理は既存でも画期的に新しい機能・構成を持つ機械の実現を目的とする設計をいう．機械式手動卓上計算機に対して，新しく発明された半導体素子を使用した電子卓上計算機の設計は前者の例である．航空機の分野ではプロペラ機はその中間というより後者に近い．ジェット機は後者の例である．また空調機用の圧縮機として，従来の往復動圧縮機からスクロール圧縮機への移行も後者の例である．技術的進歩の速い分野においては，競争に打ち勝つために，新機能・新性能の機械が常に開発設計の対象となる．

(2) 改良設計

既製品の原理や機能はそのままだが，改良によって性能や生産性を向上させコストを下げることを目的とする設計をいう．しかし，例えば新幹線を考えてみると，本体そのものの原理や機能の変化はないが，先頭および最後部の車両の形状を変えてトンネル出入口での揺れを小さくすることは，改良であると同時に開発でもある．乗用車においても同様であろう．したがって改良設計には開発の要素が多分にあることは強調しておきたい．

(3) スケールアップ

既製品の性能のうち，生産能力と効率の増大のために，機械の大型化を目指す設計をいう．1950年代に2万トンだったタンカーが1960年代には60万トンにまで大型化されたのはスケールアップ設計の連続であった．スケールアップの利点は，一般には効率の増大と運転経費の減少を生むところにある．日本の製鉄業が国際競争に強かった理由の一つは，極度にスケールアップされた超大型高炉のみを保有していたからである．エネルギーを扱う機械においては，スケールアップはほとんど有利な結果を生む．

(4) 修正設計

既製品の仕様の一部を，用途に応じて変更修正することを目的とする設計をいう．例えば輸出のために国内用機関車の軌間を，他の部分はほとんど変更しないで，狭軌 (1067 mm) から標準軌 (1435 mm) に設計変更する場合をいう．また一般に部分的改良や付属品の変更のため，関係箇所を変更する設計なども修正設計の例である．

（5） 模倣設計

既製品と同じものを製作する目的で，現物から逆に製作図面を再生するためのコピー設計をいう．コピーする者の技術的レベルがある程度高ければ，独自の小改良を加えつつ図面が再生されるために，原設計とは若干違った結果になるが，これも本質的には模倣設計であることに変わりがない．これはリヴァース・エンジニアリング（reverse engineering）と呼ばれ，以前は重宝された設計方法であった．最近では，模倣に対する批判と法律的な対応が先進者側から起こり，わが国では現在まったく行われていないといってよい．

3.2.2　設計と模倣

設計技術は，ある意味では保守的な性格を持っている．それは要求に応じて実際に機能し，すぐに役に立つ機械を製品化するための実践的技術であるためである．この方法をとると，実績のない方法を採用するよりも，失敗のリスクは小さい．この模倣設計には実績によって保証されている原理・構造・材料などを組合せ，総合し，この手法を繰返し，洗練させていくことによって設計技術が進歩する効果もある．

すでに存在する技術を取入れる方法として，最も次元の低いものが複写設計である．技術的にある分野が未発達で，しかもその機械を製作しなければならない場合は，やむをえず採用される方法でもある．明治の近代化推進時の日本はそうであったし，現在でも発展途上国では，このような状況にある．先進国から機械を輸入したり技術導入をする資金がないとき，技術的自主独立を望む発展途上国の人たちが，創造性のない複写設計によって機械を製作したとしても，非難することはできない．技術が発達する過程は，まず他の模倣というより学習から始まるからである．

現物がそこにあっても，設計を模倣すること自体が，実は相当難しい．例えば日本で，明治初年にイギリス製の紡績機械を，完全な模倣によって試作したが，スケッチ採寸と製図だけで1年以上かかり，しかもできた機械は性能不良でコストは高く，最初の国産化は失敗に終わった．技術的先進国においてさえ経験皆無な分野では，既製品の全図面があってもコピーが最初から成功するものではない[1]．

以上述べたように，設計は模倣といえども一概に排斥できないが，同時にまたそう安易に模倣できるものではない．ところで機械系学生の卒業後の職種の一つとして設計の職につくことになると考えられるので，設計の基礎を得るために機械工学の基礎

をなす各分野を学び，設計演習，機械製図，CADを習得するのであるが，学生の初歩の設計の課題は，模倣設計が一般である．設計の初歩を学ぶときのお手本は，定型的で設計の完成度や洗練度が極限に達している成熟した機種が適当である．典型的な教材として，豆ジャッキ，回定軸継手，蒸気安全弁，小型渦巻ポンプ，手動ウィンチなどがよく選ばれているのは以上の理由による．これらの機械は後述するように，定型的設計が確立し，細部にいたるまで構造・形状は，洗練されたものとなっており，学生は，その妥当性・合理性の発揮された箇所をよく味わい，理解納得しながら学習すべきである．

3.2.3 定型的設計

　蒸気安全弁の設計は，この安全弁が取付けられるボイラの最高使用圧力と単位時間当たりの蒸気発生量が与えられれば，第1に弁の大きさが計算でき，第2にその弁を常時押さえていて，蒸気を逃がさないようにしているばねの設計計算ができる．弁とばねという安全弁の主要部分が決まれば，全体の構成は定型が確立しているから，それを参考にして全体と細部が設計できる．このように設計法がほぼ確立しており，誰が設計してもあまり変わらない結果になる．これが定型的設計である．

　手動ウィンチの設計においては，巻上荷重と揚程（巻上可能な高さ）が与えられることにより設計が開始できる．まず巻上荷重からワイヤロープが選定される．次にそれを巻き取る巻胴の諸元が計算される．次いでハンドルから巻胴軸へ回転力を増力させつつ伝達する歯車装置の減速比と歯車の歯の大きさが見積られ，ハンドル軸，中間軸，巻胴軸の各々の寸法が，それらにかかる力から計算される．そしてブレーキと逆転防止装置が設計され，諸部分を取り付けるべきフレームの構造と形状・寸法が決定される．手動ウィンチの設計も，蒸気安全弁の設計ほどではないが，一応定型化している．これらのことは機械工学便覧などに詳述されている[3]．

　ここに挙げた蒸気安全弁，手動ウィンチなどのように，設計計算の主要部分を，すでに確立した定型的な手順で実行でき，誰が行っても大差のない設計図が得られるような機械は多い．機械そのものでなく，広く使用される機械要素，すなわち，ねじ，軸と軸受，ベルトとプーリ，歯車，カム，ばねなどについての設計も，おおよそ定型化されており，機械設計法の教科書や設計ハンドブックが数多く出版されている．設計法が一応確立し，機械の全体あるいは部分の諸元をルーチンワークによって求めることができるこのような種類の設計を，「定型的設計」ということができる．

定型的設計の「定型さ」の程度は，対象によって大小はある．最も「定型さ」が完全になると，その機械または部品は，主要部分の諸元はおろか細部の寸法にいたるまで確定して，使用頻度が多く普遍的なものにあっては，工業規格（JIS）に制定されるにいたる．このように規格化されたものに対しては，設計者はいちいち設計する必要はなく，手間が省ける．同時に，完全に定型化されている設計の結果は，いちおう従来の適用実績も豊富であるから，設計時の誤りも，規格を利用することによって自動的に防止される．

蒸気安全弁，手動ウィンチなどの場合には，ルーチンワークになっているのは主要部の計算の所だけ，すなわち基本設計の箇所だけであり，「定型さ」の程度は，より小さい．この場合には，設計者は定型の基本設計で得た主要部の諸元を土台として，その上に機械各部の構造・形状・材料・寸法を細部にわたって考え，全体の設計を完成する．したがって設計者の個性も，その結果に少しは現れてくることになる．

3.2.4 飽和した設計とそのブレークスルー

長い改良の歴史を持つある種の機械のなかには設計・生産技術の進歩が頂点に達し，改良設計がもはやほとんど不可能な所にまで設計が飽和してしまったものがある．身近な例では，自転車，裁縫ミシン，ぜんまい式腕時計などがそうであり，機構，構造と形状の工夫，製造に対する設計上の考慮など，改良の余地がほとんど残っていないように考えられる．これらの機械の設計は，原型ができてから，どれも100年以上は経過しているが，この間に無数の改良が積み上げられ，洗練されて今日の機械にいたっている．改良のなかには，ぜんまい式腕時計における宝石軸受や自動巻きや防水機構のように改良されたものもあれば，繰返し提案された自転車の無段変速装置のように失敗に終わったものもあるが，いずれも改良設計による進歩はほぼ頭打ちのように思われる．

さて，ある種の機械の設計がすでに飽和しているかどうかの区別は，生産現場で特定の者が使用する機械においては，基本性能の進歩が停滞し続けていることから判断されるので，専門家でなければ分かりにくい．これに反して耐久消費財的な機械の場合には，性能の宣伝よりも情緒的なイメージの宣伝がメーカ間の激しい大量販売競争に伴って起こってくれば，それは設計が飽和している徴候であり，この状況は専門家でなくても判断しやすい．自転車，ミシン，腕時計などはこの種の機械である．

すなわち，これら設計が飽和した機械に対しては，まず第1にありとあらゆる新し

い動作原理の探究が試みられるが成功しないことが多い．第2に付随機能の頻繁な追加が企画される．例えば，腕時計においては天府式に替わって音叉式の等時機構が試みられたのは前者の例である．またミシンにおいては直進縫い（この機能が家庭用ミシンの本質的な機能である）の機能にジグザグ縫いの機能が加わり，さらにその上にカム交換による自動ジグザグ機構が積み上げられたのは後者の例である．この二つの例において，音叉式の腕時計は設計に矛盾があり明らかに失敗であった，またジグザグミシンは付随機能が高度複雑になればなるほど，主婦たちがその機構を利用する率が下がるため，いわゆる過剰設計（本質的に不必要な機能や部分を設計すること）の程度がひどくなり，コスト上昇によって販売量が低下するという失敗につながった．

特定の目的と機能を持つ機械の設計が飽和状況を打ち破って，基本性能における画期的な進歩を勝ちとるためには，動作原理や材料や加工法の飛躍が必要である．その例は1970年代に起こった腕時計の水晶時計の原理への転換において見られる．これは水晶のピエゾ効果を利用し，電子回路によって水晶片の機械電気的振動を持続させ，取り出した電気信号によって時計の等時性を得る原理により作動するものである．その原理は以前から知られていたが，腕時計として実用化するには，水晶振動子を結晶軸に対して振動数の温度係数が極小になる方向に精度よく切り出す技術，腕時計のなかに組込み可能なほど超小型化された，水晶の振動による高周波から1 Hzのパルスを導き出すための電子分周回路（機械系の減速歯車にあたる）のLSI化技術，量産化技術の成熟が必要であった．結果，水晶式腕時計のコストは低下し，時計の基本性能である等時性はもちろん，信頼性，耐久性，操作性のどの面でも劣るぜんまい式腕時計は過去の機械となっていったのである．ぜんまい式腕時計に供されていた，小型歯車，小型軸受などの超精密加工・工作技術は急激に衰退していったが，半導体製造装置では半導体の集積度が高くなるに従って高精度な位置決めなどのニーズが出てきてこの分野の技術に継承されている．

[例題] 腕時計のような例を調べその要因を分析せよ．

3.2.5　設計者への動機づけ

開発設計，改良設計，スケールアップ設計，修正設計，模倣設計の五つの設計目的を設計者に与える要因，すなわち設計の動機には，大きく分けて社会的，経済的，心理的の三つの側面があると考えられる．

（1）社会的動機：その設計が，人類一般，社会や国家，市民一般の利益や福祉に貢献することを認識したから．
（2）経済的動機：その設計をすることによって企業や個人が利益を得るから．
（3）心理的動機：新しいものを考え実現させる設計に生き甲斐を見出し，創造の願望を満足させることができるから．

一般的な倫理観からいえば設計の動機は(1)，(2)，(3)の順になるだろう．しかし現実的な観点からいえば，複雑な現代社会に生きる人間である設計者の動機は上記三つのものが微妙にバランスしていると考えるのが妥当であろう．

3.1節で述べたように，現代は組織の時代である，圧倒的多数の設計者は企業に属し，発想し企画する者と設計する者の分離がそこにはあり，設計者の設計の動機は(2)，(3)，(1)の順序に流れ勝ちである．

しかし，本来設計の行為は，人が人として存在するために最も意義のある創造の自由の喜びを抜きにしては，本来成立し難い側面を持っている．ゆえに設計の目的が高次元の開発設計に近づくほど，設計者の自由かつ爆発的な独創性を発揮させるため，いかなる組織に属する設計者であっても，創造者である設計者の自由は最大限に認められなければならない．しかし，大きな自由を与えられた創造者には，同時に厳しい責任が伴うのは当然のことである．なぜならば機械の効用は常に社会的であり，機械の総合的な性能について最も理解し，最初に価値判断をすることができるのは，まさに設計者自身だからなのである．

[例題] 設計者の動機について自分の考えをまとめよ．

3.3 設計の過程

ここでは，新しく開発された機械が生産の軌道に乗るまでの，設計スタッフの典型的な動きを述べる[1]．

（1） 設計要求書の提示

企画者から新開発の機械の目的と要求基本性能を示した設計要求書が，設計部門責任者に提示される．企業では多くの場合，企画者は技術開発担当の幹部である．外部からの注文によって新しい機械を受注生産するときには，発注者の計画要求書が，技

術および営業担当幹部の検討と承認を経て，設計要求書となり提示される．

（2） 設計プロジェクトの組織

設計部門責任者は，設計リーダーと設計スタッフを構成し，設計チームを組織する．設計規模に応じて組織は大きくなり，各部署での分担が決められる．

（3） 概念設計

設計リーダーが主導して，要求された基本性能を満足すべき動作原理の選択，構造や機構の大略の決定，必要な既存ユニットの利用などを決め，概略の構想図を作る．これらによる性能を見積り，一応の仕様書（仮仕様書）をまとめる．これにより，要求性能実現の可能性を確認する．

（4） 試作設計

仮仕様書が企画者に認められれば，試作設計の段階に入る．基本設計は設計リーダーが主宰し，そのなかには機械の機構と構造・強度に関する基礎的な設計計算，主要部分の形状・寸法の決定，各部のレイアウトなどが含まれる．重要部分の材料の選定，既存資料のない部分についての部分的試作や実験による機能の確認の指示も，設計リーダーの役目である．基本設計の進行に伴い，機械各部の詳細設計が，各担当チームによって進行する．各部の強度計算・重量計算，工作法を考慮した形状・寸法などが検討され，部品工作図，組立図，外注のための発注書などができ上がる．設計リーダーはすべての部分設計を掌握し，不具合なものは修正を要求し，各部相互の性能の釣合いを調整し，相互の干渉がないように細部にわたって点検し不合理を是正する．

（5） 試　　作

設計プロジェクト内には試作機製作のための担当者を置き，工作図ができ上がり次第，試作工場側と連携して部品を製作し，必要に応じて部分的な試験を行い，試作機の完成を促進させる．試作機の試運転の結果（設計リーダー，企画者(・発注者)が立ち合う），仮仕様が満足すべきものであることが確認されれば，新規開発機械の生産開始が確定される．実際には試作第1号の機械が満足であることは少なく，操作性，安全性，経済性等々，その他の評価因子に関する修正が要求される．最近では生産開始までの追加設計や修正設計の繰返しを避けるため，コンピュータによる事前シ

ミュレーションが活用される．

（6） 生産設計

試作機は修正箇所が多く，未完成なものである．また細部設計において生産上改善すべき点も残っている．そこで生産開始に先立って組立図や工作図の見直しを行い，いっそう生産に適するように設計図が修正される．量産のための治具，取付具，工具の設計計画も行われる．以上の生産設計は，工作部門と十分打ち合せをし協力して遂行される．

（7） その他

生産機第1号に対する性能試験の立ち会い，使用説明書の作製，さらに製品が動き出した後，使用実績から出るクレームに対する改良設計，これらは引き続いて設計プロジェクトの仕事となることが多い．

以上に述べた設計の経過は，新しい機械を量産する目的で，組織的に作業を進める場合のモデルケースを示したものである．設計の規模が非常に大きいときには（蒸気タービン発電機の開発設計のように），設計プロジェクトの組織と設計の経過は，極めて複雑膨大になる．逆に定型的設計や規模の小さい設計のときには，ただ一人の設計者ですべてをこなすこともある．設計の段階や経過は規模の大小，設計目的に応じて，上記モデルの拡大や単純化が自由に行われるものである．また現代ではコンピュータの発達により，設計はCADシステムが利用され，その情報の伝達はネットワーク化されており，上述した設計工程，試作工程は多くの場合自動化されている．

3.4　設計者の基本的な心得

機械設計の専門書は数多く書かれているが，設計者の心得について実務経験豊かな設計者・技術者が述べたものは少ない[4]．次に，設計者が守るべき事項について簡単に述べておく[1]．

（1） 設計者の責任

設計は機械を作る第一歩の過程であるから，設計ミスはその後の全過程に損害を与え，使用者にも大きな迷惑をもたらすことになる．工作ミスや運用ミスとは異なり，

設計ミスは機械そのものの根本的なミスであり，設計以外のところでカバーすることはできない．

優秀な設計図を見るとよく分かることであるが，描かれた線のどの1本にも，寸法の入れかたの一つにも必然性があり，なぜそこがそのように設計されたのか，必ず明確な理由があるものである．どのような細部であっても，理由もなく描かれた設計図面などというものは本来あり得ないものである．

（2）　緻密かつ大局的な判断

設計の前提として与えられた諸要求は互いに矛盾し，それらの間の総合調和をはかってバランスのとれた機械を考え出すのが設計者の最も苦心するところである．その判断をするための設計資料は多いほどよく，精密なほどよい．設計者は，同じ目的のための従来の機械の歴史，同時代の競合機の詳細なデータ，まったく畑違いの機械に応用されている原理や機構が利用できないかどうか等々について，緻密で広い知識を得るように努め，大局的に判断して設計の参考にしなければならない．そのためには工学の基礎専門分野とともに，専門外の分野に対しても常に好奇心を持ち，深い専門知識と広い常識を身につけておくことが肝要である．

（3）　設計者の主体性

機械の企画者や注文者の意見を尊重することは重要な要件ではあるが，いいなりになって安易な妥協を行うことは，設計者が絶対にしてはならないことである．高度の基本的性能を要求され，それを満たすために信頼性や安全性をいつの間にか犠牲にして，大きな事故を起こしたり，原価低減だけが至上命令となって，それを安易に引受けたために欠陥製品が生産され，使用者に損害を与えただけでなく，製造者の信用を失墜した例は多い．これらの不良設計は，たとえ他から強要されたとしても，やはり設計ミスであり，責任の大半は設計者が負うべきものである．設計者は常に大局観を持ち，自主的に判断し，権威に屈しない主体性を持つことが必要である．

（4）　設計者のサービス精神

図面は他人が読むものであり，それによって他人が機械をつくるためのものである．その機械は他人が使い，社会に影響を及ぼすのである．ゆえに設計図は見やすく，読みやすく，製造部門が楽に作れるように親切に描かれていなければならないし，でき上がった機械は操作が楽で，分解修理がしやすく，使用者の不注意や誤操作

に対しても安全なように設計されるべきである．サービス精神に富むことは，設計者に要求される重要な心掛けの一つである．

3.5 設計と規格

3.5.1 標準化・単純化・専門化

　生産能率を上げて優良な製品を安いコストで実現しようとするとき，設計と生産の標準化，単純化，専門化が必要になる．これを standardization, simplification, specialization にちなんで「3S化」という[1]．

　江戸時代中期になって，江戸や大坂などの大都市では庶民の家屋にまで畳が普及するようになった．畳は縦横2：1の長方形で，横幅は京・大坂では94 cm（3尺1寸5分），江戸では86 cm に統一されたが，雑多を許さず，ただ2種類のサイズに絞られた．これが標準化であり，単純化である．また建築産業に従事する者が，鳶職，大工，左官，表具屋そして畳屋などに分化専業化したが，これが生産の専門化である．建築産業における3S化が，日本では産業革命抜きで，案外古くから進んでいたことは興味のある事実である．

　さて，産業革命後のヨーロッパで最初に3S化が行われたのは，19世紀の初めにイギリスで建設された帆船用滑車工場においてであり，畳とは異なり，数10台の機械を設備した工程別分業による近代的生産形態を備えていた．

　船舶用の滑車は簡単な器具であるが，それでもフレーム，滑車輪，軸，フックなど，複数の部品から組立てられている．これを大量生産するとき，引揚荷重と引揚高さの要求が雑多であるから，それに応ずる滑車輪のサイズや段数は多様になる．それに対して，まず滑車輪のサイズ（直径，幅）の種類を限ってしまう（単純化）．次に，あるサイズの滑車輪は，単滑車，複滑車，三連滑車などの，どのフレームにも共通に組込まれるべきものであるから，完全に同一寸法で，同一材質，同一強度を持つように作り（標準化），その結果互いの交換を可能にした（互換性）．

　この時代の滑車は木製だったから，工作精度は大して要求されなかった．しかし仕上がった部品を選択組合せ（現物合せ）しないで組立てるという近代的専門大量生産の思想と実施があったと考えてよい．同様の3S化であっても，日本の畳は家屋と備品，家具の生産の合理化の要求から生まれたようであるが，イギリスのこの滑車生産の3Sは，設計の段階から始まって生産システムにいたるまで，技術の組織的運用の

結果と考えられる．日本では第二次大戦で敗北するまで，近代的大量生産においては3S化が不可欠の条件だということが，正規の教育を受けた技術者たちにはよく分かっていたのに，生産現場において，それを成功のうちに成し遂げることができなかった．1938年からわずか6年間に660件もの航空規格を急いで制定し，しかも現JISと違って，法令でその実施を企業に強制したにもかかわらず，実効は上がらなかった．例えば外注に出した部品のうち，軸は多くの場合寸法公差を越えて太く，孔は逆に小さすぎたのができてきた．「はめあい」の知識がなく，ゲージの使い方も分からなかったので，軸が小さすぎたり孔が大きすぎれば，削り直しがきかないと考えられていたからである．そのため親工場では修正削りをすることになり，いたるところで多大の労力と資材が無駄になった．戦後のJISの著しい発達と普及は，過去に対するこのような反省が大きな推進力となったからであろう．2001年3月末現在，日本工業規格JISは8932規格あるが，工業製品の生産性向上と品質保持のために非常に大きな貢献をしている．生産者のJIS利用率は極めて高く，100%近くが積極的に規格を使用し，守っている．

工業規格は大量生産における産業構造の専門化に応じて，技術の進歩とともにますます多様化する工業製品および部品を整理し単純化し，それらの仕様を標準化し，設計，検査などの技術的方法を統一して，これらの総合的な効果によって製品の品質を保ち，生産性を向上させ，製品の国内・国際的な信用を高める目的を持つ．機械設計者は，規格のこのような意義を知り，規格を尊重し利用するとともに，社会の技術的財産である規格の内容を進歩させるために努力することが必要である．

3.5.2 標準化のレベル

今日，工業標準化の結果としての規格は，次の4段階のレベルによって実施されている．

(1) 国 際 規 格

ISO規格が，国際標準化機構（International Organization for Standardization）の手によって第二次大戦後制定されており現在では多くの規格がある．ISOの目的は，各国の協議により利害を調整して国際的に統一された規格を作り，各国が自国の規格をISOに合わせていくことによって国際通商を容易にし，科学・経済などの国際協力を推進するところにある．

日本では 1973 年，機械製図の規格（JIS B 0001）が，ISO に合わせるために大改正された．また ISO による国際単位系（SI：International System of Units）が JIS に導入されている．

（2） 国 家 規 格

JIS（日本），DIN（ドイツ），ANSI（アメリカ），BS（イギリス），GOST（旧ソ連），NF（フランス）などは著名な国家規格の例である．現在では国家規格は ISO に準ずるようになってきている．

上記の国家規格の例のうち，最も長い歴史を持つのは，さすがに産業革命の母国イギリスの BS である．また緻密な内容と高度の整備で定評のあるのは DIN，制定範囲の広さと件数の多いのは GOST，アメリカは国家規格の ANSI よりも歴史のある協会や事業者団体の規格が確立されており，NF も国家統制を嫌う民族性のためか制定件数は多くない．

JIS は，第二次世界大戦後非常に充実した．1949 年（昭和 24 年）制定の工業標準化法に基づいて，日本工業標準調査会で調査審議され，政府によって制定される国家規格となっている．同 15 条により規格が適正か否かをそれぞれの制定・改正より 5 年を経過する日までに調査会の審議に付し，必要があれば改正・廃止の措置をとることになっている．DIN や ASTM などの国際的優秀規格を取込むだけにとどまらず，2001 年 3 月末現在，8932 規格が制定されており，事業者の利用率は 100％に近く，国際的優秀規格の一つとなった．

（3） 団 体 規 格

一国内の事業者団体（例：日本油圧工業会），学会や協会（例：ASTM アメリカ材料試験協会，ASME アメリカ機械学会）などの団体や機関が，各々の組織の内部で使用するための規格である．なかにはアメリカにおける ASTM や ASME，SAE（アメリカ自動車工業協会規格）など国際的に利用されている権威のあるものもある．日本国鉄規格（現在の JR）や MIL（アメリカ軍用規格）などの官庁規格も，団体規格の一種である．

（4） 社 内 規 格

一企業の内部に限って使われる規格である．JIS や団体規格で決めるよりもかえって便利なときに制定される．例えば特殊な機械や部品で，メーカが非常に少ないとき

には JIS によって標準化する必要がない．また多くの機械に普遍的に使用されるモジュール部品で，取付寸法と精度だけが標準化されていれば，機械の設計・組立に際してすでに十分な場合は，その内部構造や寸法などが各メーカごとの社内規格によって製造出荷されていても，実用上不都合はない．その適例はボールベアリングである．ボールベアリングを始めとする転がり軸受は，機械のモジュールとして不可欠な機械要素であるが，JIS には外輪の外径，内輪の内径，幅などの主要取付寸法だけを決めてあり，球や，ローラの径を始めとする内部の詳細は会社ごとの社内規格に委ねてある．

3.5.3　規格の効果

標準化は，前節で述べたように四つのレベルがあり，各々が互いに関係し調和を保ちながら進められているが，日本では現状において中心となる規格は国家規格の JIS である．JIS は前節に述べたような経緯で制定・改正されるのであるが，生産者，使用者，学識経験者，経済産業省などの関係官庁が委員会を作り，構成メンバーの合意のもとに，1件ずつの規格が決められ，その審議の際に，ISO や他国の規格，関連する団体規格などが参考とされる．また規格の制定改変に重大な利害を持つ生産者の意見が尊重されることはもちろんであるから（そうでなければ制定しても実効が乏しくなる），JIS 規格は，技術の最先端を表現するものではなく，むしろ技術的に堅実なレベルを表している，ということにもなる[5]．

生産者が JIS を利用することによる利益は次のとおりである．

(1) 生産の専門化と集中化，材料準備の簡易化，専用機使用の増大，治具・工具・検査具の単純化，工程の単純化，これらは生産コストの低減，納期の短縮などに結びつく．

(2) 流通面における合理化，能率化，サービスの向上．

(3) 部品の互換性の確保，これは組立工程において圧倒的な偉力を発揮する．また，保守・修理に際して有利なことは，いうまでもない．

(4) 設計労力の非常な節約と堅実な設計への貢献．

設計に際して，最大限度に JIS 規格の部品，モジュール，ユニットを利用することによって，現時点で特性の保証された部分を自動的に設計に組入れていくことになるので，堅実な結果が得られる．またいちいち自分で設計する部分が減り，設計における省力となる．ゆえに JIS 規格は，設計者にとって必須のデータバンクの一つだとい

える．

3.5.4　JIS 規格を設計に使用するときの注意

（1）現在制定されている JIS のすべてを知る必要はない．機械設計者は機械部門（JISB），鉄鋼部門（JISG），非鉄金属部門（JISH），および専門に関係した部門，例えば自動車部門（JISD）に眼を通しておけばよい．毎年 JIS 総目録が日本規格協会から出ていて，JIS の最新のアウトラインが分かる．便利なものでは，各部門別のハンドブックが規格協会から出ているし，機械設計便覧の各種もあり，機械設計によく使われる JIS 規格が転載されている．

（2）機械やその部品を設計をするときには，関係の JIS 規格があれば，熟読すべきである．このとき本文はむろん大切だが，詳しい解説が付いていることもあり，それを読むことの価値は大きい．そこには，その規格の制定や改正の経過，根拠とした理論，問題点などがまとめられていて，設計上参考になることが多い．

（3）JIS 規格は5年ごとに改廃の可否が検討され，「確認」（継続），「改正」「廃止」のいずれにするかを決めることになっている．ゆえに古いハンドブックなどで改正や廃止になった規格が，そのまま記載されていることがあるので注意が必要である．廃止された古い例としては，インチ系のウィットねじがあり，改正された古い例としては機械製図規格がある．

（4）前にも述べたが，個々の JIS 規格は，現時点における関係設計技術における最も堅実な経験の蓄積の結果を示している．ゆえに現在すでに標準化され規格となったものは，設計技術に関しては時代の先端をいくものではない．したがって，まったく新しい技術分野に関する JIS 規格はない．その分野を開拓し技術を確立し広めて，結果を将来の規格に盛り込むのは，これから技術者になる人々の任務である．

（5）しかし，これも前に述べたように，対象によっては，設計技術が飽和したものも多い．ねじ，軸，転がり軸受，歯車など基本的機械要素の設計は，ほぼ進歩し尽していると思われる．

（6）設計技術の進歩以外の原因によって規格が改正されることもある．これは社会的・国際的な規格の運用管理の進歩による場合である．国際関係の全世界的な改善と進歩による ISO 規格への統一の動きや，かつて JIS に多く見られた輸出用製品専用の規格の廃止などがその例である．

（7）極めて不合理な規格を廃止改正できないこともある．例えば，日本における商

用電力の周波数は，60 Hz と 50 Hz の 2 種類の規格があるが，これを合理的なほうの 60 Hz に統一単純化することは，すでに不可能である．また，水道・ガスなどの配管の管端に切る管用ねじの規格はインチサイズであり，しかも呼び径と実際寸法がまったく一致しないという不合理なものであるが，これも改正されないであろう．単位が国際単位 SI に統一されても，工業製品にはインチが残る．ISO においてもメートル系ねじとインチ系ねじが共存し，両者の間の互換性はまったくない．

　このような不合理は，技術というものが，数学や物理学のようには論理的でない側面を持つところからくる．また，技術が，歴史や民族や国家など，社会的な制約と影響を受けて発展し運用されるところからくるのである．

[例題]　商用交流電流の周波数は，東日本では 50 Hz，西日本では 60 Hz である．どちらの周波数が有利かを議論するとともに，規格統一が困難といわれている理由を考察せよ．

参考文献

［1］ 小野敏郎, 楠井　健編著：機械設計の基礎, 日新出版 (1989).
［2］ 例えば, 以下のような著書がある.
　　　柳田邦男：零式戦闘機, 文春文庫 (1980).
　　　佐貫亦男：人間航空史, 中公新書 (1974).
　　　楫西光速：豊田佐吉, 吉川弘文館人物叢書 (1987).
　　　内橋克人：実の技術・虚の技術, 岩波書店 (1999).
［3］ 日本機械学会編：機械工学便覧, 日本機械学会 (1998).
［4］ ツールエンジニア編集部：機械図面の書き方読み方, 大川出版 (1998).
［5］ 日本規格協会発行「JIS総目録」(毎年発行) の解説「我国の工業標準化事業」に詳しい.

第Ⅰ編　機械設計概論
第4章　機械設計と材料

4.1　はじめに

　機械を製作するにあたり，使用する材料は機械の性能，価格などを左右する非常に重要な要因である．したがって，機械設計において材料を適正に選定するには，一般的な材料の基礎的な知識から市場流通価格および新しい材料の機能および価格まで把握しておくべきである．

4.2　材料の価格

4.2.1　材料の流通価格

　材料の価格についてはその評価基準に単位重量当たりの価格を用いるのが一般である．流通価格は主要材料について各種経済新聞や工業新聞，業界新聞を参照することにより知ることができる．標準的に使用される材料については企業内の担当部署で把握され常備されているものであるが，特殊な材料に関しては供用しようとする設計者も十分注意を払っていなければならない．

　流通価格を表示している新聞記事の一例を図Ⅰ-4-1に示す[1]．図に見るように，例えば最も一般的な材料である低炭素鋼について見ると，薄鋼板の熱延材では約900 mm(幅)×1800 mm(長さ)×1.6 mm(厚さ)のものが，トン当たり39000円となっている．

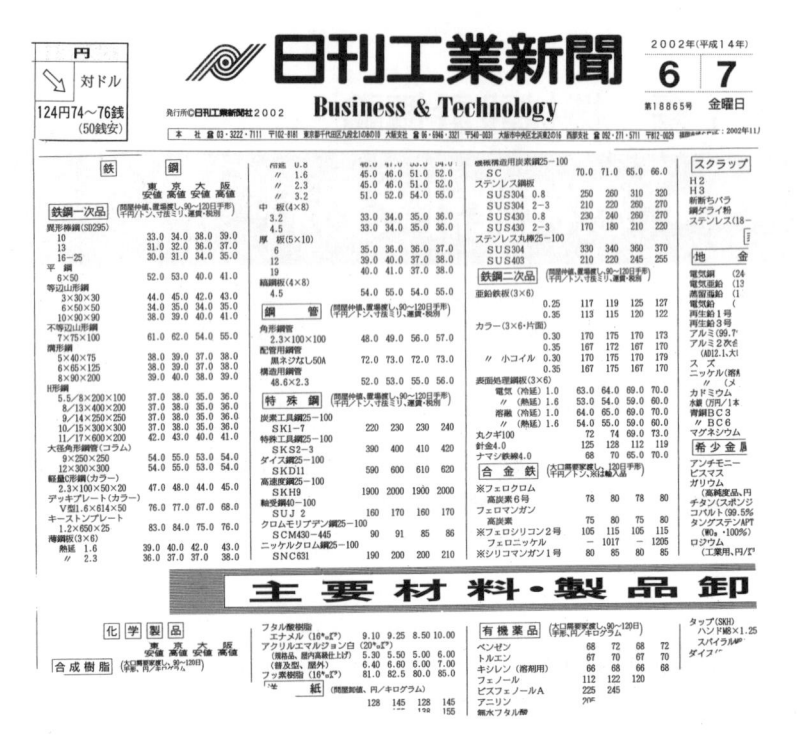

図 I-4-1 工業用材料の流通価格[1]

4.2.2 材料の価格に影響する因子

　材料の価格に影響する因子は，基本的にはその原料，金属材料では原鉱石，プラスチックスでは石油，の取得しやすさ，次いで所定の工業用材料にまで仕上げる工程の難易度，でき上がった材料の運搬の難易度，および需要に関係する．また，原材料または加工済み材料を輸入に頼っている国では，その国の国力の指標の一つである為替相場に大きく影響される．

（1） 材料価格の長期的変動要因

　まず，はじめに，日本における主要材料の長期的な価格変動をみてみる．表 I-4-1 は 1995 年と最近 2 年の価格変動を日刊工業新聞などの価格表を参照して作成したも

第4章 機械設計と材料

表 I-4-1 材料価格の変遷

材料	1995年4月	2001年12月	2002年6月
円相場	91(¥/$)	123(¥/$)	124(¥/$)
白金	1320000(¥/kg)	1890000(¥/kg)	
金	1320000(¥/kg)	1120000(¥/kg)	1336000(¥/kg)
銀	156000(¥/kg)	177000(¥/kg)	182000(¥/kg)
タングステン		1170(¥/kg)	1000(¥/kg)
コバルト	6400(¥/kg)	3600(¥/kg)	3300(¥/kg)
チタン	1140(¥/kg)	1150(¥/kg)	1150(¥/kg)
ニッケル	765(¥/kg)	870(¥/kg)	1070(¥/kg)
銅地金	286(¥/kg)	210(¥/kg)	228(¥/kg)
ポリカーボネイト		500(¥/kg)	450(¥/kg)
アルミニウム（地金）	190(¥/kg)	207(¥/kg)	204(¥/kg)
〃　　　（二次合金）	250(¥/kg)	220(¥/kg)	225(¥/kg)
マグネシウム地金	600(¥/kg)	210(¥/kg)	180(¥/kg)
亜鉛地金	130(¥/kg)	136(¥/kg)	130(¥/kg)
ポリエチレン（高密度）	120(¥/kg)	145(¥/kg)	125(¥/kg)
〃　　　（低密度）	110(¥/kg)	145(¥/kg)	125(¥/kg)
ポリスチレン	110(¥/kg)	130(¥/kg)	110(¥/kg)
高速度鋼	2000(k¥/t)	2000(k¥/t)	1900(k¥/t)
ステンレス鋼（304）	360(k¥/t)	330(k¥/t)	250(k¥/t)
軟鋼（加工材）		43(k¥/t)	
セメント	10(k¥/t)	9(k¥/t)	8.7(k¥/t)

のである．この表では材料の価格に大きな変動はないように見える．しかし変動幅は，1980年の対ドルの円相場が120円，1985年には110円，2000年には100円と円高が続いている状況にリンクして価格が変動していたことはよく知られている．2002年6月現在，124円台と円安傾向となっておりこれにリンクして価格が変動しているものもある．

しかし，一般には原鉱石の産出量，この鉱石からの原料の抽出，その輸送費，輸入した後の加工費，すなわち製造工程の人件費，エネルギー代，設備投資費などにより決まるものである．また，原鉱石は一般に高品位のものから低品位のものに移り，こ

の低品位の鉱石から原料を抽出するための経費，すなわち原料を抽出するための原鉱石の粉砕，選鉱などにかかる費用は高くなるし，効率よく抽出するには技術開発と新たな設備投資が必要となり，そのための費用の増大が価格の高騰に関わることになる．これらのことは，長期的にはどの材料が豊富であり，どの材料が欠乏していくものなのかを把握しておかねばならない．

（2） 材料価格の短期的変動要因

材料の短期的変動は，例えば1989年から1995年の銅の価格変動を対ドル円相場とともに示した図I-4-2によりうかがうことができる．これによると，円相場に大きく依存しているように見える．しかし，1994年10月から12月にかけての変動は円相場の変動によらない．これは，推測ではあるが，投機的な思惑買いが要因のように考えられている．

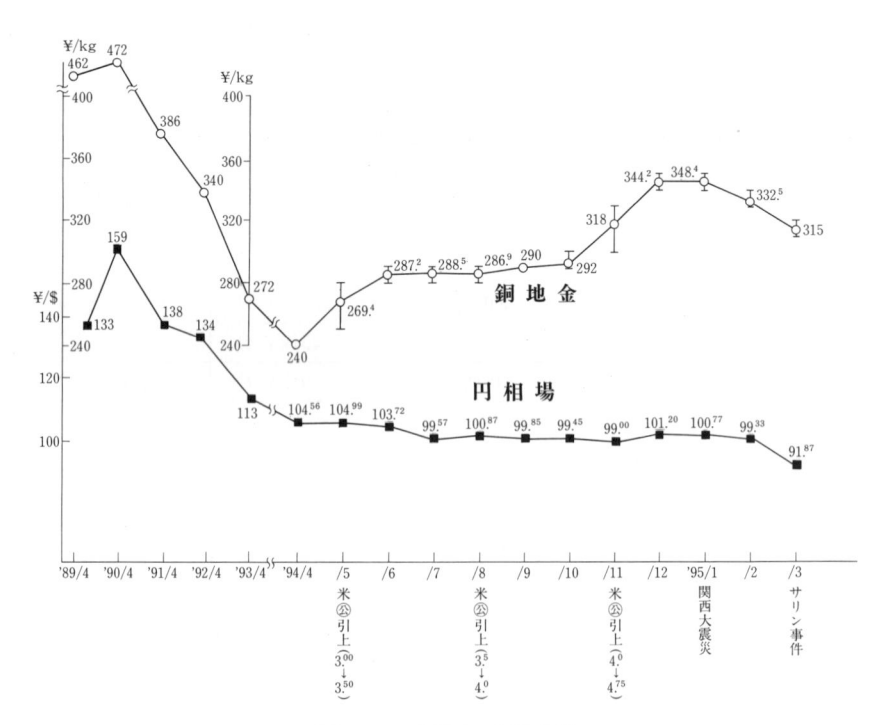

図I-4-2 銅地金の価格変動

また，政治的な要因として，例えば1978年のコバルト不足の原因は世界におけるコバルトの主要産出国であるザイールの鉱山会社に対するゲリラの攻撃によるものであることはよく知られていることであるし，粘着材として優秀なアラビアガムは天候の変動による産出量の変動により価格は変動することが知られている．これら要因は投機筋の思惑による投機の対象となるため，設計技術者としても，投機対象になるような材料に関しては，その変動に十分注意しておく必要がある．

4.3 製品の単位重量当たりの価格

次に，少々異なった観点から材料と製品の価格をみてみる．表I-4-2は単位重量当たりの製品価格を示したものである．この表にみるように，自動車や大型テレビのように完成品ほど単位重量当たりの価格は低くなっている．一方LSIのように部品レベルの製品で高精細な加工や組立が要求されるものほど単位重量当たりの価格は高くなっている．これらのことを，製品の輸送という観点からだけでみても，単位重量当たりの価格が高いもの，例えばLSIなどはアタッシェケースに数千万円の製品を入れて運ぶことができるが，自動車や大型テレビなどはトラック輸送に頼らねばならないし，その上一挙に数千万円を運ぶことは容易ではない．また，一方では金の価格は2002年4月の時点で約¥1300/グラムであり，代表的な米であるコシヒカリは約¥0.6/グラムである．このことは製品の単位重量当たりの価格が，集約されている労働や知識・技術だけに依存するのではないことを示している．

上述のことは，一見高度な技術の集積のように見える自動車や大型テレビが必ずしも付加価値が高くなく，重量的には高度な技術が使われていない部分が多いことを示している．また，LSIなどは製品としてほとんどの部分が高度な技術だけで製作され，付加価値が高いと考えてよい．

ここで強調しておきたいのは，設計技術者として製品の価値をみる場合に，高付加価値を伴う高度な技術がいかなるところに集約されていて，高度な技術が使われていても重量的に無駄なところはいかなる部位かを把握しておくことであり，その部位が価格にどのように反映しているかを知り，同時にこの部位の評価を適正に行って，常に軽量化するという観点からアプローチしておくべきことである．

表 I-4-2　単位重量当たりの製品価格（¥/g）

製品	1977年	1995年	2002年
金	1280.00	1320.00	1336.00
LSI		500.00	
腕時計		400.00	300.00
カメラ	79.43	144.00	165.00
ジャンボジェット機	70.00	57.00	
ビデオデッキ		24.00	96.67
パソコン		17.00	22.00
銀		14.00	18.20
マグロ（中トロ）		12.80	3.92
牛肉	3.37	7.80	8.09
TV	5.30	6.00	5.40
オーディオシステム		5.60	13.80
ウィスキー		4.00	5.00
オートバイ		3.60	3.24
乗用車		2.50	2.49
洗濯機		2.50	2.80
玉ねぎ	0.17	2.40	0.21
カップラーメン		1.30	1.57
米（コシヒカリ）	0.30	0.60	0.54
銅		0.35	0.23
牛乳		0.20	0.21
アルミニウム		0.14	0.19
厚鋼板		0.06	0.04
生コンクリート		0.005	0.008

4.4 工業用材料の一般的な性質

4.4.1 工業用材料の分類と材料の性質ならびに設計との関係

現在利用されている工業用材料には単一素材としての金属材料・有機材料である高分子材料や木材など・無機材料であるセラミックスやガラス，およびこれらを組合せて特殊な機能を発揮させる複合材料に分けることができる．このことを実例を挙げて図示したのが図 I-4-3 である[2]．

構造物や機械を設計するにあたり上に述べたように，使用する材料の価格は非常に重要な項目であるが，機械の適所に適した材料を使うことも同程度に重要である．そのため設計技術者は広範な材料を駆使できる知識を持つとともに，最も目的にかなった材料の組合せを考えねばならない．

材料固有の特性は，力学的性質・力学以外の性質・表面の性質・外観と大きく分けることができる．これを表に示すと表 I-4-3 のようになる[2]．すなわち，これらの性質は材料本来の成り立ちに起因するものであり，力学的性質ならびに力学以外の性質としてあげたものは材料内部の原子的な構造や結晶性によるものである．表面の性質は材料の極表面近傍の化学的反応や物理的な力に対する耐性によるものである．外観に関する性質は人間の感性によるもので，個人差が出るものである．

次に，材料の性質と設計とのかかわりを示すと図 I-4-4 のようになる[2]．この図に

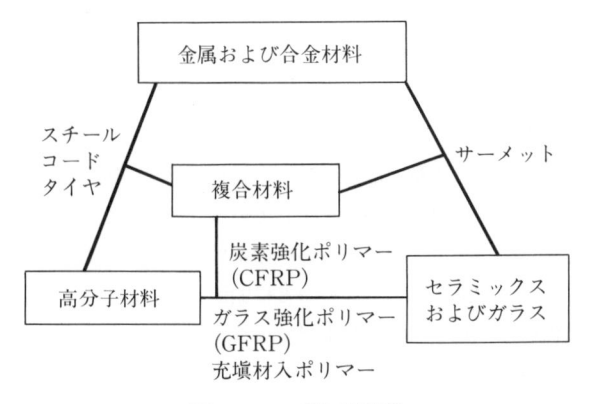

図 I-4-3 工業用材料[2]

表 I-4-3 材料の性質の分類[2]

材料の性質	項　目
力学的性質	密度，弾性率，減衰能，降伏強さと塑性的性質，硬さ，引張強度，破壊靱性，疲労強度，熱疲労強度，クリープ強度
力学的以外の性質	熱的性質，光学的性質，磁気的性質，電気的性質
表面の性質	耐食性，耐摩耗性，摩擦
外観の性質	美感，手触り

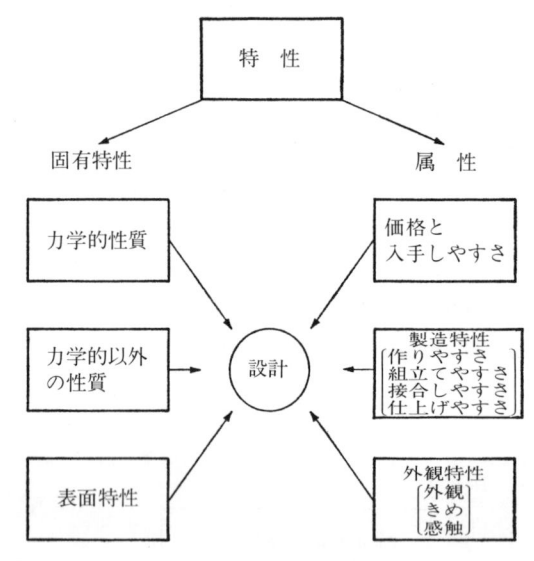

図 I-4-4　工業用材料の諸特性が製品設計に及ぼす影響[2]

は前述の材料本来の性質と本章の最初に述べた材料価格との関係，これまでに触れなかった製造のしやすさの項目との関係を示している．力学的性質は設計した機械が形状的に所定の寸法におさまって稼動する最低の条件を保証するものであり，使用中に破壊や塑性変形などの故障が起こらないことに関係するものである．また，力学的性質以外のものは機械の稼動中に温度の上昇により不具合が生じないことを保証するものであり，光学的性質，磁気的性質，電気的性質はそれらの性質を用いて設計された機械の目的を満足することを保証するものである．製造のしやすさの項目は力学的性

質に密接に関係する作りやすさ（切削の容易さなど），仕上げやすさ（研磨のしやすさ）と重量に関係する機械的な組立のしやすさならびに組立技術の一つであり，かつ材料の本質に関わる溶接・接合のしやすさに関係するものである．

4.5　材料特性の効果的な利用

　本書の最初に述べたように，優秀な工業製品として社会に供用するには価格的に受け入れられるものであることが重要である．そのためには使用する材料が適切であることが要求される．同時に，従来使用されている材料を変更することにより，より安価な機械を提供できることを考慮するのも設計として重要である．本章では，これに対する M. F. Ashby と D. R. H. Jones が彼らの著書[2]で述べている，天体望遠鏡の鏡とヤング率の関係に着目した非常に適切な事例をもとに述べることとする．

　天体望遠鏡は 17 世紀初頭のガリレオの屈折望遠鏡に始まったが，現在では図 I-4-5 に示すように，大口径の反射望遠鏡が主流となっている．また，最近ではハワイの

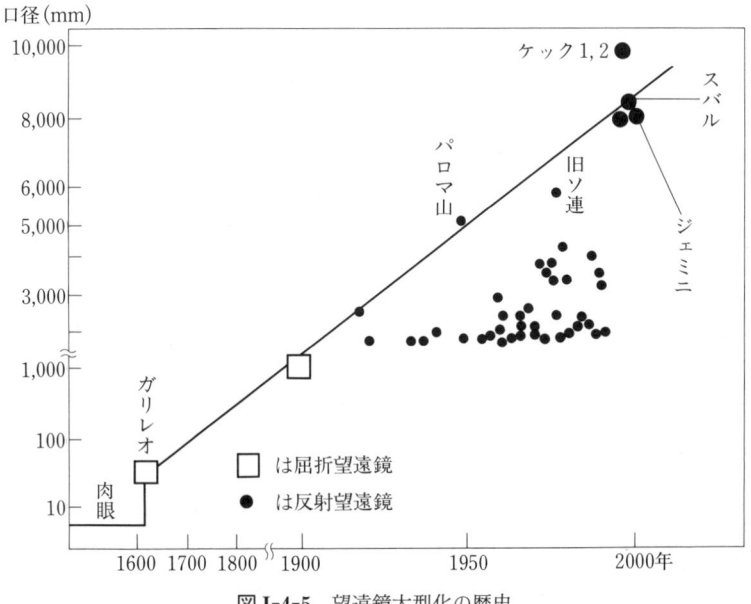

図 I-4-5　望遠鏡大型化の歴史

オアフ島のマウナケア山頂に各国の大口径の反射望遠鏡が集中して設置されており，日本が設計・製作したスバル望遠鏡もここにある．このスバル望遠鏡は特殊な技術を用いて鏡の軽量化に成功したものである．このことについては後述することとする．

　さて，直径5m以上の大口径の反射望遠鏡は，鏡・天空を探査するときに鏡を支える架台・鏡の移動と位置決めのための制御装置から成り立っている．その制御は光の波長と同程度の精度を要求されるため，構成される部材の剛性は強固なものでなければならない．望遠鏡の死命を制する鏡についてであるが，その主要材料はガラスである．これはガラスの光学的性質を用いたものでなく，その力学特性を利用したもので，その表面に厚さ100 nm（約30 g）の銀をコーティングして反射鏡としたものである．単純に考えると，銀の薄膜だけで鏡という機能を果たすことができるものに密度の大きい，すなわち重量が大きくなるガラスを利用しているのである．例えば，鏡が円筒部で支えられているとすると自重による変形は図I-4-6のようになる．このとき鏡の変形量δは光波長より小さいことが望ましい．Ashbyら[2]によると，鏡の変形量δは

$$\delta = (3/4\pi)(Mga^2/Et^3) \tag{1}$$

となる．ここに，M：質量，g：重力加速度，a：鏡の半径，E：ヤング率，t：鏡の

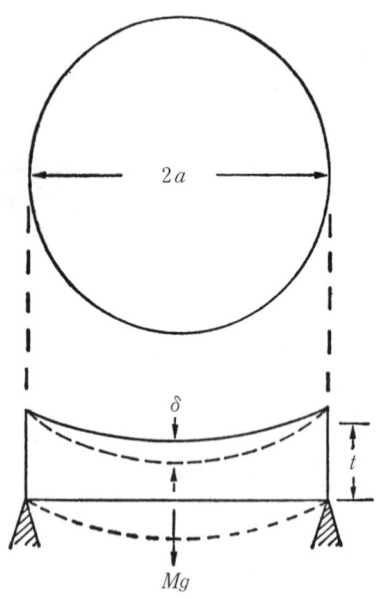

図I-4-6　鏡の自重によるたわみ状況[2]

厚さであり，ポアッソン比：0.33 である．

$M = \pi a^2 t \rho$ （ρ：密度）であるから

$$t = M/\pi a^2 \rho \tag{2}$$

式(1)，(2)から

$$M = (3g/4\delta)^{1/2} \pi a^4 (\rho^3/E)^{1/2}$$

となり，δ を一定とすると，質量 M を小さくするには，密度とヤング率に関係する量 $(\rho^3/E)^{1/2}$ ができるだけ小さな値を持つような材料を選択すればよいことになる．鏡に一般に使われているガラスの場合は $0.48\,\mathrm{Ns^2m^{-1}}$ であり，鋼で1.54，発泡ポリウレタンで0.13，CFRPで0.11となる．したがって最適な材料はCFRPであり，次いでポリウレタンとなる．これらの材料を鏡の基材として利用することにより，鏡の重量を軽減でき，望遠鏡の全重量も軽くなることになる．例えば，CFRPやポリウレタンを鏡の基材として用いて表面に銀の薄膜をコーティングした場合，鏡を支えるのに必要な周辺部材にかかる費用は 1/25 程度になる．

しかし，現実にはポリマー系の材料は安定性に欠け，経時変化や湿度，温度の影響により寸法変化が起こるために鏡の材料として難点があることと実績が伴っていないことから，これらを使用するようにはなっていない．先に述べた，マウナケア山頂に設置された日本のスバル望遠鏡もガラスを鏡の基材として使っている．スバル望遠鏡の口径は8.2m，鏡の厚さは20cmであり，直径5m，厚さ60cmのヘール望遠鏡と比較して薄くなっている．薄くすることによって自重によるたわみ変形は大きくなるのであるが，次のような工夫によりうまく処理している．一般的にいって，自重によるたわみは鏡が水平のときには図 I-4-6 に示したように中央で大きくなり，また斜めになったときには下方に垂れ下がったようになり，光が焦点を結ぶことなく発散して

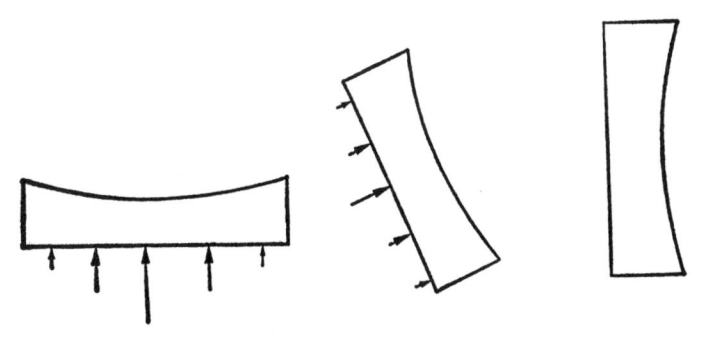

図 I-4-7　分布力を加えてたわみを修正する[2]

しまう．自重によるたわみに抗して初期の鏡面を保持するには，このたわみを図 I-4-7 のようにたわみの大きさに応じて力を加えて修正してやればよいこととなる[2]．これを実現するため，スバル望遠鏡では鏡の裏面に 251 本の油圧アクチュエータを用いて，修正量をコンピュータ制御することにより達成している．これにより，鏡の重量を軽くすることにより，従来のものより望遠鏡の重量は軽量化されたものとなり，価格的にもトータルで有利なものとなっている．スバル望遠鏡による華やかな成功は，このような機械の分野の地道な技術の発達に支えられたものといってもよい．

4.6 ま と め

これまで述べてきたように，機械の設計において材料の選択は製作される機械の価格を決める重要な課題である．特に，材料を有効に使用することにより，機械の軽量化，低価格化を果たすことができ，工業製品として優秀なものとなる．そのためには，単に材料に関する知識だけではなく，他の分野の知識や知見との巧妙な組合せが重要である．

[例題]　天体望遠鏡の例にならって材料の効果的な使用例を調査し，論評せよ．

参 考 文 献

[1] 日刊工業新聞, 2002.6.7 より編集.
[2] M. F. Ashby and D. R. H. Jones (堀内　良, 金子純一, 大塚正久共訳)：材料工学入門, 内田老鶴圃 (1991), pp. 73-81.

第Ⅱ編 ケーススタディ

第II部

ケーススタディ

第II編　ケーススタディ

第1章　機械要素の設計

1.1　はじめに

　機械要素は機械を構成する主要部品であり，機械全体の効率や信頼性は，機械要素自身の効率や信頼性に依存するところが非常に大きい．この観点から，機械全体の効率や信頼性の議論は，構成部品である機械要素の効率・信頼性を議論することともいえる．また，機械要素をいかにうまく設計あるいは選定し，組合せるかが，機械をうまく設計することにも繋がる．

　本章では，機械要素の代表として，ねじ，軸および軸受を取り上げ，その設計・選定の基本的考え方を紹介する．ねじは機械力学の中でも最も基本的な課題である．また，軸は回転機械に不可欠の重要要素であるにもかかわらず，ないがしろにされることが多い．本章の前半では，ねじと軸を設計する上での基本事項を理解することを目的とする．

　軸受は転がり軸受とすべり軸受に大別されるが，そのどちらも回転機械の生命を握る重要要素である．最近，技術的に目覚しい発展を遂げている磁気ディスクなどの情報関連機器の分野では，そのモータに使用されるスピンドル用軸受として，従来からの転がり軸受の他にすべり軸受が検討されている．両軸受の生き残りをかけた戦いは非常に激しく，それによる軸受関連技術の向上には目を見張るものがある．紙面の制約もあり，本章では軸受設計法の基本的事項のみを紹介する．なお，例題において，紙面の制約により割愛したデータがある．必要情報の検索も機械設計の重要な一作業である．各自検索を試みられたい．

1.2 ねじの設計

ねじを用途面で大別すると，機械や構造物の部分を結合する締結用ねじと，機械や構造物の部分を相対的に移動させる送りねじに分けることができる．本節では，特に締結用ねじについて説明する[1],[2]．

1.2.1 ねじの用語と規格

(1) ねじの用語

ISO 規格や JIS 規格で規定されている用語のうち，ねじに関する基本的な用語とその定義を以下に示す（図II-1-1参照）．

つる巻き線：円筒の表面に沿って，軸線のまわりを一定の角度で描く軌跡
リ ー ド：つる巻き線に沿って軸線のまわりを1周する際に軸方向に進む距離
ピ ッ チ：互いに隣合うねじ山の軸線方向の距離．1条ねじではリードとピッチが等しいが，多条ねじではリードはピッチの条数倍となる
リ ー ド 角：つる巻き線と軸線に直角な平面とがなす角度
有 効 径：ねじ溝の幅がねじ山の幅に等しくなるような仮想円筒の直径
基 準 山 形：ねじ山の断面形状を定めるための基準となる，1ピッチ分のねじ山の形状

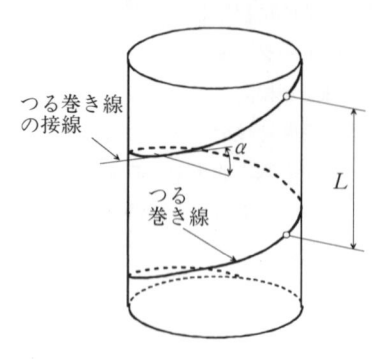

図 II-1-1　リード L およびリード角 α

第 1 章　機械要素の設計

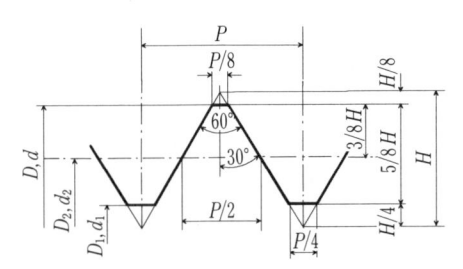

図 II-1-2　ISO 一般用ねじの基準山形

D：めねじの谷径，D_1：めねじの内径，D_2：めねじの有効径，
d：おねじの外径，d_1：おねじの谷径，d_2：おねじの有効径，
P：ピッチ，H：とがり山の高さ

表 II-1-1　メートル並目ねじの基準寸法（単位：mm）[3]

ねじの呼び			ピッチ P	めねじ		
				谷径 D	有効径 D_2	内径 D_1
1欄	2欄	3欄		おねじ		
				外径 d	有効径 d_2	谷径 d_1
M 3			0.5	3.000	2.675	2.459
	M 3.5		0.6	3.500	3.110	2.850
M 4			0.7	4.000	3.545	3.242
	M 4.5		0.75	4.500	4.013	3.688
M 5			0.8	5.000	4.480	4.134
M 6			1	6.000	5.350	4.917
		M 7	1	7.000	6.350	5.917
M 8			1.25	8.000	7.188	6.647
		M 9	1.25	9.000	8.188	7.647
M 10			1.5	10.000	9.026	8.376
		M 11	1.5	11.000	10.026	9.376
M 12			1.75	12.000	10.863	10.106
	M 14		2	14.000	12.701	11.835
M 16			2	16.000	14.701	13.835
	M 18		2.5	18.000	16.376	15.294
M 20			2.5	20.000	18.376	17.294
	M 22		2.5	22.000	20.376	19.294
M 24			3	24.000	22.051	20.752

表II-1-1はM3〜M24までのメートル並目ねじに関して，めねじとおねじの谷径，有効径，内径/外径を示したものである．一般には，ねじの呼び欄の1を，必要に応じて2欄，3欄の順に選定する（図II-1-2参照）．

（2） ねじのはめあい区分，等級，許容限界寸法および公差

表II-1-2に，ねじのはめあい区分と従来のJIS等級およびISO等級の関係を示す．ねじのはめあい区分は，精，中および粗で表される．精は特にあそびが少ない精密ねじに，中は小ねじ，ボルト，ナットなどの一般のねじ部品に，粗は建設工事などの汚れやきずの付きやすい環境で使用される場合，あるいはねじ加工が困難な場合に用いる．精，中，粗は，各々従来のJIS等級の1級，2級，3級に相当する．ISOねじ公差の方式では，一般の寸法公差方式と同じように，数字とローマ字を組合せた表示で公差等級を表す．

表II-1-2　ねじのはめあい区分と等級[4]

はめあい区分 （従来の JIS等級）	めねじ・おねじ の別	ISO等級	適　用
精 （1級）	めねじ	4H（M1.4以下）	特にあそびの少ない精密ねじ
		5H（M1.6以上）	
	おねじ	4h	
中 （2級）	めねじ	5H（M1.4以下）	機械，器具，構造体などに用いる一般用ねじ
		6H（M1.6以上）	
	おねじ	6h（M1.4以下）	
		6g（M1.6以上）	
粗 （3級）	めねじ	7H	建設工事，据付けなど汚れやきずが付きやすい環境で使用されるねじ，または熱間圧延棒へのねじ切り，長い止まり穴へのねじ立てのように加工が困難なねじ
	おねじ	8g	

第1章 機械要素の設計

1.2.2 ねじの強度設計

(1) ねじの締付けと緩め

ねじ山をつる巻き線に沿ってほどいて展開すると，図II-1-3(a)，(b)に示すくさびと同じになる．図の水平方向の力の釣合いより，ボルトをナットで締めるとき，以下の関係式が得られる．

$$F = (N \sin \alpha + \mu N \cos \alpha) + \mu_1 Q = Q \tan(\alpha + \rho) + \mu_1 Q \tag{1}$$

ここで，μ：ねじ山とねじ溝間の摩擦係数，$\rho = \tan^{-1} \mu$：摩擦角，μ_1：ナットと座面との間の摩擦係数，α：ねじのリード角，Q, F, N は図中に示す力とする．

ボルトを締付けるためにナットに加えるべきトルク T は，式(1)の第1項がねじの有効径の円周に沿って作用し，ナットと座面の摩擦力 $\mu_1 Q$ がナット座面の平均径（ナットの幅 B とねじ穴径 d_h の平均径）の円周に沿って作用すると見なすことができ，以下のように表示できる．

$$T = Q \tan(\alpha + \rho) \frac{d_2}{2} + \mu_1 Q \frac{B + d_\mathrm{h}}{4} \tag{2}$$

ナットを緩める場合には，図II-1-3の(b)のような力の関係となり，緩めるために必要なトルク T は以下の式で表される．

$$T = Q \tan(\rho - \alpha) \frac{d_2}{2} + \mu_1 Q \frac{B + d_\mathrm{h}}{4} \tag{3}$$

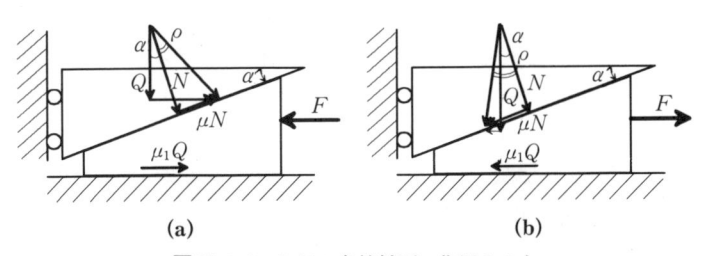

図 II-1-3 ねじの各接触面に作用する力
(a) ナットを締めるとき，(b) ナットを緩めるとき

(2) ボルトに作用する力

図II-1-4の(a)はボルトとナットによって2枚の板を締付けた状態を，また(b)はその際にボルトおよび2枚の板に生じる力と伸びの関係を示したものである．ボル

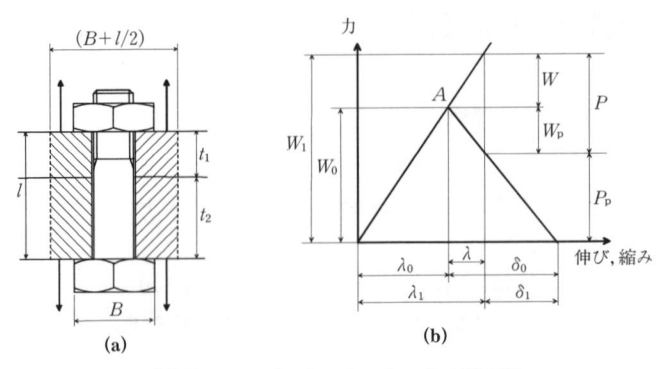

図 II-1-4 ボルト・ナットによる締付け

トとナットで厚さ t_1, t_2 の板を締付ける場合を考える．ナットの座面が板に接触してから，さらにナットを角度 ϕ だけ回転させたとき，ボルトに生じる伸びを λ_0，2枚の板に生じる合計の縮みを δ_0，ねじのリードを L とすると，式(4)の関係が成り立つ．

$$\lambda_0 + \delta_0 = L \cdot \left(\frac{\phi}{2\pi} \right) \tag{4}$$

ボルトに加わる軸方向引張力（すなわち2枚の板に加わる圧縮力）を W_0 とすると，ボルトのばね定数は $k_b = W_0/\lambda_0$，板2枚のばね定数は $k_p = W_0/\delta_0$ であるから，式(4)より，力 W_0 とばね定数 k_b, k_p の間に以下の関係が成り立つ．

$$W_0 = \frac{k_b \cdot k_p}{k_b + k_p} L \cdot \left(\frac{\phi}{2\pi} \right) \tag{5}$$

次に，2枚の板を引き離そうとする外力 W が働き，その結果としてボルトに $W_1 (= W_0 + W)$ の力が作用した場合を考える（図II-1-4(b)）．ボルトの伸びは λ だけ増加して λ_1 に，板の縮み量は λ だけ減少して δ_1 に，2枚の板に作用する締付力は W_p だけ減少して P_p となる．もし δ_1 が0になったとき，2枚の板に作用する締付力 P_p も0となり，圧縮力の作用しない状態となる．

（3） ねじ部品の強度

ボルトの引張強さ

おねじの軸方向に締付力 W_0 が生じるようにナットを締付けると，おねじの谷径断面に対して以下の引張応力が生じる．

$$\sigma_b = \frac{4W_0}{\pi \cdot d_1^2} \tag{6}$$

ここで，d_1 はおねじの谷径である．さらに，外力 W が締付部材を引き離すように作用すると，おねじの軸方向引張力は W_0+W となり，ボルトの引張応力も上昇する．おねじの太さは，ねじ谷径断面に生じる軸引張応力が許容応力以内にあるように決定しなければならない．外力 W が静的荷重である場合には，ボルトに負荷される応力 σ_b はボルト材料の降伏応力 σ_s の 65～80% 以下になるように設計する．

外力 W が繰返し変動する場合，ボルト断面に負荷される最大応力 σ_{max} が降伏応力 σ_s より十分小さくても，疲労によって破壊が生じる場合がある．この場合には，変動荷重によるボルトの応力振幅 σ_a に対して，ねじ谷底の切欠効果を考慮しなければならない．すなわち，図 II-1-5(b) のように σ_f をボルト材料の疲労限度，$\overline{OC}=\overline{OD}$ を降伏応力 σ_s，$\overline{OE}$ を引張強さとしたとき，ボルトの断面に負荷される平均応力 σ_m および応力振幅 σ_a の β 倍（β：切欠係数）を座標に持つ点 A は図 II-1-5(b) の四辺形 OBFC の範囲内にあるように設計しなければならない．ボルト用炭素鋼のメートル並目ねじの場合，切欠係数 β は 3～4 である．

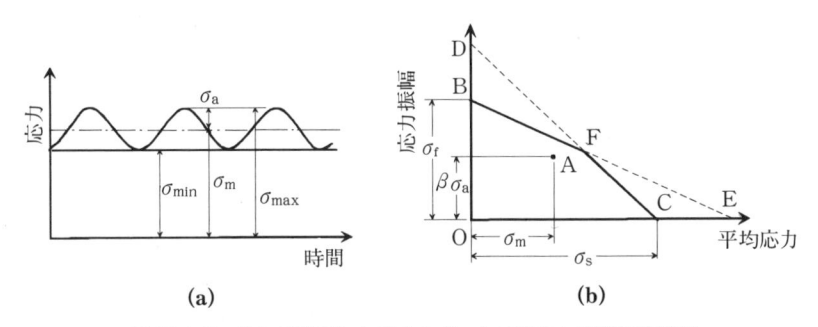

図 II-1-5 外力が変動した場合のボルトの応力と疲労限度線図

ねじ山のせん断強さ

図 II-1-6 において，かみあったねじ部の長さを H，ねじのピッチを P とすると，ねじ山の巻き数 n は H/P となる．n 巻きのねじ山に全荷重 W が分担されるとする．またねじ山の不完全さや丸みによって，1 ピッチ P のうちせん断力を受ける部分が $\xi P (<P)$ とすると，おねじとめねじの山の根元断面に作用するせん断応力 τ_b, τ_n は以下のようになる．

$$\tau_b = \frac{W}{n \cdot \pi \cdot d_1 \cdot \xi P}, \quad \tau_n = \frac{W}{n \cdot \pi \cdot D \cdot \xi P} \tag{7}$$

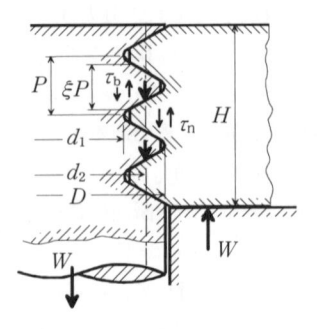

図 II-1-6 ねじ山のせん断

ここで，d_1 および D は，おねじとめねじの谷径である．ξ の値は，三角ねじで 0.75 〜0.88，台形ねじで約 0.65 である．τ_b および τ_n がおねじ材料，めねじ材料の許容せん断応力以下になるように，かみあい長さ H を決定する．

1.3 軸の設計

1.3.1 軸の機能と課題

軸は用途の違いにより，車軸と伝動軸に区別される．車軸は回転軸と静止軸に分けられ，回転軸には曲げモーメントと場合によってねじりモーメントが負荷され，静止軸には主に曲げモーメントが負荷される．また，伝動軸は回転によって動力を伝達するもので，ねじりモーメントの他に曲げモーメントも加わる場合が多い．

軸の設計には，機械が駆動した場合に，上記のねじりや曲げのモーメントの他に，引張りや圧縮の応力がどの程度付加されるかを考慮することが重要である．また，軸強度が十分であったとしても，機械としての特徴や精度を考慮し，曲げモーメントによる軸たわみ，ねじりモーメントによる軸のねじれ量を許容値以内に納めることが必要がある．

また，軸は強度や組立のために段付き軸となることが多い．このような段付き部やキー溝のような箇所は，応力集中が生じやすいので注意を要する．

高速回転機械の軸については，たわみやねじれの危険速度を検討し，運転速度から十分離すことも忘れてはならない．

1.3.2 平滑な軸の設計

(1) ねじりモーメントのみを受ける軸

軸の回転数を N,軸のねじりモーメントを T,中実軸の径を d,中空軸の内径を d_1,外径を d_2 とすると,中実軸と中空軸に作用するせん断応力 τ は以下のようになる.

中実軸の場合 $\tau = \dfrac{16T}{\pi d^3}$ (8)

中空軸の場合 $\tau = \dfrac{16 d_2 T}{\pi (d_2^4 - d_1^4)}$ (9)

また,これらの式を軸外径で表すと以下の式になる.

中実軸の場合 $d = \sqrt[3]{\dfrac{16T}{\pi \tau}} \approx 1.72 \sqrt[3]{\dfrac{T}{\tau}}$ (10)

中空軸の場合 $d_3 = \sqrt[3]{\dfrac{16T}{\pi(1-x^4)\tau}} \approx 1.72 \sqrt[3]{\dfrac{T}{(1-x^4)\tau}}, \quad x = \dfrac{d_1}{d_2}$ (11)

軸径を決定する際は,安全率を考慮してせん断応力 τ を軸材料の最大せん断応力より十分小さくすることが重要である.

(2) 曲げモーメントのみを受ける軸

曲げモーメントを受ける軸は,軸を支える軸受を支点とした梁(はり)と見なすことができる.軸受の種類によって支持条件は異なるが,安全を考慮してたわみの大きくなる両端自由支持で計算するとよい.曲げモーメントの場合には,回転によって軸の表面に引張りと圧縮が交互に作用するので,疲労破壊の有無の確認も忘れてはならない.

σ を曲げ応力,M を軸の曲げモーメントとすれば,曲げ応力の関係式は

中実軸の場合 $\sigma = \dfrac{32M}{\pi d^3}$ (12)

中空軸の場合 $\sigma = \dfrac{32 d_2 \cdot M}{\pi (d_2^4 - d_1^4)}$ (13)

となる.またこれらの式から,軸直径に関する以下の式が得られる.

中実軸の場合 $d = \sqrt[3]{\dfrac{32M}{\pi \sigma}} \approx 2.17 \cdot \sqrt[3]{\dfrac{M}{\sigma}}$ (14)

中空軸の場合 $d_2 = \sqrt[3]{\dfrac{32M}{\pi(1-x^4)\sigma}} \approx 2.17 \cdot \sqrt[3]{\dfrac{M}{(1-x^4)\sigma}}, \quad x = \dfrac{d_1}{d_2}$ (15)

軸径を決定する際には，安全を見込んで軸材質の曲げ応力 σ を決めることが重要である．

（3）ねじりモーメントと曲げモーメントが同時に作用する軸

この場合は，ねじりモーメント T と曲げモーメント M が同時に作用した場合と同じ効果となるような，等価曲げモーメント M^* または等価ねじりモーメント T^* を求め，この値を（1），（2）項の関係式に代入して軸径を決定する．

最大せん断応力説（Guest の式）によると，等価ねじりモーメント T^* は

$$T^* = \sqrt{M^2 + T^2} \tag{16}$$

また最大主応力説（Rankine の式）を用いると，等価曲げモーメント M^* は

$$M^* = \frac{1}{2}(M + \sqrt{M^2 + T^2}) \tag{17}$$

となる．ただし，回転軸には一般に延性材料が用いられるため，最大せん断応力説に基づいた式(16)を式(10)，式(11)に代入して軸径を決定する方がよい[2]．

中実軸の場合　　$d = \sqrt[3]{\dfrac{16\sqrt{M^2 + T^2}}{\pi \tau}}$ \hfill (18)

中空軸の場合　　$d_2 = \sqrt[3]{\dfrac{16\sqrt{M^2 + T^2}}{\pi (1 - x^4) \tau}}, \quad x = \dfrac{d_1}{d_2}$ \hfill (19)

軸が脆性材料の場合は，最大主応力説に従う式(17)を用いて計算する．

1.3.3　応力集中を有する軸の設計

軸の段付き部やキー溝には，形状の急激な変化による応力集中が生じる[2],[5]．応力

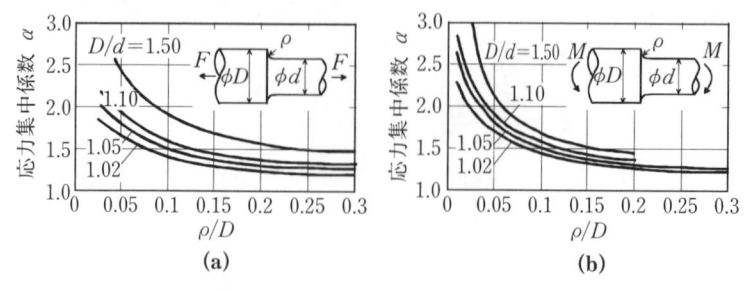

図 II-1-7　段付き軸の応力集中係数
（a）引張力の場合，（b）曲げモーメントの場合

集中箇所の最大応力と応力集中を考えない基準応力の比を応力集中係数 α と呼ぶ。図 II-1-7 は段付き軸の応力集中係数を示したものであり，（a）は軸に引張力 F が負荷された場合，（b）は曲げモーメントが負荷された場合を示す。段付き軸の軸径は，この応力集中係数 α を用いて応力集中箇所の最大応力を求め，前節の式を使用して決定する。

1.3.4　回転軸の固有振動の回避

　ねじりやたわみの変形が急激であると，弾性体である軸はその変形を回復しようとして，軸の原形を中心として交互に変形を繰返すことになる。特に，この変形の周期が軸自体のねじりあるいはたわみの固有振動と一致すると，その振幅は急激に増大して軸の弾性限界を超えて破損に至る。この際の軸の回転数をねじり，あるいはたわみの危険速度という[6],[7]。

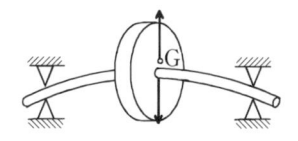

図 II-1-8　モデルロータ

　質量 m の円板が質量を無視できる弾性軸に固定された単純な回転系（図 II-1-8）に関して，たわみの危険速度を計算してみる。円板の重心 G が中心から ε だけ偏心しているとする。軸が回転することにより，円板には偏心に起因した遠心力が生じ，弾性軸は ρ だけたわむ。軸たわみのばね定数を K とすると，遠心力と弾性軸の復元力が釣合うから，以下の関係式が得られる。

$$K\rho = (\varepsilon + \rho) m \omega^2 \tag{20}$$

ここで，$\sqrt{K/m} = \omega_n$ とすると，上の式は以下のようになる。

$$\rho = \varepsilon \frac{(\omega/\omega_n)^2}{1 - (\omega/\omega_n)^2} \tag{21}$$

$\sqrt{K/m} = \omega_n$ は，円板質量 m と軸のばね定数 K からなる振動系の固有振動数であり，回転体の挙動を特徴づける基本的な量である。式(21)をグラフに表すと図 II-1-9 のようになる。すなわち，回転数の上昇とともに軸のたわみ ρ は増加し，$\omega = \omega_n$ のときに無限大になる（実際には減衰効果によって，たわみ ρ は無限大にならず，有限

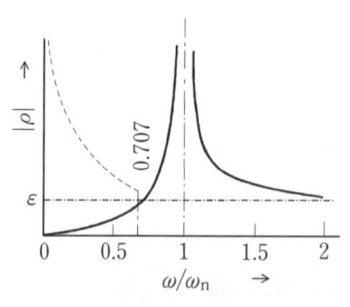

図 II-1-9　ロータの軸たわみ

な値となる）．さらに回転速度を上げるとたわみは急激に減少し，円板重心の偏心量 ε に収束する．

このように，高速回転体の場合，軸のたわみやねじれの危険速度で回転させることは非常に危険であり，一般には回転機械の常用回転数は危険速度 ω_n より±20％以上離すように設計する．

1.4　軸受の設計

1.4.1　転がり軸受とすべり軸受の使い分け

軸受とは，対向する駆動側物体と静止側物体が，低い摩擦係数で互いにすべり合う機構であり，転がり軸受とすべり軸受に大別される．図 II-1-10 は，駆動側物体としての回転軸を支える構造の転がり型とすべり型の軸受を示したものである．また表

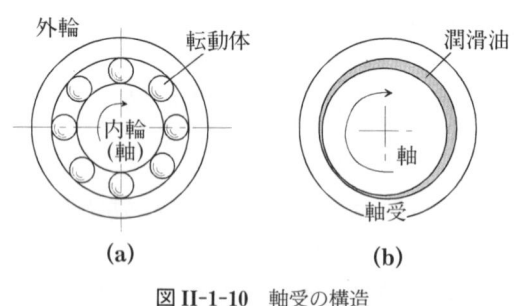

図 II-1-10　軸受の構造
（a）　転がり軸受，（b）　すべり軸受

II-1-3 は，ラジアルタイプの転がり軸受とすべり軸受に関し，その特性比較を示したものである．特性として，高速回転性，許容荷重，寿命，軸の制振性，摩擦特性，静音性，使用温度範囲および使いやすさを挙げ，各項目について比較を行った[8],[9]．

表 II-1-3 ラジアルタイプの転がり軸受とすべり軸受の特性比較

特性		転がり軸受	すべり軸受
高速回転性	高周速性	保持器が障害となり，高周速に適さない	冷却を十分に行えば，高周速下での使用は可能
	高角速度性	転動体の遠心力の増大，保持器が障害となり，高速回転に適さない	同上
	軸の制振性	高周波振動成分や転動体に起因した回転非同期振動の低減が困難	オイルウィップが発生しやすいが，設計により回避可能 高周波の振動成分を油膜の減衰力により低減可能
許容荷重		低速回転での許容荷重は大きいが，高速回転時に小さい	潤滑状態の改善により，高面圧化が可能
寿命		疲労に起因した限界寿命あり	最適設計により寿命大
軸受剛性		大	設計次第で大きくできる
摩擦特性	回転始動時	$0.001 \leq \mu \leq 0.01$	$0.01 \leq \mu \leq 0.1$
	回転中	$\mu \fallingdotseq 0.001$	$\mu \fallingdotseq 0.001$
静音性		騒音大	騒音小
使用温度範囲		広い	潤滑油や軸受材料に制限され，狭い
使いやすさ	潤滑しやすさ	グリース潤滑などの簡便法が可能	潤滑用補機が必要
	軸受交換性	容易	困難
	耐スラスト荷重性	ラジアル/スラスト両荷重を受けられる軸受あり	ラジアル軸受はスラスト荷重を受けられない

転がり軸受は，玉の保持器や転動体に加わる遠心力が障害となり，高速回転用に不向きであり，すべり軸受の方が高周速向きである．またすべり軸受は，油膜の減衰力が軸の振動を抑制し，高精度な位置決めを可能とするため，最近ではハードディスク用モータのスピンドルに使用され始めている．

許容荷重に関しても，転がり軸受よりすべり軸受の方が優位である．低速回転の場合には，転がり軸受の許容荷重は大きいが，高速回転になると転動体に加わる遠心力

が増すため，その分許容荷重が低下する．これに対してすべり軸受では，油膜が軸受に加わる局所面圧を低減してくれるため，許容荷重を大きくできる．設計次第では非常に長い寿命を得ることも可能である．

　回転体の振動抑制に重要な役割を果たす軸受剛性に関しては，すべり軸受は設計次第で転がり軸受と同様の大きな剛性を得ることができる．

　摩擦係数に関しては，すべり軸受の場合，機械の始動時に軸と軸受間に油膜が形成されず，摩擦係数が大きくなる．しかし，始動時の大きな摩擦係数が問題となるような機械の場合，静圧型のすべり軸受を両用することによって，始動時に軸を浮かせて摩擦係数を低減する工夫がなされている．回転中は転がり軸受とすべり軸受の摩擦係数は同程度の値となる．

　静音性に関しては，転がり軸受は転動体が内外輪を転がって移動するため，その際に発生する騒音が大きい．それに対しすべり軸受では，油膜を介して軸が回転するため，騒音が小さい．

　以上のように，すべり軸受は転がり軸受に比べて多くの優れた特性を有しているが，使用温度範囲が狭いこと，および使いにくいことが難点である．すべり軸受の材料としては，例えばホワイトメタルなどの軟質金属が一般に使用され，その耐熱温度はせいぜい130℃程度である．また，すべり軸受は潤滑油を供給するための補機を必要としたり，交換などのメンテナンスが難しく，使い勝手がよくない．

　以上をまとめると，すべり軸受は高速回転機械に適しており，転がり軸受は使い勝手のよさから比較的中・低周速の回転機械に適しているといえる．

1.4.2　転がり軸受の活用

（1）　転がり軸受の種類

　図II-1-11に各種の転がり軸受を示す．転がり軸受には，荷重が負荷される方向によって，ラジアル軸受とスラスト軸受に大別される．ラジアル軸受には，回転軸と直角方向の荷重を支えるもの，またスラスト軸受は，回転軸と同方向の荷重を支える軸受である．ラジアル軸受とスラスト軸受の両者に，各々玉軸受ところ軸受がある．

　ラジアル玉軸受の代表として深溝玉軸受，またラジアルタイプでありながらある程度のスラスト荷重を支持できるアンギュラ玉軸受などがある．ラジアルタイプのころ軸受の代表としては円筒ころ軸受，ある程度のスラスト荷重を支持できるものとして

第1章 機械要素の設計

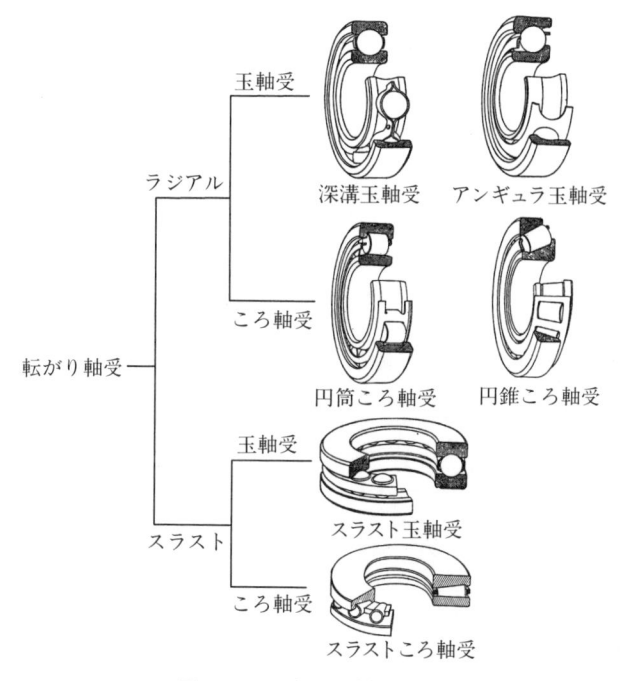

図 II-1-11 転がり軸受の種類

円錐ころ軸受がある。同様にスラスト軸受にも玉軸受ところ軸受があり，玉軸受の代表としてスラスト玉軸受，ころ軸受の代表としてスラスト円錐ころ軸受がある．

（2） 転がり軸受の剛性

　回転系には，外部からの力（例えばポンプなどの流体機械であれば流体力）や回転体自身のアンバランスによる遠心力などが加わる．回転体が転がり軸受で支持されている場合，転がり軸受の剛性が小さすぎると，軸系は許容値以上に振動することになる．回転振動などを極力小さくしたい精密回転機械では，軸受部の剛性を高めて，回転系の振動を抑制する必要がある．

　図 II-1-12 に示す深溝玉軸受のように，転がり軸受は数 μm から数十 μm の内部隙間 δ_g を有している．ラジアル荷重 F_R やスラスト荷重 F_a が負荷されることによって，内部隙間は消滅して玉や内外輪が互いに接触変形するようになる．ラジアル荷重 F_R あるいはスラスト荷重 F_a が負荷された場合の，ラジアル方向の弾性変形量 δ_R，

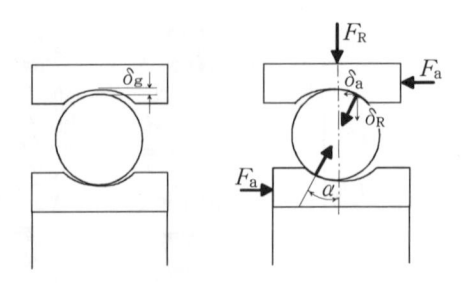

図 II-1-12　軸受の荷重と変位

表 II-1-4　転がり軸受の弾性変形量（単位：mm）[10]

軸受	ラジアル荷重 F_R(N) の場合	スラスト荷重 F_a(N) の場合
深溝玉軸受	$\delta_R = 1.28 \times 10^{-3} \times \left(\dfrac{F_R^2}{D_a \cdot Z^2}\right)^{\frac{1}{3}}$	$\delta_a = 0.44 \times 10^{-3} \times \left(\dfrac{F_a^2}{D_a \cdot Z^2 \cdot \sin^5 \alpha}\right)^{\frac{1}{3}}$
アンギュラ玉軸受	$\delta_R = 1.28 \times 10^{-3} \times \left(\dfrac{F_R^2}{D_a \cdot Z^2 \cdot \cos^5 \alpha}\right)^{\frac{1}{3}}$	$\delta_a = 0.44 \times 10^{-3} \times \left(\dfrac{F_a^2}{D_a \cdot Z^2 \cdot \sin^5 \alpha}\right)^{\frac{1}{3}}$
円筒ころ軸受	$\delta_R = 0.30 \times 10^{-3} \times \left(\dfrac{F_R^{0.9}}{l^{0.8} \cdot Z^{0.9}}\right)$	
円錐ころ軸受	$\delta_R = 0.30 \times 10^{-3} \times \left(\dfrac{F_R^{0.9}}{l^{0.8} \cdot Z^{0.9} \cdot \cos^{1.9} \alpha}\right)$	$\delta_a = 0.077 \times 10^{-3} \times \left(\dfrac{F_a^{0.9}}{l^{0.8} \cdot Z^{0.9} \cdot \sin^{1.9} \alpha}\right)$

　スラスト方向の弾性変形量 δ_a は表 II-1-4 のようになる．この関係より，転がり軸受の剛性 $K_R = F_R/\delta_R$, $K_a = F_a/\delta_a$ を算出できる．

　表 II-1-4 において，D_a は転動体の直径，l はころの有効長さ，Z は転動体の数，α は接触角である．

（3）　転がり軸受の材料寿命

　転がり軸受の寿命を決定する因子には，軸受材質の疲労や潤滑油の寿命のようにある程度予想できるものと，外部からの硬質異物混入などの突発的な原因によるものがある．突発的な因子に関わる寿命の予測は難しく，転がり軸受を延命させるためには，突発的な損傷因子を取り除くしかない．本節および次節では，ある程度予測可能な軸受材料の疲労特性に起因した寿命および潤滑油の寿命に関して説明する．

　転がり軸受がその材料の疲労によって損傷に至る場合（一般にフレーキング現象と

いう），疲労の起点は材料の内部と表面に大別される．潤滑油の汚れなどの潤滑状態に問題があると，表面起点型のフレーキング現象が生じやすく，この場合は寿命予測は難しい．材料内部起点型のフレーキングは，軸受材料の疲労特性に起因した寿命であり，ある程度の予測が可能である．以下に，この現象に関する転がり軸受の寿命予測式を示す（例えば参考文献[11]を参照のこと）．

転がり軸受のフレーキング寿命の予測は，材料自身の疲労特性がもともと大きなばらつきを有しており，また使用環境に影響されるため非常に難しい．従来からよく使用される転がり軸受の寿命式としては，多くの実験と理論を基にしたLundberg-Palmgrenの式を基にした以下の式がある．

玉軸受 　　　$L_{10}=(C/P)^3$ 　　　　　　　　　　　　　　　　(22)

ころ軸受 　　$L_{10}=(C/P)^{10/3}$ 　　　　　　　　　　　　　　(23)

ここで，L_{10} は定格寿命（×10^6 総回転数），C は基本動定格荷重，P は動等価荷重である．

定格寿命 L_{10} とは，同じ大きさの軸受を同一条件で回転させたとき，転がり疲れによるフレーキング現象によって損傷する個数が，全体の10%に達する総回転数のことである．また基本動定格荷重 C とは，外輪固定／内輪回転の条件で 10^6 回転させた場合に，全体の10%が寿命にいたるような一定の荷重のことであり，転がり軸受メーカーの軸受カタログに記載されている[11]．また動等価荷重 P とは，複雑な荷重が付加される実際の転がり軸受の転がり疲れ寿命と等しい寿命を与える，軸受の中心を通る一定の荷重のことである．

最近，軸受材料や加工方法の進歩により，軸受の疲労寿命も延びている．また弾性流体潤滑の研究が進み，潤滑膜の膜厚と疲労寿命の関係も解明されてきた．それらの結果を反映させるために，いくつかの補足係数を用いて式(22)，式(23)を補正する方法（式(24)）も用いられている．

$$L_{na}=a_1 \cdot a_2 \cdot a_3 \cdot L \qquad (24)$$

a_1 は信頼度係数と呼ばれ，高い信頼度で寿命を予測する場合に用いられ，具体的には表II-1-5に示すような係数である．

a_2 は軸受特性係数と呼ばれ，材料の種類や品質，製造工程や設計が特殊である場

表II-1-5　信頼度係数 a_1 の値[11]

信頼度(%)	90	95	96	97	98	99
a_1	1.00	0.62	0.53	0.44	0.33	0.21

合に考慮される．現在のところ a_2 の値は，寿命試験の結果と経験から決定される．また a_3 は使用条件係数と呼ばれ，軸受の使用条件や潤滑条件が疲労寿命に与える影響を補正するものである．軸受のミスアライメントが小さく，かつ潤滑油膜の厚さが十分ある場合には $a_3 \geq 1$ とすることができる．しかし，転動体の周速が非常に大きい場合，潤滑油の粘度が小さい場合，軸受温度が高い場合，潤滑油に異物や水が混入している場合，軸受のミスアライメントが大きい場合には $a_3 < 1$ となる．

使用条件が決定した転がり軸受の疲労寿命を予測するには，使用する転がり軸受の動定格荷重 C と動等価荷重 P を確認し，式(22)，式(23)あるいは式(24)を用いて計算する．また疲労寿命の観点から要求寿命を達成するための転がり軸受を選定するには，設計上与えられた動等価荷重 P に対して，要求される総回転数以上となる動定格荷重 C を有する転がり軸受を選定すればよい．

（4） 転がり軸受の潤滑油の寿命

転がり軸受の信頼性を高めるために，潤滑油の選定は重要な課題である．軸受周辺のシール構造を簡素化できるため，グリースは転がり軸受に広く使用されており，潤滑剤全体の80%を占める．図II-1-13〜15は代表的なグリースに関して，軸受の温度，回転速度，荷重によってグリース寿命がどのように影響されるかを示したものである[12]．

ここでグリースの寿命を L_{50}（軸受の信頼度50%）とした．グリース寿命は温度が

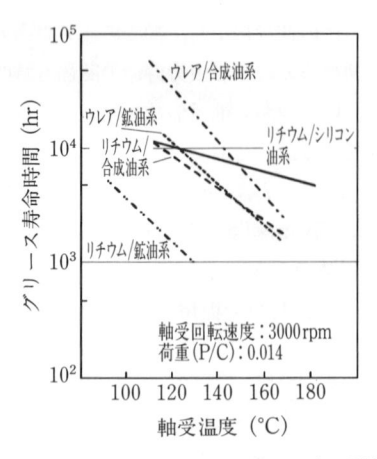

図 II-1-13 グリース寿命と軸受温度の関係

第 1 章　機械要素の設計

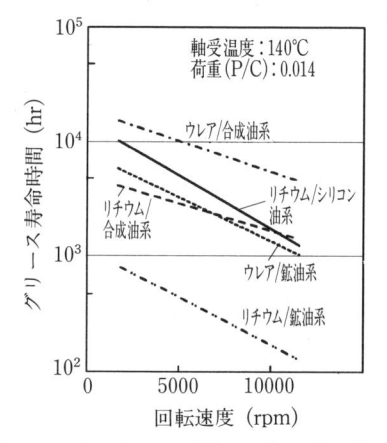

図 II-1-14　グリース寿命と回転速度の関係

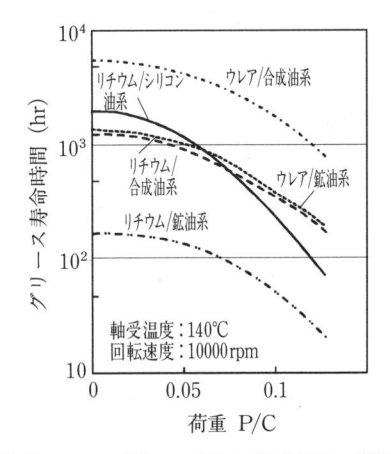

図 II-1-15　グリース寿命と軸受荷重の関係

13〜15℃上昇するたびに半減するものが多い．また 70℃を越える環境では，酸化などの化学的劣化がグリース寿命に大きな影響を与える．リチウム石鹸/シリコン油系のグリースは，高温域での寿命低下が小さい．また鉱油系に比べて合成油系の方が耐温度特性がよい．

　軸受の回転速度が大きくなると，グリースのせん断や油分離，発熱などによって，やはりグリースの寿命が低下する．また軸受荷重が大きくなるほど，グリースの寿命

低下の割合が大きくなり,その傾向は,温度や回転速度が高いほど大きい.

転がり軸受の回転速度を表す値として,よく dn 値が使われる.d は軸受の内径 (mm),n は回転数(rpm)であり,その積を周速の代わりに使用する.高速回転になると,転がり軸受の発熱量も大きくなり,グリース潤滑では十分冷却ができなくなる.高速回転になるに従って,冷却能力の高いオイルミスト潤滑やジェット潤滑法が用いられる.

1.4.3 すべり軸受の設計

すべり軸受とは,駆動側物体と静止側物体が低い摩擦係数で互いにすべり合う機構であり,低摩擦係数を実現するために,固体潤滑材(例えば参考文献[14]参照),油などの液体あるいは空気などのガスを潤滑剤として利用する.図Ⅱ-1-10(b)は一般的なすべり軸受のイメージを示したものであり,回転軸が軸径の 1/1000 以下の薄い潤滑油膜を介して軸受で支持され,低摩擦で回転可能となっている.本節では,このような流体の薄膜を潤滑剤とするすべり軸受について説明する.

(1) すべり軸受の理論

薄い流体膜を潤滑剤として利用するすべり軸受には,流体膜内に発生する動圧を利用して移動物体を浮上させる動圧軸受と,流体の静圧を利用する静圧軸受がある.

動圧軸受の理論

図Ⅱ-1-16 のように,薄い潤滑膜内に流体の微小立方体を想定し,その立方体に加わる種々の力の釣合い関係より,潤滑膜内の圧力に関わる関係式を求める.ここで,潤滑流体はニュートン流体で非圧縮,軸受隙間内の流れは層流,膜厚が十分小さく,慣性力を無視する.

流れ場が図Ⅱ-1-16 の軸方向(z 方向)に十分長く,z 方向の流れを無視できる(無限幅軸受)とすると,微小立方体に負荷される力の釣合いは,

$$p \cdot dydz + \{\tau + (\partial \tau / \partial y) \cdot dy\} dxdz = \tau \cdot dxdz + \{p + (\partial p / \partial x) \cdot dx\} dydz \quad (25)$$

となる.この式を整理し,かつ $\tau = \eta \cdot du/dy$(η:粘性係数,u:x 方向の流速)の関係を用いると以下のように変形される.

$$\frac{dp}{dx} = \frac{d\tau}{dy} = \eta \frac{d^2 u}{dy^2} \quad (26)$$

第1章 機械要素の設計

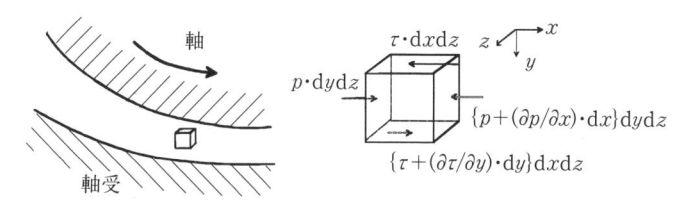

図II-1-16 軸受隙間内の微小油に加わる力の釣合い

この式から，$y=0$ で $u=U$, $y=h(x)$ （x での油膜厚さ）で $u=0$ の境界条件の基に，x 方向の流速 u を求めると，

$$u = \frac{y^2 - h(x) \cdot y}{2\eta} \cdot \frac{dp}{dx} + \frac{U(h(x)-y)}{h(x)} \tag{27}$$

となり，u に関する潤滑膜の厚さ方向の流速分布は，右辺第1項のポアズイユ流れと第2項のクエット流れの和となる．

z 方向の単位幅当たりの流量 Q は，式(27)を積分して次のように表され，

$$Q = \int_0^h u \, dy = \frac{U \cdot h(x)}{2} - \frac{h(x)^3}{12\eta} \cdot \frac{dp}{dx} \tag{28}$$

流れの連続性（$dQ/dx=0$）を用いて変形すると，

$$\frac{d}{dx}\left(\frac{h(x)^3}{\eta} \frac{dp}{dx}\right) = 6U \frac{dh(x)}{dx} \tag{29}$$

となる．これを x について積分することによって以下の式を得る．

$$\frac{dp}{dx} = 6\eta U \left(\frac{1}{h(x)^2} - \frac{C}{h(x)^3}\right) \tag{30}$$

ここで，C は積分定数であり，$dp/dx=0$ となる x 位置での油膜厚さに等しい．この式を x でさらに積分することによって，潤滑油膜内の圧力分布 $p(x)$ を求めることができる．この圧力分布 $p(x)$ は直行座標系で表したが，すべり軸受に適した円筒座標系に書き直すこともできる[15],[16]．潤滑油膜の存在する範囲にわたって油膜内圧力 p を積分することで，軸を浮上させる力 F を算出する（図II-1-17）．動圧型すべり軸受の場合，この力 F と軸受荷重 W が釣合うように軸の偏心量 ε（すなわち $h(x)$）が決まる．

また，軸を浮上させる力 F の x 方向と y 方向の成分を各々 F_x, F_y とし，その微小変動分を $\delta F_x, \delta F_y$ とすると，

$$\left.\begin{array}{l}\delta F_x = k_{xx}\Delta x + k_{xy}\Delta y + c_{xx}\Delta \dot{x} + c_{xy}\Delta \dot{y} \\ \delta F_y = k_{yx}\Delta x + k_{yy}\Delta y + c_{yx}\Delta \dot{x} + c_{yy}\Delta \dot{y}\end{array}\right\} \tag{31}$$

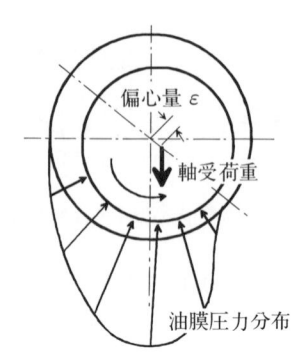

図 II-1-17 動圧すべり軸受の圧力分布

ここで，$k_{xx}, k_{xy}, k_{yx}, k_{yy}$ は油膜のばね定数，$c_{xx}, c_{xy}, c_{yx}, c_{yy}$ は油膜の減衰係数，また $\Delta x, \Delta y$ は x および y 方向の微小変位量，$\Delta \dot{x}, \Delta \dot{y}$ はその時間微分である．これらの油膜定数を用いて回転系の振動解析を行えば，回転安定性の判別ができる．

静圧軸受の場合

潤滑用流体として空気を使用した X-Y ステージは，静圧型すべり軸受の代表例であり，精密機械などによく使用される．図 II-1-18 にその浮上原理を図示する．一般に，高圧 P の流体が絞りを介してすべり軸受のポケット部に供給される．負荷される荷重 W が大きくなると，軸受とテーブル間の隙間が減少し，高圧流体の漏れ量が少なくなる．その結果，テーブルと軸受間の圧力は高くなり，この圧力の積分値と荷重 W が釣合う高さでテーブルは安定する．逆に荷重 W が小さくなると，隙間内の圧力が低下して荷重と釣合うまでテーブルが上昇し，安定位置に落ち着く．静圧型す

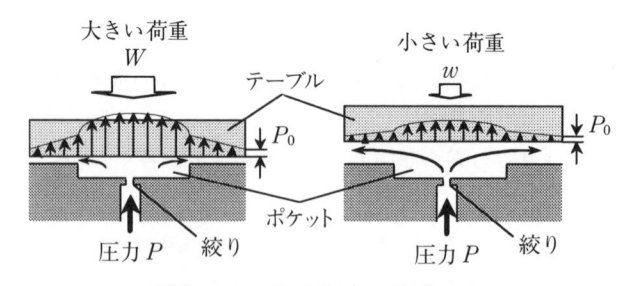

図 II-1-18 静圧型すべり軸受の原理

べり軸受の詳細については，例えば文献[8]，[13]を参照していただきたい．

（ 2 ） すべり軸受の設計手順

設計条件の明確化

回転体を支えるすべり軸受の設計は，機械全体の仕様と構造，寸法がだいたい決定した段階で行うのが普通であり，最初に軸受荷重 W，軸回転数 N，軸の危険速度 N_c，軸径 D および使用する油などの設計諸条件（表II-1-6）を確認しておくことが必要である．すべり軸受の設計手順を図II-1-19 に示す．

設計諸条件のうち，荷重 W については，一定荷重か変動荷重か，大きさおよび方向を明らかにしておく．

軸回転数 N も機械全体の設計から決定され，一定回転か変動回転かを明らかにす

表 II-1-6 すべり軸受の設計条件

項　目	確認内容
荷重 W	大きさ，方向
回転数 N	大きさ，回転方向，連続/断続
危険速度 N_c	数，大きさ，定格回転数との関係
軸径 D	―
潤滑液	液の種類，使用可能な液量，温度，供給圧力，汚れ
起動/停止の頻度	回数/(時間，日，年)
周囲温度	―
雰囲気	ガスの種類，異物侵入の可能性/異物の種類

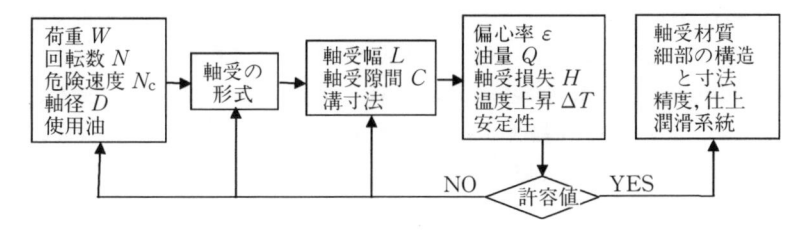

図 II-1-19 すべり軸受の設計手順

る必要がある．軸受にとって回転数が高すぎると，摩擦損失が増大して軸受が焼損する危険があり，またオイルウィップとして知られる激しい軸振動が生じる危険性がある[13],[14]．逆に回転数が低すぎると，油膜形成が不十分となり，かじりが生じる．軸受の損傷，かじり，振動などの危険性が高いと考えられる軸受については，実動条件での荷重と回転数をできるだけ正確に把握する必要がある．回転のアンバランス荷重，機械の設計段階で無視された流体力学的な荷重，組立上のミスアライメントや熱的な変形によって，予想外の荷重が軸受に加わることがある．

回転体は図II-1-9に示したように固有振動数を持っており，回転系が複雑になると複数の固有振動数を持つようになる．高速回転機械の場合，低い固有振動数のいくつかは機械の運転速度の範囲内に入ってくることがある．これらの固有振動数は危険速度であり，この速度で機械を連続的に運転してはならない．また，機械を定格回転数まで立ち上げる際に危険速度 N_c を越える必要がある場合は，できるだけ速やかに通過させる必要がある．

軸径 D は本節の軸の設計でも述べたように，機械全体の構造，寸法，軸の強度やたわみ，および危険速度を考慮して決定するのが普通である．しかし，どうしても軸受設計が完了しない場合は，逆に軸受側の要求により軸径を変更することもあり得る．

潤滑油は指定された油種を使用することが多い．その理由は，軸受を含めた機械全体の潤滑油系統に，同一油を使用することが多いためである．

機械の始動・停止頻度も軸受の信頼性に影響を与える重要な設計条件である．始動・停止の頻度は，単位時間当たり（1時間当たり，1日当たり，1年当たり）の回数として明確にする．機械の始動や停止時には，軸受部の油膜切れが起こりやすいので，始動停止の多い軸受は摩耗しやすい．

雰囲気としては，機械の雰囲気温度や潤滑油の汚れ状態が考えられる．機械の雰囲気温度は，当然軸受の温度にも影響する．雰囲気温度が高く，その結果軸受温度が高くなる場合には，油膜が十分に形成されず，焼付きが生じやすい．逆に雰囲気温度が低いと潤滑油の粘度が高くなり，十分な油量が供給されなくなる．

潤滑油の汚れとしては，摩耗粉などの金属粉，軸受外部から侵入する土砂などの硬質粉のほか，水や冷媒（圧縮機の場合）の混入が考えられる．このような油の汚れは，軸受の信頼性に大きな影響を与えるため，設計条件として事前に把握しておくことが重要である．

この他，軸受に要求される信頼性，価格，保守上の制約なども明確にし，設計に反

第1章 機械要素の設計

映させる必要がある．

軸受型式の選定

すべり軸受は転がり軸受と同様，ラジアル荷重（半径方向荷重）を受けるかスラスト荷重（軸方向荷重）を受けるかによって，ラジアル軸受とスラスト軸受に大別される．またその両軸受とも，潤滑油膜の形成が静圧によるものか動圧によるかによって，静圧軸受と動圧軸受に区別される．起動停止時あるいは低速連続回転時は，動圧作用による油膜の形成が困難であり，一時的に高圧の潤滑液を軸受面に付与することによって，軸を支持する場合がある．

図II-1-20はラジアルタイプの動圧すべり軸受に関し，よく工業分野で使用されるものを示したものである．(a)真円軸受は，図II-1-21のような詳細構造を持った最も一般的なラジアルタイプの軸受であり，軸に負荷される荷重の方向が変動した場合にも適用できる．(b)部分軸受は，軸荷重が一定方向にのみ負荷される条件下で使用可能であり，荷重負荷面以外の油膜せん断による軸受損失がなく，低損失化が可能である．(a)真円軸受は油膜に起因した軸の自励振動（オイルウィップ）が生じやすく，その改善策として(c)二円弧軸受，(d)三円弧軸受，上下半割れの軸受を左右にずらした(e)オフセット軸受，あるいは複数のパッドで軸を囲み，パッドの外側をピ

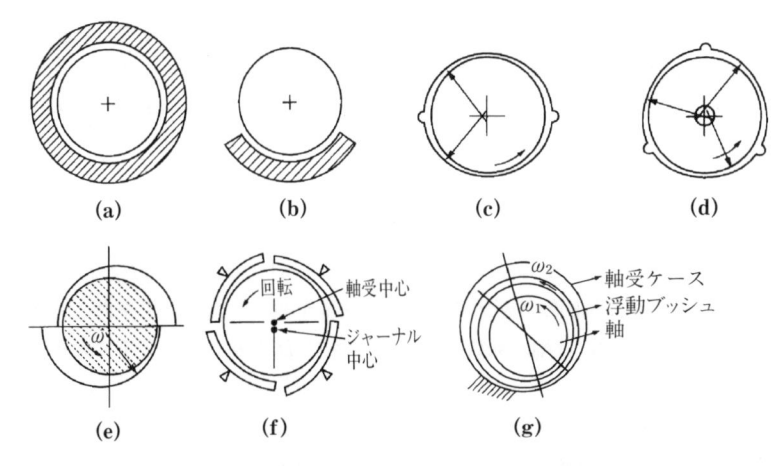

図II-1-20　ジャーナルタイプのすべり軸受
(a)　真円軸受，(b)　部分軸受，(c)　二円弧軸受，(d)　三円弧軸受，
(e)　オフセット軸受，(f)　ティルティングパッド軸受，(g)　浮動ブッシュ軸受

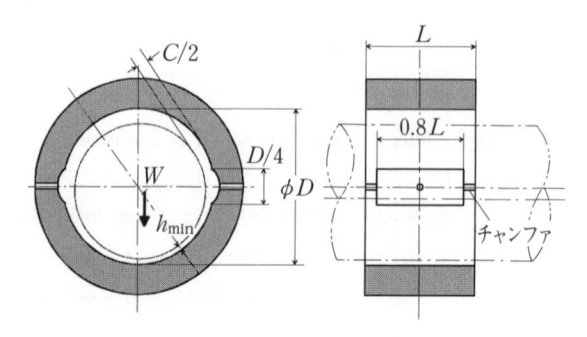

図 II-1-21　真円軸受の構造[16]

ボットで支持する（f）ティルティングパッド軸受などが用いられる．

（g）浮動ブッシュ軸受は，軸受ケースと軸の間に浮動ブッシュを有する軸受である．油膜の減衰性能が高いため，ターボチャージャのようにいくつもの危険速度を通過する高速回転軸を支えるのに適している．

軸受主要寸法の決定（例えば参考文献[14]を参照）

軸受幅 L は，軸径 D との比 L/D を用いて評価する．L/D は一般に 0.5〜1.0 の範囲になるように選ぶ．軸のたわみが大きくて，軸受部で片当たりの生じる危険性がある場合，あるいは面圧が小さくて（その結果，偏心率 ε が小さくなり）軸振動が大きくなる可能性のある軸受の場合は，L/D を 0.3 程度まで減らすこともある．面圧が大きい場合は，軸受幅 L を大きくして面圧を下げたがるが，軸受幅 L を大きくすると軸との片当たりの危険性が増すので，あまり推奨できない．どうしても軸受幅 L を大きくしたい場合は，自動調心軸受等の片当たり防止を施した軸受形式を選定する．

軸受の直径隙間 C も軸径 D との比 C/D として検討する．標準的な C/D の値は 0.001 程度であるが，軸回転数が大きい場合は油量を増して冷却効果を大きくする必要があるため，一般的には軸回転数の増大に伴い C/D を 0.002 程度まで大きくする（図 II-1-22）．

軸方向溝は給油量を増やすことによって軸受部の冷却を増長することが主目的である．その溝幅 L_g は軸受幅 L との比 L_g/L が 0.8〜0.9 となるように（図 II-1-21 では 0.8），また溝の深さ b は軸受の大きさに従って 2〜7 mm の範囲を選ぶ．しかし，溝の長さ L_g はかなり自由に決定してよく，給油量を減らしたいとか加工上の都合に

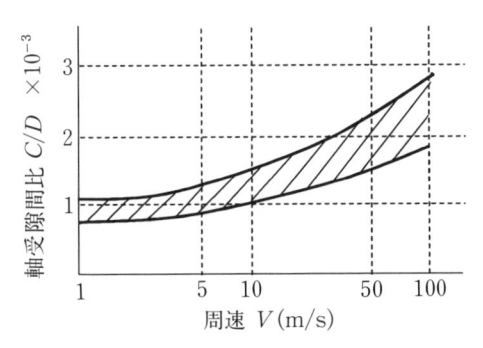

図 II-1-22　軸受隙間選定の目安（軸回転速度と軸受隙間の関係）

より，0.8 より小さくする場合もある．

　チャンファの機能は，潤滑油中に混入した異物を事前に排出することであり，これによって軸受の損傷を防止することができる．チャンファの寸法は，角度はだいたい 90°，深さは 0.5〜1.0 mm のものが標準的である．

軸受性能の検討

　軸受の最小油膜厚さ，損失トルク，軸受剛性などの性能は，式(30)を展開して求めるが，ほとんどの場合解析解を得ることは難しく，有限要素法を利用した解析ソフトを用いて数値計算を行う．軸受メーカや回転機械メーカは独自の軸受解析ソフトを有しており，また最近では有限要素法による汎用軸受解析ソフト（例えば，（株）日立製作所製の軸受解析ソフト）が市販されており，いろいろな形状の軸受に関して解析が可能となっている．

　軸受解析を行った後，軸受への給油量 Q と軸受損失 H が，機械全体の制限を満足しているか否かを確認する．また，軸の偏心率や温度上昇値 ΔT に問題がないかどうかを確認する．軸の偏心率が大きすぎると最小油膜厚さ h_{min} が小さくなり，軸と軸受が接触・損傷する危険性が高くなる．最小油膜厚さ h_{min} の値として，軸の最大表面粗さとうねりの数倍程度を確保する必要がある．また潤滑液の温度上昇値 ΔT が大きくなると，軸受メタルが耐熱温度（ホワイトメタルでは 130℃程度）を越えたり，潤滑油の劣化を早める危険性がある．

　最後に，軸受が支える回転体の振動安定性を検討する．式(31)の軸受定数を用いて，回転体の振動安定性の判別を行う（例えば参考文献 [6] を参照）．

　解析結果が以上の仕様を満足した段階で，軸受材質や潤滑方法などの検討に移る．

仕様を満足しない場合は，軸受設計手順に沿って再度検討しなおす．

軸受と軸の材質選定

回転体が軸受部でかじりなどの損傷を受けた場合，回転体側に大きな損傷を与えるとメンテナンスにコストや時間がかかる．したがって，万一軸受部の損傷が生じても回転体を傷つけないように，軸受を軸に比べて十分軟らかい材料で製作する．よく使用される軸受材としては，錫系合金（例としてはホワイトメタル），アルミ系合金，銅系合金である．

給油方法の選定

高速・高荷重のすべり軸受には，軸受専用の潤滑油供給設備を備えるが，これらの設備はコスト高の原因となる．比較的低速・軽荷重の場合には，簡便な潤滑油供給方法が考案されている．その例としては，軸の回転力を利用したものが多く，オイルリングなどを用いたはねかけ式，あるいは粘性ポンプ式などがある．

（3） 解析ソフトによる計算事例

［事例1］ 真円軸受の片当たりと温度上昇，変形の関係

図II-1-23 は，ある回転機械の縦軸を支える真円軸受の温度上昇と熱変形を解析した例である．計算条件として，$\phi 35$ mm の軸が $0.01°$ の傾き角度で回転し，その際の軸受荷重が 2000 N，潤滑油の粘度が 5 mPa·s，回転数は 3600 rpm である．図中（b）の計算結果より，軸が最も軸受に近づく付近の軸受の温度が上昇し，また軸受材

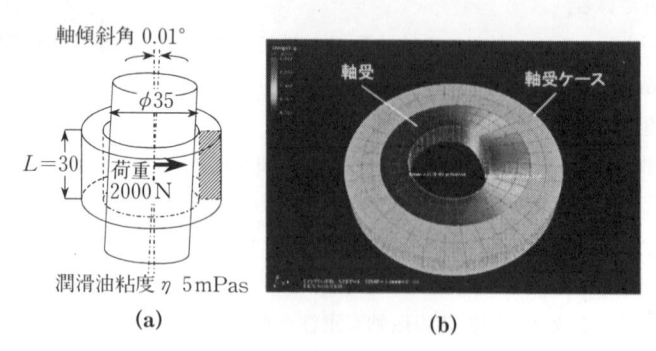

図 II-1-23 片当たりを考慮した真円軸受の温度上昇と熱変形
（a） 計算条件，（b） 計算結果

料の熱膨張により軸受隙間を狭めるように変形していることが確認できる．内側に向かって軸受材料が熱膨張した理由は，軸受外周のケースによって外部への変形が阻止されたためである．本計算は軸受解析ソフト（(株)日立製作所製）を用いて行ったものである．計算では，まず軸受の変形がないとした場合の軸受の特性計算（油膜厚さ，圧力分布，発熱量など）を行い，その結果を基に同ソフトが有する熱解析ソフトで温度分布と熱変形を計算した．解析結果が収束するまで軸受特性解析と熱解析を繰返し，計算精度を高めた．

[事例2] 大型ティルティングパッド軸受の変形を考慮した軸受解析

図Ⅱ-1-24は，大型水車発電機の構造を示したものである．この回転機械には回転体全体の重量を支えるスラスト型のティルティングパッド軸受が設けられており，その構造は(b)に示すような複数の台形パッドからなっている．このスラスト軸受では，軸受荷重が大きいためにパッドの変形が軸受性能に影響することが予想される．また軸の回転数は低いが荷重が大きいために，軸受部の発熱もパッドの変形を生じさせる．本計算事例では，軸受荷重および発熱によるパッドの変形を考慮し，軸受特性を解析したものである．解析に当たっては，軸受解析ソフト（(株)日立製作所製）を使用し，軸受特性計算と熱・荷重によるパッドの変形計算を連動させて行った．

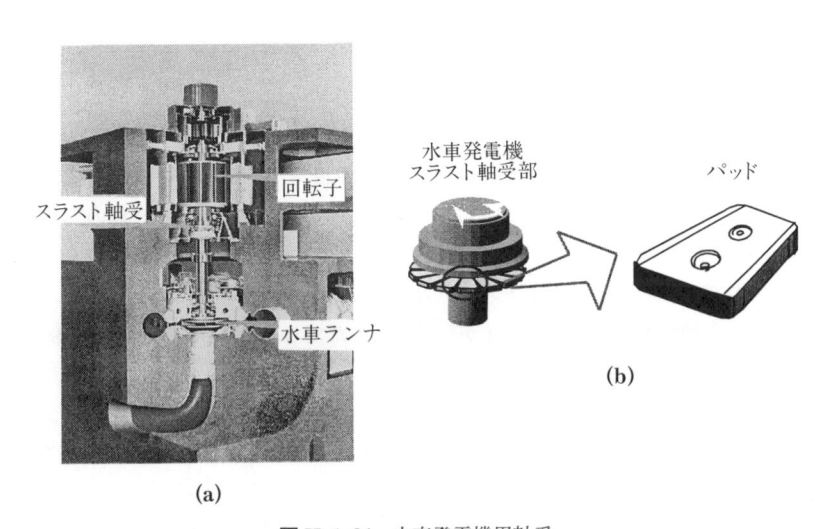

図Ⅱ-1-24　水車発電機用軸受
（a）水車発電機の構造，（b）ティルティングパッドの形状

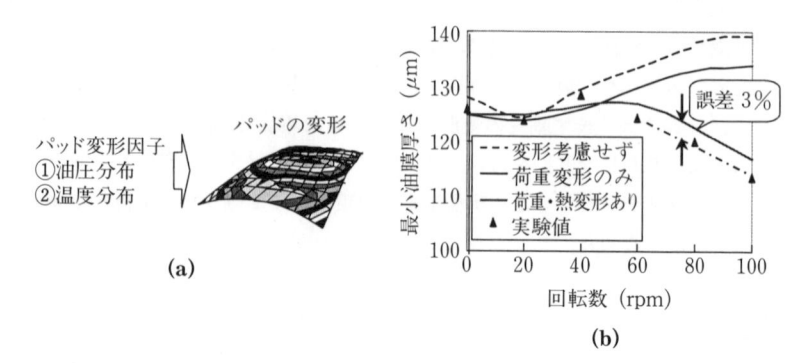

図 II-1-25 水車発電機用ティルティングパッド軸受の解析結果[17]
(a) パッドの変形,(b) 計算結果と実験値の比較

計算結果を図 II-1-25 に示す.(a)に示すように,パッド表面は凸状に変形する.これは荷重より熱による変形が大きいためである.この結果を考慮して軸受特性を計算すると,パッドの変形を無視した場合と荷重による変形のみを考慮した場合では,最小油膜の厚さが実際と非常に異なり,熱変形を考慮した軸受解析が重要であることが分かる.

1.5 演　　習

（1）図 II-1-4(a)に示したように,M 24 の並目ボルト 1 本で 2 枚の鋼板を締付けている.今,鋼板 2 枚が相対的にすべる方向（ボルトの軸方向と直角の方向）に 2000 N の荷重が作用したとする.このとき,ボルトに許される最大締付力で鋼板が締付けられている場合と,ボルトの締付力がまったく期待できない場合とでは,ボルト軸部のせん断応力にどのような差が生じるか.ただし,2 枚の鋼板間の摩擦係数は 0.2,ボルトの材質は S 20 C とする.

（2）回転数 1800 rpm で 2 kW の動力を伝達するための中実軸の径を求めよ.ただし,軸の材料は S 45 C とする.また,内外径比が 0.6 の中空軸の場合,軸径はいくつになるか.

（3）608 型深溝転がり軸受にラジアル荷重 10 N を付加し,3600 rpm で 10000 時間連続で回転させたい.潤滑油としてグリースの使用は可能か.雰囲気は空気,室温

とする．転がり軸受メーカのカタログデータより情報を取得し，検討せよ．

（4） 無限幅真円軸受に関する式(30)を $h=C/2-\varepsilon\cdot\cos\theta,\ x=R\theta$（ただし，$\theta$は図II-1-17の最小油膜部から右回りの角度）を用いて，円筒座標系の関係式に書き直せ．また，油膜の存在する範囲が $0\leq\theta\leq\pi$ と仮定し，式(30)を積分せよ．軸受寸法，軸の回転数を各自で仮定し，$\theta=0$での圧力は大気圧，軸の偏心率0.8として，軸受に負荷される荷重を計算せよ．

参 考 文 献

[1] 吉本　勇：機械要素, 丸善 (1986).
[2] 吉沢武男編：機械要素設計 (改訂版), 裳華房 (1970).
[3] IJS規格　JIS B 0205 メートル並目ねじ (1997).
[4] JIS規格　JIS B 0209 メートル並目ねじの許容限界寸法および公差 (1997).
[5] 朝田泰英, 鯉渕興二共編：総合材料強度学講座 8 機械構造強度学, オーム社 (1984).
[6] R. ガッシュ, H. ピュッツナー　(三輪修三　訳)：回転体の力学, 森北出版 (1978).
[7] Ales Tondl (前澤成一郎　訳)：回転体の力学, コロナ社 (1975).
[8] 曽田範宗：軸受, 岩波全書 (1975).
[9] 岡本純三, 角田和雄：転がり軸受, 幸書房 (1981).
[10] 桃野達信：転がり軸受の剛性, 機械設計 第 42 巻第 5 号 (1998), p. 30.
[11] 例えば, 軸受メーカの転がり軸受カタログ寸法表.
[12] 横内　敦：転がり軸受の潤滑寿命, 機械設計 第 42 巻第 5 号 (1998), p. 34.
[13] 山本雄二, 兼田楨宏：トライボロジー, 理工学社 (1998).
[14] トライボロジーハンドブック, 日本トライボロジー学会編 (2001).
[15] R. B. Bird, W. E. Stewart and E. N. Lightfood：Transport Phenomena, Jon Wiley & Sons, Inc. (1960).
[16] A. Cameron：Principles of Lubrication, Longmans (1966).
[17] 辺見　真, 井上知昭：パッドおよびランナの非定常熱伝導を考慮したティルティングパッドスラスト軸受特性の解析, 日本機械学会論文集 (C 編) 68 巻 666 号 (2002), pp. 259-269.

第Ⅱ編　ケーススタディ
第2章　ポンプ

2.1　はじめに

　ポンプは，古代エジプトやギリシアの時代から使われ，18世紀のイギリスにおける産業革命時の炭坑排水用として近代的な姿となった歴史ある機械である．21世紀の今日においては，一般産業用をはじめ火力・原子力発電所および上下水道用や雨水・洪水排水用など，都市のインフラストラクチャの主要な設備として人間の快適な営みに不可欠な機械となっている．また，文明の発展につれ，ロケット用液体酸素・液体水素ポンプ，半導体産業で使われる超純水用ポンプ，医用の人工心臓用ポンプと，ポンプの担う分野は拡大の方向にある．一方，近年の流れ解析技術およびコンピュータの著しい進歩により，ポンプの水力設計技術も従来の角運動量に基づく古典的設計法から，CFD（Computational Fluid Dynamics）による近代的な設計法へと変貌しつつある．本章では，ポンプの機能，性能，構造，作動原理，設計法について述べ，最後に遠心ポンプの羽根車の設計手順について述べる．

2.2　ポンプの機能・性能と構造

　ポンプは液体にエネルギーを与える流体機械であると定義される．さらにエネルギーを与える方式により容積型とターボ型に分類される．容積型[*1)]は，水鉄砲のように液体を限られた空間内に閉じ込めて圧縮し，圧力に抗して押し出す作用にて液体に

[*1)]　往復型と回転型がある．前者は吸込みと吐出しの弁があり，水鉄砲の他，人間の心臓もこれに該当する．回転型は歯車ポンプ，スクリューポンプなど油圧ポンプの用途が多い．

エネルギーを与えるものである．一方，ターボ型は，雨傘を回すと周囲から水滴が飛び散るように，羽根車の回転により液体にエネルギーを与えるものである．ここでは，ターボ型ポンプの機能について説明する．

2.2.1 ポンプの性能，一般性能（全揚程，吐出し量，軸動力および効率）

図Ⅱ-2-1において，ポンプ(P)は下部水路から上部水路へ揚水している．吸込水面と吐出し水面の高さの差は実揚程 H_a と呼ばれる．下部水路からポンプ入口への配管に水が流れると管壁との摩擦や管の曲がりにより損失 h_{ls} が発生する．ポンプ出口にも同様な損失 h_{ld} が発生する．また上部水路には吐出し流れが動圧 $(v_d^2/2g)$ を持って放出される．このときポンプ全揚程 H（単位 m，エネルギー）は次のように表示される．

$$H = H_a + h_{ls} + h_{ld} + \frac{v_d^2}{2g} \tag{1}$$

ここで，H_a：実揚程，h_{ls}：吸込管路損失，h_{ld}：吐出し管路損失，v_d：吐出し管路出口流速である（図Ⅱ-2-1参照）．ポンプが単位時間に吐出す液体の体積を吐出し量と呼ぶ．単位は，m³/s, m³/min などである．原動機がポンプ軸に伝達する動力 P(kW) を軸動力という．一方，ポンプが単位時間に液体に与える有効エネルギーは水動力 P_w(kW) と呼ばれ，次式で与えられる．

$$P_w = 0.163 \times QH \tag{2}$$

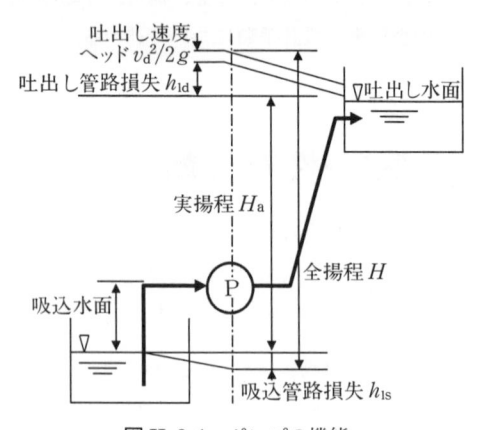

図Ⅱ-2-1 ポンプの機能

ここで，Q：吐出し量（m³/min），H：全揚程(m)で，ポンプの効率は次式で定義される．

$$\eta = \frac{P_w}{P} \times 100 \quad (\%) \quad\quad\quad (3)$$

ポンプの性能は，一般的に図 II-2-2 に示すように吐出し量(流量)と全揚程，軸動力および効率の関係として表される．上述のポンプ形式あるいはポンプ比速度により揚程の発生原理が異なり，ポンプ性能に各特徴が現れる．一般的に比速度が大きくなるほど，締切点における軸動力比（P_0/P_n）や揚程比（H_0/H_n）は大となる．ここで，P_0：締切軸動力，P_n：最高効率点の軸動力，H_0：締切全揚程，H_n：最高効率点の全揚程である．また，比速度が大となるほど，揚程曲線には低流量域[*2]において不安定特性（揚程曲線の勾配が右上がりとなり，その部分での安定な運転は困難となる）が生じやすくなる．

2.2.2 キャビテーション性能

図 II-2-1 において吸込揚程が 10 m 以上になると，ポンプ入口静圧は大気圧より大幅に低い飽和蒸気圧まで下がり，水は液体で存在しえなくなり蒸気となる．液体中で蒸気の占める割合がある値以上となると，ポンプの出す揚程は低下しポンプの機能が損なわれる．一般に常温液中で減圧により生ずる沸騰現象はキャビテーションと呼ばれる．このキャビテーションの発生は，羽根車入口における全圧ヘッドにより定まり，この全圧ヘッドは利用可能 NPSH と呼ばれ次式で表される．この NPSH は吸込深さや水の飽和蒸気圧などのポンプ以外のポンプ設置条件により定まる．NPSH がある値で羽根車にキャビテーション[*3]が発生し，さらに低いある値で，ポンプ機能が低下して全揚程は低下する．

$$NPSH_{av} = H_{at} - h_s - h_{loss} - h_v \quad\quad\quad (4)$$

ここで，H_{at}：大気圧ヘッド，h_s：吸込深さ（図 II-2-1 のようにポンプ位置より水面が低いとき＋），h_{loss}：吸込管路の損失ヘッド，h_v：水の飽和蒸気圧ヘッド，である．

[*2] 最高効率点の流量以下の流量域を意味し，通常大きな剥離や羽根車の出入口に逆流が生じ，極めて複雑な流れ状態にある．この領域では不安定特性や振動，騒音が生じやすく，いかに対処するかが大きな設計課題である．

[*3] キャビテーションは，水中に含まれる固体や気体の微小粒子からなる核を中心として発生する．したがって，キャビテーションが発生するポンプ吸込圧や流速は，その核の濃度によって大きく変わるとされている．

ポンプの吐出し量，全揚程，効率などと $NPSH_{av}$ の関係をキャビテーション性能という．遠心ポンプのキャビテーション性能の一例を図II-2-2に合せて示す．

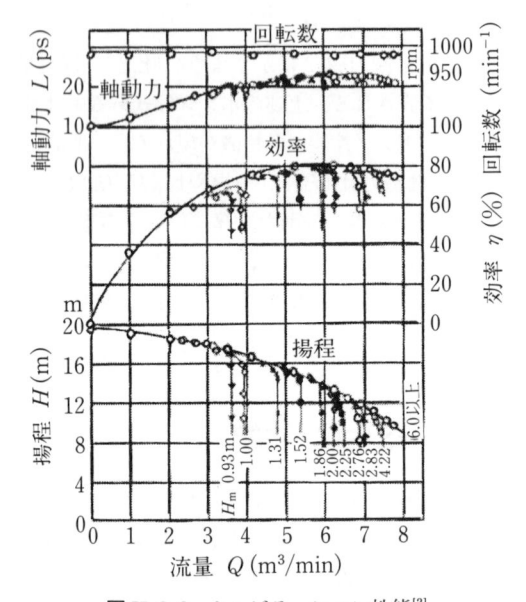

図II-2-2 キャビテーション性能[2]

一方，ポンプの揚水機能が損なわれる羽根車入口における全圧は必要 $NPSH$ と呼ばれ，次式で表され，羽根車や羽根形状などにより固有のものである．

$$NPSH_{req} = \lambda_1 \frac{w_1^2}{2g} + \lambda_2 \frac{v_1^2}{2g} \qquad (5)$$

ここで，w_1：羽根入口外周の相対速度，v_1：羽根入口の平均流入速度，λ_1, λ_2：ポンプの形式，無衝突流入流量に対する比などによる経験値で，通常，無衝突流入流量において $\lambda_1 \approx 0.2, \lambda_2 \approx 1.2$ が採用される．ポンプがキャビテーションの発生によりポンプの揚水機能が確保されるには，次の関係が成り立つことが必要である．

$$NPSH_{av} \geq NPSH_{req} \qquad (6)$$

(5)式によりポンプの高速化を図ると必要 $NPSH_{req}$ は速度の2乗で増大するので，λ_1, λ_2 の値が小さくなるような開発・設計が必要である．したがって，ポンプの高速小型化は技術の発展方向であるが，キャビテーション性能の向上があって初めて高速小型化は可能である．

2.2.3 ポンプの形式と構造

図Ⅱ-2-3 はポンプの子午面断面（径方向(R)と軸方向(Z)の座標系）の流路形状を示し，羽根車出口の流れの方向により，遠心ポンプ，斜流ポンプ，軸流ポンプの三種に分類される．すなわち，遠心ポンプの流れは軸方向に流入し半径方向に流出し，軸流ポンプでは軸方向に流入し軸方向に流出する．一方，斜流ポンプは両者の中間で，軸方向に流入し軸方向に対して斜めの方向に流出する．ポンプの形式は(7)式に示すポンプ比速度 n_s と密接に関係しており，図Ⅱ-2-3 に n_s の概略値を示す[4]．ポンプの作動原理は後述するが，遠心ポンプでは，主として遠心力作用により，軸流ポンプは羽根の揚力作用により揚程が得られる．斜流ポンプでは遠心力作用と羽根の揚力作用の組合せにより揚程は得られる．

$$n_s = \frac{n\sqrt{Q}}{H^{3/4}} \qquad (7)$$

ここで，n：回転速度 (min^{-1})，Q：吐出し量 (m³/min)，H：全揚程(m)である．

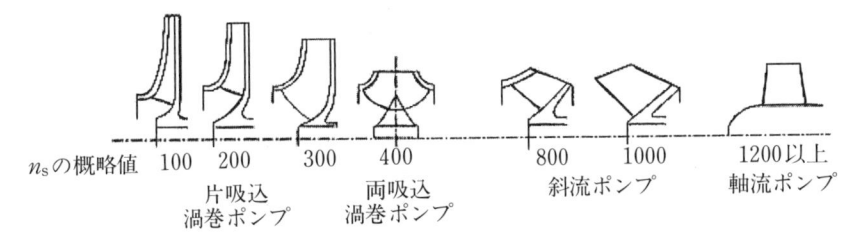

n_s の概略値　100　200　300　400　800　1000　1200以上
　　　　　　　片吸込　　両吸込　　斜流ポンプ　軸流ポンプ
　　　　　　渦巻ポンプ　渦巻ポンプ

図Ⅱ-2-3 ポンプ子午面形状と n_s との関係

典型的なポンプの一つである汎用の小型遠心ポンプ（小型渦巻ポンプ）の構造を図Ⅱ-2-4 に示す．2個の軸受に支えられたポンプ軸に羽根車がオーバハングの状態で取付けられ，羽根車はボリュート（渦巻）ケーシングの中で回転するという簡単な構造である．動力は軸端に設置されている軸継手を介して電動機から得られる．ポンプ入口端および出口端にはフランジが設けられ，ポンプ吸込管および吐出し管に接続される．ポンプと電動機は通常コモンベースに設置され，運搬，据付けの利便性が図られ

---

[4] 比速度が小なる遠心ポンプは吐出し量が比較的小さく全揚程が高い仕様に適し，比速度が高い軸流ポンプは吐出し量が大で全揚程が小なる仕様に適している．斜流ポンプはその中間である．

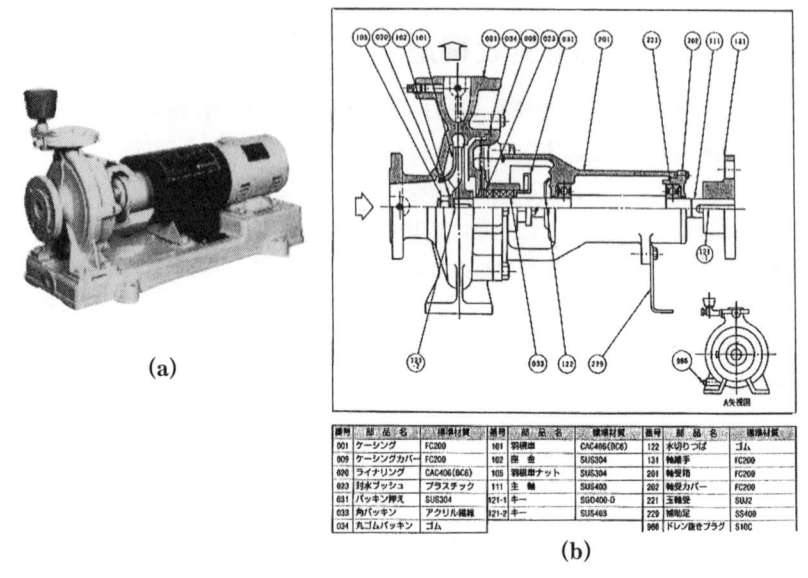

図 II-2-4　小型遠心ポンプの構造
（a）外観写真，（b）断面図

ている．より小型の汎用ポンプでは，軸継手を介さず，ポンプと電動機の回転軸が一本にまとめられている構造のものもある．

　羽根車の直径が1mを越えるような大型・大容量の遠心ポンプでは，縦軸の構造が採用される場合が一般的である．これは，ポンプ設置の省スペース化，ポンプの組立・分解の利便性，軸受構造簡素化，運転の利便性などの利点を活かすためである．

2.3　ポンプの作動原理[1]

　ポンプの作動原理を，遠心ポンプの羽根車について図 II-2-5 により説明する．羽根車は反時計方向に回転している．羽根の入口端は半径 r_1 に，出口端は半径 r_2 にある．このような羽根車において，羽根入口および出口における速度三角形*5)（速度

---

*5) 回転流路，静止流路にかかわらず羽根の設計において重要であり，羽根の出入口の速度三角形を設定できれば，設計の主要な作業を終えたといっても過言でない．

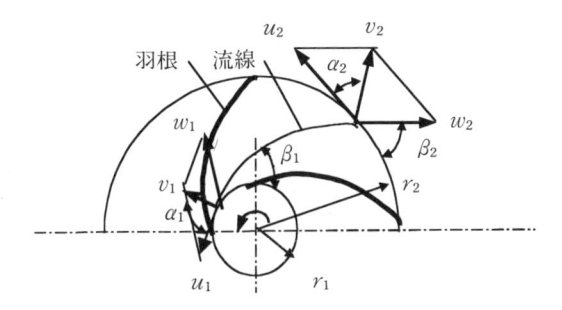

図 II-2-5 遠心羽根車の羽根と入口・出口速度三角形

ベクトル図) は図に示す通りとなる．ここで，u：周速度，w：相対速度，v：絶対速度，β：相対速度 w と周方向とのなす角，α：絶対速度 v と周方向とのなす角，添字 1：羽根入口，2：羽根出口である．

羽根車を通過する角運動量の変化は，羽根車を駆動するに必要なトルク（回転モーメント）T に等しいから，次式が成り立つ．

$$T = \rho Q(r_2 v_2 \cos \alpha_2 - r_1 v_1 \cos \alpha_1) \tag{8}$$

ここで，ρ：液体の密度，Q：流量である．一方，羽根車に必要な動力は次式で表される．

$$T\omega = \rho Q \Delta E \tag{9}$$

ここで，ω：角速度，ΔE：単位質量当たりのエネルギー（比エネルギー）の増大であり，理論ヘッド H_{th} を用いて次式で表される．

$$\Delta E = g H_{th} \tag{10}$$

ここで，g：重力の加速度であり，(8)式から(10)式をまとめると次の関係が得られる．

$$H_{th} = u_2 v_2 \cos \alpha_2 - u_1 v_1 \cos \alpha_1 \tag{11}$$

羽根車出入口における速度三角形から次式を定義する．

$$v_{1u} = v_1 \cos \alpha_1$$

$$v_{2u} = v_2 \cos \alpha_2$$

この関係を用いて(11)式を表すと，次式が得られる．

$$H_{th} = (u_2 v_2u - u_1 v_{1u})/g \tag{12}$$

上式は，オイラーの理論ヘッドと呼ばれ，羽根車の回転により生ずる理論ヘッドを表す．本関係は，遠心羽根車について導出されたが，軸流羽根車や斜流羽根車にも成立

し，ターボ型羽根車で得られる理論ヘッドを表す一般式である．通常羽根車入口流れには周方向成分がないので，

$$v_{1u}=0$$
$$H_{th}=u_2 v_{2u}/g \tag{13}$$

となり，羽根車の理論ヘッドは羽根車外径の周速度と羽根車出口絶対速度の周方向成分の積により定まることが分かる．ただし，上式は羽根車の羽根が無限枚数の場合で，実際の羽根数は通常2～7枚程度であり，羽根出口の流れ方向の角度 β_2 は羽根出口の角度 β_{2b} より小さくなる．この現象は「すべり」と呼ばれ，図II-2-6 の速度三角形に基づき，すべり係数 k[*6] が定義されている．

$$k=(v_{2u\infty}-v_{2u})/u_2 \tag{14}$$

ここで，$v_{2u\infty}$ は羽根数が無限大の場合の羽根車出口絶対速度の周方向成分である．

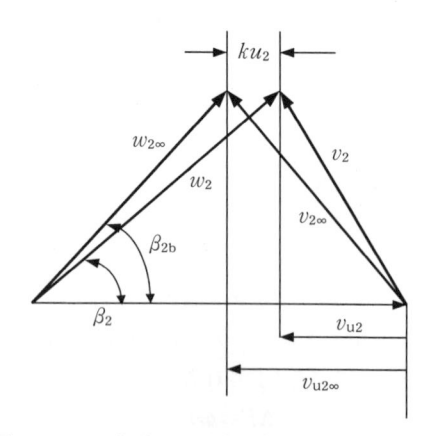

図 II-2-6 羽根出口の速度三角形（すべりの影響）

すべり係数 k は，多くの遠心ポンプの実験結果から得られた次の Wiesner の実験式[3] がよく知られている．

$\varepsilon=\exp[(-8.16\sin\beta_{2b})/z]$ とおくとき（ここで，z：羽根数），

$r_1/r_2 \leqq \varepsilon$ のとき，$k=1-\sqrt{\sin\beta_{2b}}/z^{0.7}$ \hfill (15)

$r_1/r_2 \geqq \varepsilon$ のとき，$k=1-[1-\sqrt{\sin\beta_{2b}}/z^{0.7}][1-((r_1/r_2-\varepsilon)/(1-\varepsilon))^3]$ \hfill (16)

[*6] すべり係数は k のほか，羽根数が有限の場合と無限の場合の理論揚程比である $\mu=H_{th}/H_{th\infty}$ で定義されるものもある．

すべり係数 k を適用すると，理論揚程は次式で表すことができる．

$$H_{th} = \frac{(1-k)u_2^2}{g} - \frac{u_2 \cot \beta_{2b} Q}{2\pi r_2 b_2 g} \tag{17}$$

ここで，b_2 は羽根車出口の軸方向流路幅である．上記理論揚程は，羽根車がなす動力から得られた揚程で，実際にポンプ吐出し口で得られる全揚程は，理論揚程から次式に示すように種々の内部損失を差し引いた揚程である．

$$H = H_{th} - \sum \Delta h_l \tag{18}$$

ここで，Δh_l：種々の内部損失[*7)]（全揚程の低下をもたらす損失）で，主要なものとして次のような損失がある．Δh_f：流路摩擦損失，Δh_S：羽根衝突損失，Δh_m：混合損失，Δh_{2nd}：2次流れ損失などで，それぞれについて経験式が求められている．しかし，一般的には次式で定義される簡便な水力効率 η_h を仮定して設計は進められる．η_h は，比速度やポンプの大きさにより異なり，0.85～0.95位の値が仮定される．

$$\eta_h = H/H_{th} \tag{19}$$

2.4 ポンプの性能に関する相似則

ポンプの流路部の形状が相似な2個のポンプに対して次元解析によれば次の関係が成立する．

吐出し量 Q に関して
$$\frac{Q_2}{Q_1} = \left(\frac{D_2}{D_1}\right)^3 \frac{n_2}{n_1} \tag{20}$$

全揚程 H に関して
$$\frac{H_2}{H_1} = \left(\frac{D_2}{D_1}\right)^2 \left(\frac{n_2}{n_1}\right)^2 \tag{21}$$

軸動力 P に関して
$$\frac{P_2}{P_1} = \left(\frac{D_2}{D_1}\right)^5 \left(\frac{n_2}{n_1}\right)^3 \tag{22}$$

ここで，D：ポンプの代表寸法，通常羽根車外径をとる．n：回転速度である．添字1，2は形状が相似なポンプ1とポンプ2に関するものである．実機仕様点の吐出し量 Q_P，全揚程 H_P および回転速度 n_P が分かっているとき，(7)式で定義される比速度を求め，その比速度と同じ比速度の基準の小さなモデルポンプが存在すれば，それを相似拡大や回転数を調節することにより実機の仕様を満足させるポンプを設計す

[*7)] 全揚程の低下をもたらす損失で，内訳の主要なものとして上記の損失がある．一方，外部損失は軸動力の増大をもたらす損失で，漏れ損失，円盤摩擦損失，軸受・軸封などの機械損失などがある．

ることができる．これを相似設計と呼ぶ．非常に簡便な方法であるが，あくまで比速度が同一のモデルポンプが存在することが必要である．ポンプメーカでは，種々の比速度のモデルポンプを保有しており，相似設計により実機ポンプの水力設計を行うのが一般的である．

(21)式から全揚程は $H \propto (D \times n)^2 = u^2$ なる関係にある．すなわち全揚程は羽根車の外周速の2乗に比例する．回転数を大きくすれば，同じ全揚程を出す羽根車外径は回転数の逆数で小さくてよいことになる．これが高速小型化のもとになる考えである．(7)式から同一仕様の全揚程と吐出し量に対して回転速度が大となると比速度も大となる．したがって，ポンプを高速小型化するには，比速度を大きくする必要があることが分かる．

2.5 ポンプの設計

2.5.1 設計上考慮すべき事項

ポンプを設計する際に検討すべき事柄としては，以下に示すように水力学，材料，機械要素，制御，振動騒音など，広範な技術項目が挙げられる．

（1）用途・目的

送水，排水，灌漑，給水（ボイラなど），冷却水循環，加圧用など，用途により，ポンプの使われ方，ポンプの寿命，ポンプの運転時間，信頼性の度合などが異なり，それぞれに応じた設計上の配慮が必要である．

（2）設計仕様

ポンプが果たすべき揚水機能の基本的な数値仕様データであり，ポンプの吐出し量 Q，全揚程 H，軸動力 P，目標効率 η などである．ポンプメーカにとって，顧客から製品を受注することおよび利益を出すことは，自由主義経済下の企業活動においては最も重要なことである．ポンプ市場の競争入札で落札受注するには，ポンプ効率をはじめとする諸性能が優れていることは言うに及ばず，ポンプ価格の低いことが近年ことのほか重要である．ポンプ価格を低くするには，次のような方策により製作コストを下げることが考えられる．

・ポンプを高速小型化する（高比速度化する）．小型化すると，材料費，加工費，運

搬・据付け費などの原価低減への波及効果が大である．
- 性能と加工費の両者の妥協が得られる最適化を図る．例えば，羽根流水面は円滑にするほど効率は向上するが，加工費の上昇をもたらし，性能と加工費の妥協点を見出す．
- 設計仕様が以前製作したポンプに仕様にほぼ近いものであれば，始めから設計する必要はなく若干の修正で対処可能で，設計時間と設計経費を節減できる．さらに進めてポンプの標準化を進め，同一図面で仕様の異なるポンプを広くカバーできれば，設計・製作費を低減できる．

(3) 運転条件

回転速度 n，利用可能 $HPSH_{av}$（ポンプ据付け高さ），揚水すべき液体の液室・物性（密度，温度，飽和蒸気圧，腐食性など），運転流量範囲（締切点〜過大流量），運転時間，流量制御方式（弁制御方式あるいは回転数制御方式[*8]）が与えられる．

(4) 設置条件

ポンプの設置スペースから求められるポンプ寸法，質量，吸込水槽を設置する場合には，その形状・寸法，空気巻込み渦や水中渦発生の抑制策などを検討する必要がある．

(5) 信頼性

ポンプ寿命（軸受，軸封などの摺動部の寿命），腐食やエロージョンによる羽根車やケーシングの減肉限界寿命，ポンプ本体の振動騒音，ポンプ機場の外部との境界線において規制される騒音振動の限界値，耐食性や疲労寿命を考慮して材料を選択・適用する．

(6) 製作性

羽根車やケーシングの製作法（鋳造，削出し，溶接，仕上機械加工，小型汎用ポンプの場合は板構造ポンプなど），大型ポンプの場合は，輸送限界・据付け・分解点検などの保守性を考慮した部品の製作限界などを検討する必要がある．

[*8] 汎用の小型ポンプでは，省エネルギーの観点から近年技術進歩の顕著なインバータによる回転数制御が広く用いられている．大型の排水ポンプではガスタービンによる回転数制御が多用される傾向にある．

2.5.2 遠心ポンプの水力設計

ポンプの設計では上述のように非常に多くの考慮すべき事柄がある．紙面の都合で，ここでは典型的なポンプである遠心ポンプの，羽根車とボリュートケーシングの水力学的設計[*9)]について述べる．

（1）羽根車の設計

羽根車出口

図II-2-7に示すような遠心羽根車の羽根部の設計法について述べる．羽根車の外周速や子午面出口流速に対しては，次式で定義される実績に基づく速度係数が，比速度に対して図II-2-8に示されている．ポンプを小型化するには，羽根車外径を小さくし（(23)式の周速度係数を小さくし）大きな羽根出口角を適用すれば，仕様点の性能は満足できるが，次のような問題点が生ずる．すなわち，羽根が短くなることにより羽根の負荷が増大するため，低流量域において流れは剥離しやすく揚程曲線が右上がりとなる不安定性能が発生しやすい，また，締切揚程は外径の2乗に比例するので，締切揚程が低下し山高特性と称する不安定性能となる．

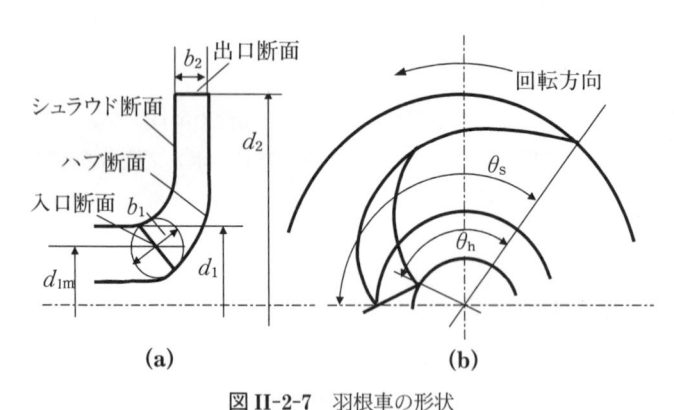

図II-2-7 羽根車の形状
(a) 子午面形状（R-Z座標），(b) 正面形状（R-θ座標）

[*9)] 水力学的（hydraulic）「すいりきがくてき」と読み，水力学は流体力学の流体が液体の場合の力学である．「水力：すいりょく」は水力発電という語句があるようにhydraulic power，水のエネルギーや動力，を意味する．

第2章 ポンプ

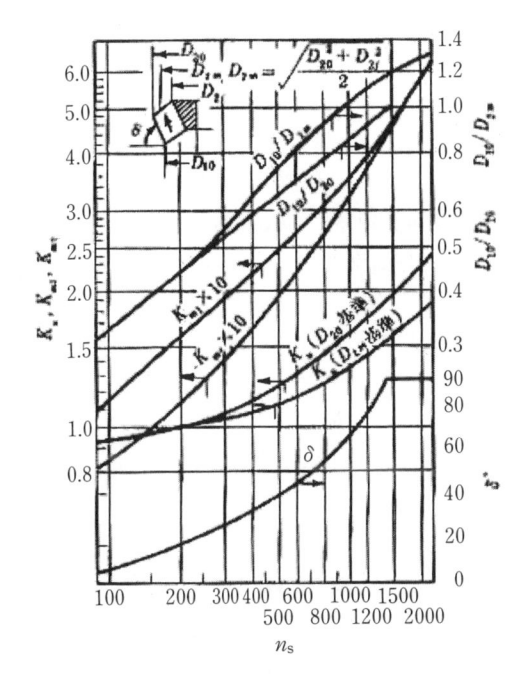

図 II-2-8 羽根車の速度係数[*10][4]

また，羽根出口角を大きくすると揚程曲線の勾配は緩やかとなり，大流量域ではキャビテーションのため運転不能の領域が生じるなどの問題が生じ，小型化は容易に実現できるものではないことを認識しておく必要がある．

$$羽根車周速度係数 \quad K_{2u} = u_2/\sqrt{2gH} \quad (23)$$

$$羽根出口子午面流速係数 \quad K_{2m} = v_{2m}/\sqrt{2gH} \quad (24)$$

ここで，u_2：羽根車出口周速， $u_2 = \pi d_2 n/60$ (25)

v_{2m}：羽根車出口子午面流速， $v_{2m} = (Q/60)/(b_2(\pi d_2 - z t_{2u}))$ (26)

b_2：羽根車出口流路幅， z：羽根数， t_{2u}：出口羽根周方向厚さ

これらの選定から，羽根出口径 d_2，出口流路幅 b_2 が設定される．一方，羽根出口角 β_{2b} は 2.3 節の作動原理で説明したように(17)式から求められる．

[*10] 米国のポンプメーカである Ingersoll-Rand 社（現在，Flowserve Corp.）の技師であった A. J. Stepanoff がまとめた世界的に有名な設計線図である．

羽根車入口

羽根車入口径 d_1 は羽根入口でキャビテーション発生により性能が低下しないように設定する必要がある．それには適切な入口子午面流速（目玉流速）が経験的に得られており，図 II-2-8 に無次元速度係数の形で示されている．本線図から所要の比速度に対する流速係数 K_{1m} を選定し，入口径 d_1，入口流路幅 b_1 を設定する．

$$羽根入口子午面流速係数 \quad K_{1m} = v_{1m}/\sqrt{2gH} \tag{27}$$

ここで，v_{1m}：羽根車入口子午面流速，$\quad v_{1m} = (Q/60)/(\pi b_1 d_{1m}) \tag{28}$

d_{1m}：入口平均径である．

羽根入口角 β_{1b} は，図 II-2-9 に示す入口の速度三角形の入口流入角 β_1 に等しくなるように通常設定する．

$$\beta_1 = \beta_{1b}$$
$$\beta_1 = \tan^{-1}(v_{1m}/v_1) \tag{29}$$

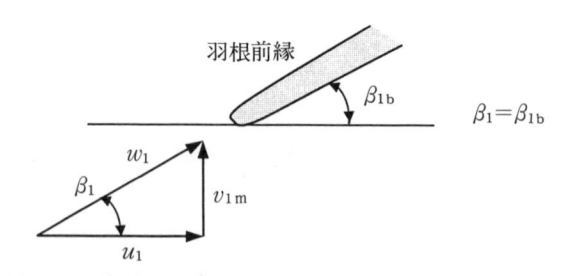

図 II-2-9　羽根入口の速度三角形と羽根入口角

羽根形状

（a）　誤差三角形による羽根の展開法

比速度の比較的低いポンプや小型の汎用の安価なポンプの羽根車羽根には 2 次元の羽根[*11)] が適用される場合がある．しかし，近年の高速，高性能ポンプでは，シュラウド断面とハブ断面で形状が異なる 3 次元羽根が用いられる．立体的な 3 次元形状を，上述のような 2 次元流れに基づく設計からいかに羽根を創生するかは重要な課題

[*11)] 2次元羽根：羽根形状は，羽根の高さ方向（軸方向）にハブからシュラウドまで同じで，製作が容易である．3次元羽根：羽根の高さ方向に形状が異なり製作が容易でないが，性能が 2 次元羽根よりよい．

である.通常は,図 II-2-10 に示す誤差三角形による羽根流線展開法に基づき設計される[4].図(a)は,羽根のある流線 c_1-c_2 を示している.流線は f_1 から f_6 まで6分割されており,この分割は任意の間隔でよい.図(b)は子午面断面で,子午面上では,羽根入口が g_1 で出口が c_2 である.各点における羽根車回転軸中心からの距離(回転半径)は,$r_1, \cdots, r_7$ である.図(d)は羽根正面図で,各点の周方向長さは h_1 ~ h_6 で表される.このような羽根の座標体系において,図(c)に示すように横軸に各要素の周方向距離 $h_i (i=1~6)$ を横軸にとり,縦軸には子午面の流線線分長さ $g_i (i=1~6)$ をとり,各点を通る横軸,縦軸に平行な線の交点を結んだ曲線が求める羽根流線の展開図である.この展開図(c)は2次元形状で,羽根入口角 β_{1b} および羽根出口角 β_{2b} はそれぞれ図に示した角度である.羽根の線分への分割数を n とすると,羽根の長さ l_{12} は次式により得られる.

$$l_{12} = \sum_{i=1}^{n} f_i \tag{30}$$

ここで,$f_i = \sqrt{h_i^2 + g_i^2}$, $h_i = r_i \Delta \theta_i$, $g_i = \sqrt{(r_{i+1} - r_i)^2 + (z_{i+1} - z_i)^2}$ である.また,羽根巻き角 θ_{12} (羽根の前縁から後縁までの周方向角度)は次式にて得られる.

$$\theta_{12} = \sum_{i=1}^{n} \Delta \theta_i \tag{31}$$

このような誤差三角形による羽根展開図をシュラウド断面やハブ断面などの設計各断面について求める.

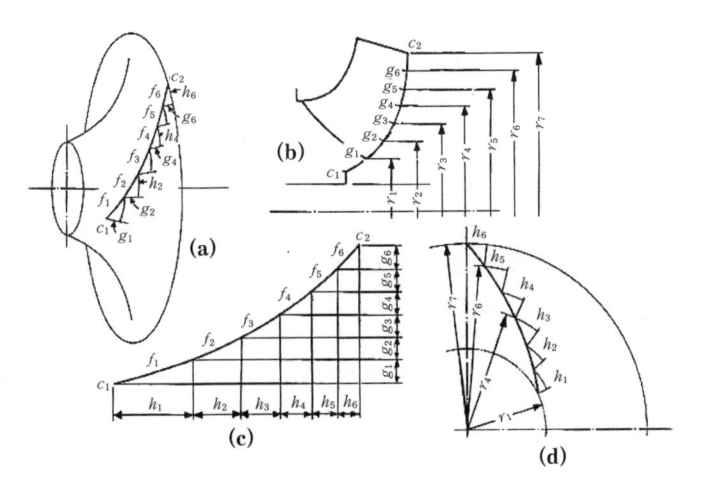

図 II-2-10 3次元羽根(流線)の誤差三角形による展開[4]

（b） 羽根の積層法

羽根の子午面断面形状，シュラウド断面およびハブ断面の各羽根形状が同じでも，周方向の設定位置（位相）が異なると異なった羽根となる．この羽根の積重ね方をスタッキングと称し，重要な設計事項である．シュラウド側の羽根前縁がハブ側の羽根前縁より回転方向の前方に設定された羽根は入口前進羽根と呼び，逆にシュラウド側前縁が後方に設定されている羽根は入口後退羽根と呼ぶ．出口についても同様で，出口前進羽根や出口後退羽根と称する．

出口でこのようにハブとシュラウド間で位相を変えるのは，次のような効果を狙っている．すなわち，羽根車を出た流れを減速させて効率よく圧力回復をさせるため，羽根車の出口下流にはボリュートケーシングや案内羽根が設けられる．それらは静止流路で羽根車外周とボリュートケーシングとではタング部[*12]と，案内羽根では案内羽根前縁と半径方向の細隙部が構成されている．羽根車が回転すると，回転する羽根車羽根と静止しているタングや羽根と動静翼干渉が生じ，圧力変動が発生する．シュラウド側とハブ側で周方向位置をずらせて，羽根車羽根と静止部の羽根の干渉する時間を長くして，この圧力変動を小さくしようとする．

その他，羽根車流路内の2次流れの抑制や低流量域特性の改善のために，シュラウドとハブの位相をずらせる設計がなされる．

（2） ボリュートケーシングの設計

ボリュートケーシングの機能と構造

ボリュートケーシング[*13]は渦巻ケーシングとも称され，羽根車でエネルギーを得た流れを1箇所のポンプ吐出し口へ導く機能と，羽根車から出た高速の流れを減速し圧力回復させるという二つの主要な機能を有している．図II-2-11にボリュートケーシングの形状を示す．右側の図は左の図の周方向に45度ごとの②〜⑧角断面における流路の断面形状をまとめて表示した図である．断面⑧と①の間にタングが存在し，そこから反時計方向に渦巻状に流路は広がっている．外径 d_2 の外側に設定されている直径 d_3 の円はボリュート基礎円と称し，その円から外側がボリュート流路を形成

[*12] ボリュートは1枚羽根の案内羽根と水力的に等価であり，タング部は案内羽根の前縁部に対応する（図II-2-11参照）．

[*13] 水車の渦巻状のケーシングは，単にケーシング（英語では spiral case）と称される．また，羽根車をポンプでは，インペラー，水車ではランナーと呼ばれ，類似の水力機械でも呼称が異なる．

第2章 ポンプ

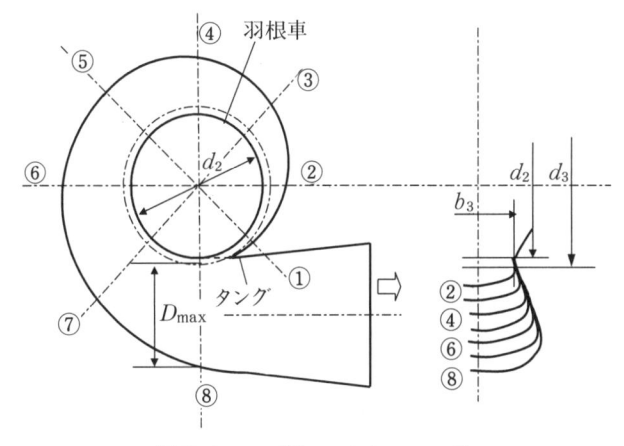

図 II-2-11 ボリュートケーシング

すると見なして，設計する円である．断面⑧に示した D_{max} はボリュートの大きさと代表速度を決定する重要な寸法である．次式で示されるボリュートの速度係数が羽根車の速度係数と同様に実績データに基づく適正な値が図 II-2-12 に示すように比速度に対して求められている．

$$K_3 = v_3/\sqrt{2gH} \tag{32}$$

ここで，v_3：ボリュート出口平均速度 $v_3 = (Q/60)/(\pi d_{max}^2/4)$ である．

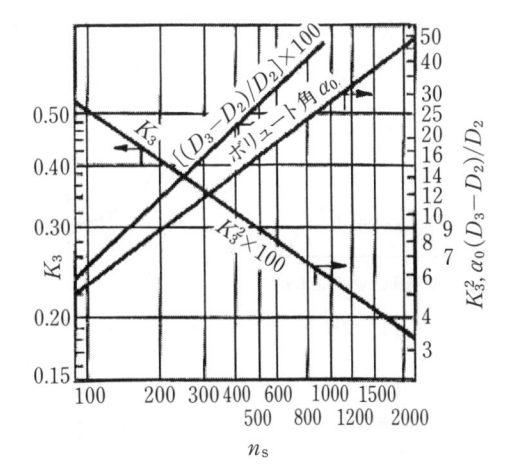

図 II-2-12 ボリュート速度係数[4]

図Ⅱ-2-11の右に示すボリュートの断面形状は，ポンプの吐出し圧，大きさ，製作法などにより，台形，円形，長方形など種々の形状が適用される．吐出し圧が高い場合は，ケーシングの耐圧観点から円形が適用される[*14]．縦形の大型の排水ポンプでは断面が数メータにおよび，ボリュートケーシングは，現地で鉄筋コンクリートの構造物として建造される場合がある．その場合は製作が容易な長方形断面が採用される場合もある．

図Ⅱ-2-11のボリュートは渦巻の巻角が360度であるが，180度の渦巻を2個周方向に配設した2重ボリュートの構造もある．吐出し流路が点対称の形状となり，直径上の流れや圧力の絶対値は同じで方向が逆であるため，羽根車に働く半径方向の推力は上下左右で釣合い，残存する力は小さくなる．吐出し圧が高く，羽根車に大きな力が加わる場合に適用される．数個の遠心羽根車を軸方向に配列した多段ポンプの各段のボリュートケーシングには2〜4重のボリュートケーシングも適用される．これは，図Ⅱ-2-11におけるボリュートの巻き終わり部のD_{max}の寸法を小さくしてポンプ最大外径を縮小するためである．

ボリュートケーシングと羽根車のマッチング

ポンプ性能は羽根車の性能とボリュートケーシングの性能を総合したものとして得

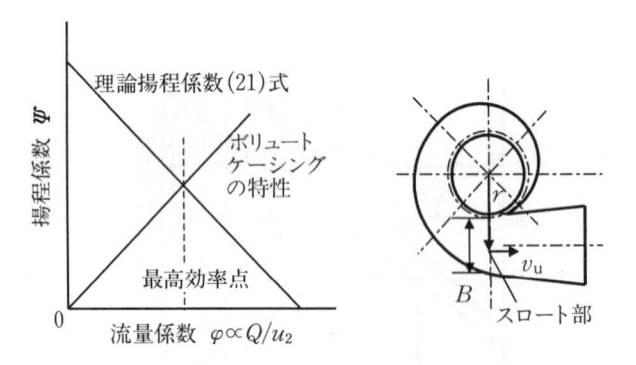

図Ⅱ-2-13 羽根車とボリュートとのマッチング

[*14] ボリュート形状の流路は，ポンプの吸込流路にも用いられる場合もある．図Ⅱ-2-4に示すポンプでは水は軸方向に入ってくるが，半径方向に流入し羽根車入口直前で軸方向に向きを変えるポンプがある．このようなポンプでは羽根車入口で周方向に一様な流れとするために，ボリュート型吸込ケーシングが用いられる．

られる．Worster[6]は，図II-2-13に示すように羽根車の理論揚程(係数)曲線と，ボリュートケーシングの特性曲線との交点で両者は調和し，最高効率が得られると考えた．羽根車の特性は先に述べた(17)式で表すことができ，揚程係数 Ψ と流量係数 φ の形で表すと(33)式となる．

$$H_{th} = \frac{(1-k)u_2^2}{g} - \frac{u_2 \cot \beta_{2b} Q}{2\pi r_2 b_2 g} \quad (17)$$

$$\Psi_{th} = (1-k) - \frac{\varphi}{\tan \beta_{2b}} \quad (33)$$

一方，ボリュートケーシングのスロート部の断面が一辺 B なる正方形とし，羽根車-ボリュート内の流れは自由渦*15)のフローパターンを呈すると仮定すると，スロート部を流れる平均流速 v_3 は次式で得られる．

$$\begin{aligned} v_3 &= \frac{Q}{B^2} = \frac{1}{B} \int_{r_2}^{r_2+B} v_u \mathrm{d}r \\ &= v_{2u} \cdot \frac{\ln(1+2B/d_2)}{2B/d_2} \end{aligned} \quad (34)$$

ここで，v_u：半径 r における周方向の速度成分，v_{2u}：羽根車出口 $(d=d_2, r=r_2)$ における絶対速度の周方向成分である．(13)式から入口旋回がない $(v_{1u}=0)$ とき，$v_{2u}/u_2 = gH_{th}/u_2^2$ であるから(34)式に代入すると，次式を得る．

$$\Psi = \frac{1}{\ln(1+2B/d_2)} \frac{2b_2}{B} \pi\varphi \quad (35)$$

ここで，b_2：羽根車の出口幅である．したがって，羽根車の特性式である(33)式とボリュートケーシングの特性式である(35)式の交点がマッチング点となり，その点の流量において最高効率を呈する．(35)式から分かるように，スロート部の幅 B を小さくすると，ケーシングの特性の勾配は大となり，羽根車特性との交点は小流量側となり，スロート部の幅 B を大きくすると，交点は大流量側となる．

---

*15) 渦の半径 r の位置における流れの周方向速度を v_u とするとき，$r \times v_u = $ const なる関係にある典型的なローパタンの一つである．このときエネルギーの半径方向の分布は一定である．この他，渦の回転角速度の径方向分布が一定である強制渦のフローパタンもある．

2.6 遠心ポンプの設計法

これまでポンプの性能，作動原理，羽根車やボリュートケーシングの設計の基本的な考えを説明してきた．最後に遠心ポンプの主要部である図II-2-7に示すような遠心羽根車の水力的設計について述べる．具体的手順の一例を図II-2-14に示す．①～⑧の各ステップでは，以下のような作業が行われる．紙面の都合で，ボリュートケーシングについては割愛する．

② **概略設計**

本ステップの詳細を図II-2-15に示す．設計仕様としては，ポンプの吐出し量 Q (m³/min)，全揚程 H(m)，回転速度 n(min^{-1})，および所要 $NPSH$ が与えられる．次に(7)式によりポンプの比速度を算出する．遠心ポンプに適切な比速度は 100～500 位 (m³/min, m, min^{-1}) である．設計断面としては比速度が 300 以下の遠心羽根車の場合には，シュラウド断面とハブ断面の 2 断面について行う．比速度が大なる斜流ポンプや軸流ポンプでは 3～7 断面について設計を行う．

次に主要形状パラメータである羽根数，羽根出口角，羽根厚などを設定する．通常は従来実績の類似ポンプを参考にして設定する．情報がないときは，羽根数は 5～7 枚の適当な数を仮定する．羽根出口角 $β_{2b}$ は，図II-2-8の速度線図を適用する場合は，22.5度位の値に設定しておく．これらのパラメータは一義的に定まるものではなく，図II-2-14と図II-2-15にあるようにある値に設定し次のステップの作業を進め，種々の段階で目標に対して妥当か否かを判断して，仕様が満足されない場合は，始めのステップに戻り，仮定値を再設定しなおし繰返し作業を経て設計することが必要である．

次にポンプ軸へ羽根車を取付けるに必要な軸径を回転トルクなどを考慮して設定し，羽根のハブ位置の径を設定する．次に図II-2-8の速度係数線図から入口流速係数 K_{1m} を設定し(28)式に基づき，入口径 d_1 と入口幅（子午面入口における流路内接円直径）b_1 を設定する．このようにして定めた入口の速度を(5)式に代入して所要 $NPSH$ を予測する．仕様の所要 $NPSH$ が満足されなければ，始めのステップに戻り諸数値を変更して再度設計作業を進め，仕様が満足するまで繰返す．

次に羽根車出口に関して，出口周速度係数と出口流速係数を所要の比速度に対して図II-2-8から設定し，羽根車出口径 d_2 および羽根車出口幅 b_2 を設定する．このよ

第2章 ポンプ

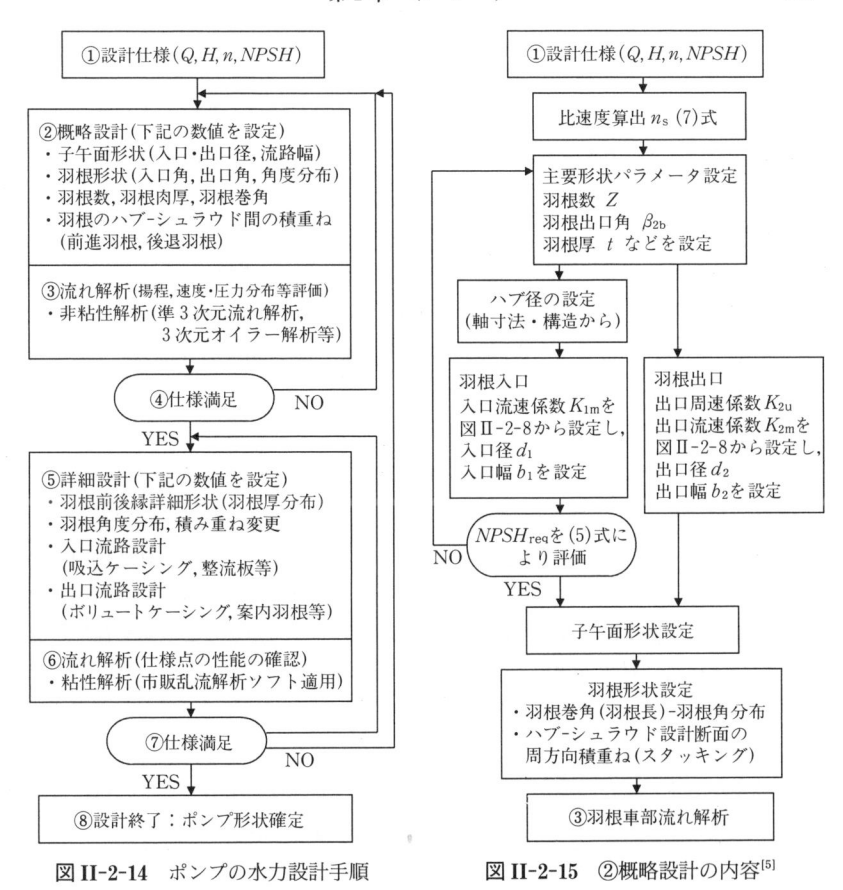

図II-2-14 ポンプの水力設計手順 (左フローチャート)

① 設計仕様 ($Q, H, n, NPSH$)
② 概略設計 (下記の数値を設定)
・子午面形状 (入口・出口径, 流路幅)
・羽根形状 (入口角, 出口角, 角度分布)
・羽根数, 羽根肉厚, 羽根巻角
・羽根のハブ-シュラウド間の積重ね
　(前進羽根, 後退羽根)
③ 流れ解析 (揚程, 速度・圧力分布等評価)
・非粘性解析 (準3次元流れ解析,
　　　　　　　3次元オイラー解析等)
④ 仕様満足 → NO → ②へ戻る
　YES ↓
⑤ 詳細設計 (下記の数値を設定)
・羽根前後縁詳細形状 (羽根厚分布)
・羽根角度分布, 積み重ね変更
・入口流路設計
　(吸込ケーシング, 整流板等)
・出口流路設計
　(ボリュートケーシング, 案内羽根等)
⑥ 流れ解析 (仕様点の性能の確認)
・粘性解析 (市販乱流解析ソフト適用)
⑦ 仕様満足 → NO → ⑤へ戻る
　YES ↓
⑧ 設計終了：ポンプ形状確定

図II-2-15 ②概略設計の内容[5] (右フローチャート)

① 設計仕様 ($Q, H, n, NPSH$)
比速度算出 n_s (7)式
主要形状パラメータ設定
　羽根数 Z
　羽根出口角 β_{2b}
　羽根厚 t などを設定
ハブ径の設定
　(軸寸法・構造から)

羽根入口
　入口流速係数 K_{1m}を
　図II-2-8から設定し,
　入口径 d_1
　入口幅 b_1 を設定

羽根出口
　出口周速係数 K_{2u}
　出口流速係数 K_{2m}を
　図II-2-8から設定し,
　出口径 d_2
　出口幅 b_2 を設定

$NPSH_{req}$を(5)式により評価
NO → 戻る / YES ↓

子午面形状設定

羽根形状設定
・羽根巻角(羽根長)-羽根角分布
・ハブ-シュラウド設計断面の
　周方向積重ね(スタッキング)

③ 羽根車部流れ解析

うにして羽根車子午面の主要数値は確定される．羽根入口から出口へかけての流路形状は，既存の形状を参考とし，流路幅 b が連続的に滑らかに変化するように設定する．

次に羽根入口角は前述の(29)式により定める．羽根出口角は，出口の速度三角形に基づき(17)式で設定する．得られた出入口の羽根角度を持つ羽根を，図II-2-10に示す誤差三角形による羽根展開面上に作図し，適切な羽根展開形状が得られるように試行錯誤により羽根形状を設定する．

③ 羽根車の流れ解析

②のステップで設定した羽根車形状について流れ解析を行い，得られた解析出力に

ついて所定の理論揚程や全揚程が得られているか，羽根面上の相対速度分布や圧力分布が妥当か否かなどをチェックする．本ステップではまだ中間の段階であるので，流れ解析も短時間で多くの設計例が計算できるように解析時間が短い，準3次元流れ解析[*16]や，粘性のない流体の運動方程式である3次元のオイラーの運動方程式を数値解析的にもとめるオイラー解析が利用される．

⑤ 詳細設計

上記に概略設計で所定の仕様を概略満足する羽根車形状が設定されると，次に羽根の詳細形状の設計を行う．羽根前縁部と後縁部の形状，羽根のハブ-シュラウド間の周方向の積重ね方，羽根前縁と後縁の間の羽根形状（羽根角度の分布のさせ方＝負荷の分布のさせ方）などを検討し設定する．

一方，羽根車の前後の流路である吸込ケーシングや，吐出ケーシングであるボリュートケーシングや案内羽根などを設計する．

⑥ 流れ解析

ステップ⑤までの作業によりポンプの水力部の設計を終えたら，設計形状のポンプの性能を予測するため，より精度の高い流れ解析を行う．これには次の2点が新たに考慮されることである．すなわち，その一つはポンプの入口から羽根車を経てポンプ出口まで全体流路に対する解析である．羽根車単独の流れ解析でもかなりの情報は得られるが，羽根車単独では羽根車入口の境界においてどのような速度および圧力分布を持つ流れが流入するかは不明で，それを考慮するには羽根車上流部の流路と一体解析する必要がある．また，羽根車出口においては，羽根車の出力としての情報は得られるが，実際のポンプの出口である吐出し口の情報は得られない．

このようにポンプ入口から出口までを解析領域とすれば，ポンプそのものの全体性能を的確に予測できる．

次に第二の点は，実際の流体である粘性流体で，実際のレイノルズ数における乱流状態での流れが解析され，粘性による損失や，剝離や逆流状態などが把握され，ポンプ性能はより実際に近いものとなる．

⑦ 仕様満足の評価

ステップ⑥で得られた流れ解析結果を仕様に照らし合わせて評価する．ポンプ全体の解析から，解析による予想性能が仕様性能を満たすか否かを調べる．仕様の目標性

[*16] 羽根車内の流れを子午面流れと翼間流れに分けて交互に求め，両者の解を漸近させて解く解析法である．各流路面では2次元的扱いができるので，計算が簡単で計算時間も短いという特徴がある．

能が満足されていなければ，ステップ⑤あるいはステップ②まで戻り再度改良設計を進める．予想性能が所要の精度で目標を満足しておれば，次に示すようなより詳細な検討・評価に進む．
・羽根厚分布では羽根前縁部の圧力低下によるキャビテーションの発生の有無
・羽根相対速度分布や負荷分布に基づき，壁面摩擦損失，剝離損失，2次流れ損失，羽根後縁部の混合損失などの評価
・低流量域での揚程曲線の安定性の評価
・大流量域におけるキャビテーション性能評価

⑧ 設計終了，ポンプ形状確定

ステップ⑦までの作業が終了し，予想性能が目標性能を満足し，諸性能の評価が満足されるものであれば，これで水力的設計は終了する．

2.7 演　　習

（1）（7）式で表される比速度 n_s を，(20)式および(21)式のポンプ性能に関する相似則の関係式から導出せよ．

（2）ポンプの仕様が，吐出し量 $Q=12\,\mathrm{m^3/min}$，全揚程 $H=42\,\mathrm{m}$，回転速度 $n=1500\,\mathrm{min^{-1}}$ であるポンプを設計するとき，次の問に答えよ．

イ）羽根車外径 D_2，羽根車出口幅 b_2 を設定せよ．羽根数は5枚，羽根厚は6mmとする．

ロ）理論揚程を求めよ．

ハ）羽根入口径 D_1，羽根入口流路幅 b_1 を設定せよ．
　入口ハブの寸法は，ポンプの必要なトルクと軸径を勘案して設定せよ．

ニ）上に得たポンプの所要 NPSH を求めよ．

（3）ポンプの小型化に関して，下記の問に答えよ．

イ）上の（2）で得た羽根車外径を10%縮小し，同一回転速度で運転すると，発生する全揚程と吐出し量を求めよ．

ロ）羽根外径を10%縮小し，所期の仕様の全揚程と同じ全揚程を出すには幾らの回転速度で運転すればよいか．

ハ）羽根入口形状，寸法は（2）で得たものと同じとし，かつ上記の（ロ）の条件で運転するとき，所要 NPSH を求めよ．

(4) ポンプにキャビテーションが発生すると，騒音，振動，性能低下などの悪影響がもたらされる．キャビテーションの発生を抑制する方策を考えよ．

(5) ポンプは歴史のある流体機械である．今後ポンプの適用分野としてどのような分野が考えられるか．2個以上挙げよ．

2.8 まとめ

ポンプの水力的設計法は基本的には水力学に基づく設計であり，運動量理論に基づく古典的設計法でもある性能レベルまでの設計は初心者でも可能である．しかし，ポンプは歴史ある流体機械ゆえ性能向上に残された上げ代は僅かとなり，尋常の設計では容易に性能向上を図ることができるものではない．今日の発展著しいCFD (Computational Fluid Dynamics)[6],[7] をもってしても，すべてが理論的に設定できるものではなく，設計者の経験，ノウハウに委ねられるところが多い．CFDは，流れを解析して分析・評価するには好適であるが，最適な形状を得るには膨大な繰返し計算を要し，研究段階ではそれなりの成果が得られているが，実用的にはまだ不十分である．

一方，ポンプの性能設計に限定しても，検討すべき項目は多岐にわたり，最高効率点以外に締切点の全揚程や軸動力，低流量域や大流量域における目標仕様もある．また，ポンプ吸込圧が低くなるとキャビテーションが発生し，性能低下や振動騒音をもたらしたりする．これらに関して，現段階ではすべてを理論的に設計することは不可能である．また，多くの性能が二律背反の関係にあり，片方の性能をよくすれば他方の性能が悪くなるという傾向がある．このように歴史があり構造も単純であるにかかわらず，高性能のポンプの設計は極めて困難で，今なお過去の実績，実験結果等の経験的知見によるところ大である．しかし，近年のCFDの発展は目覚しいものがあり，コンピュータのハードの進歩も相まって，近い将来極めて精度の高い設計をコンピュータにより実現できるものと考えられる．

参 考 文 献

[1] Wislicenus, G. F.: Fluid Mechanics of Turbomachinery, Dover Publications, Ins. (1965).
[2] 南, 他:渦巻きポンプのキャビテーションに関する実験, 日本機械学会誌, **62**, 485 (1959), p. 881.
[3] Wiesner, F. J.: A Review of Slip Factor for Centrifugal Impellers, Trans. ASME, Ser, A., **8**, 94 (1967), p. 557.
[4] Stepanoff, A. J.: Centrifugal and Axial Flow Pumps, John Wiley & Sons, Inc. 2nd Ed. (1967), pp. 95-104.
[5] 日本機械学会編:機械工学便覧応用編, 流体機械 (1986), pp. B 5-69-B 5-77.
[6] Worster, R. C.: The Flow in Volutes and its Effect on Centrifugal Pump Performance, Proc. Inst. Mech. Engrs, 177-31 (1963), p. 840.
[7] 後藤, 他:CFD 特集-1 (設計への適用), ターボ機械, **28**, 11 (2000), pp. 641-688.
[8] 田村, 他:CFD 特集-2 (先端的技術開発と実用化), ターボ機械, **28**, 12 (2000), pp. 705-780.
[9] (株)日立製作所編:'99 日立ポンプ設備設計データブック (1999), p. 38.

第Ⅱ編　ケーススタディ
第3章　電力機械―ガスタービン

3.1　はじめに

　ガスタービンは軸流圧縮機，遠心圧縮機のような速度型圧縮機とタービンを組合せた原動機である．その用途により大きく分類すれば，航空用と定置用に分けられる．航空用はいわゆるジェットエンジンである．1903年にライト兄弟が初めてエンジン駆動による初飛行に成功してから，飛行機用のエンジンとして注目され本格的な開発が始まった．1930年に英国のホイットル（Sir Frank Whittle）が提案したターボ機械を使ったガスタービンが第1世代のジェットエンジンとされている．その後，第二次大戦中に航空機の性能向上のため，英，独を中心に開発競争が行われた．その結果，ガスタービンはまず航空用原動機として発展し，圧縮機やタービンの性能，構造あるいは耐熱材料に関する研究が進んだ．大戦後は民間航空機の大型化と高速化の要求に合わせて急速に進歩し，現在の盛況を見るに至った．この航空用ジェットエンジンの技術的進歩はさらに続いており，その成果は発電用，産業用ガスタービンに反映されている．

　発電用では，1895年米国のC.G. Curtissがガスタービンの特許をとり，1911年にはBrown Boveri社が試作を行ったが，エンジンとして性能が十分でなく，試作はなかなか成功しなかった．その後，航空用ガスタービンの研究成果が発電用，産業用ガスタービンに応用されるようになり，1939年にBrown Boveri社は4000 kWガスタービン発電所を建設するに到った．米国では1949年にGeneral Electric社が3500 kWの第1号機を完成した．このガスタービンはガスタービンからの高温の排ガスを蒸気発生設備の給水加熱に利用する給水加熱サイクルコンバインドプラントとして31年間運転された．1960年代まで，定置型ガスタービンは最大単機出力15〜20 MW，熱効率20〜24%であったため，発電設備としてはあまり発展は見られなかっ

た．しかし，1965年末ニューヨーク市の大停電に端を発して，ガスタービンが非常用，ピーク負荷用として着目され急激に設置されるようになった．さらに1970年代に入り，60 MW級の大型ガスタービンが開発され，熱効率も30%を超えるようになると，ガスタービンに対する需要が急速に拡大した．

わが国では，昭和46年（1971）に四国電力坂出火力1号で出力225 MWのガスタービン排気再燃式プラントが初めて採用された．その後，昭和48年（1973）および昭和53年（1978）の石油危機後の燃料価格高騰と電力供給構造の変化の中で，ガスタービンと蒸気タービンを組合せた複合発電（コンバインドサイクル）システムの高い熱効率と優れた運用性が注目を集め，昭和56年（1981）に日本国有鉄道（現JR東日本）川崎発電所で，ガスタービンを主機とする初の排熱回収型コンバインドプラント（141 MW）が運転を開始した．その後，東北電力東新潟火力発電所（1984，1985），および東京電力富津火力発電所（1986，1988）など，次々に100万kW級の大容量複合発電プラントが営業運転されるようになり，新鋭火力発電所の主流となった．現在では，1300°C級から1500°C級の高温ガスタービンを用いた複合サイクルプラントが運用されており，発電効率は50%を超えるまでになっている．これらの高温ガスタービンを用いたコンバインドプラントでは，高温燃焼に伴う空気中N_2の酸化によるNO_x発生など環境上の問題に対処せざるを得ず，低NO_x燃焼器の開発が合わせて進んでいる．この21世紀には，経済性と環境性さらには保守性を含め，一層バランスの取れた開発が必要であろう．

ガスタービンは往復動エンジンに比べれば比較的新しい原動機であり，20世紀に人類が進歩発展させた大きな技術的成果である．特に航空機，発電など，より大容量の原動機が必要な分野の要請に応える形で発展してきた原動機といえる．本章では，機械工学を中心とする現代工学の大きな成果の一つであるガスタービンについて，その基本的な原理や，具体的な設計の考え方について，できるだけ分かりやすく述べることにする．ガスタービンについては，これまで学界や工業界の先達による素晴らしい著作もあり，本章をまとめるに際して大いに参考にさせて頂いた[1]~[5]．また，合せて多くの文献を参照させて頂いた．これらの方々に深く謝意を表するものである．

3.2 ガスタービンの作動原理

3.2.1 ガスタービンの構成要素とその役割

　ガスタービンは図II-3-1に示すようにターボ圧縮機で空気を圧縮し，これに燃料を加えて燃焼させ，高温高圧のガスを発生し，このガスでタービンを回して動力を発生させる原動機である．タービンの発生する出力と圧縮機が吸収する入力の差が有効出力となる．有効出力は発電機やプロペラを回す軸動力の形で取り出すほか，航空用のジェットエンジンのように高速ジェットにより推力を得るものがある．

　ガスタービンは蒸気タービンと異なり，サイクル中のどの過程においても作動流体は気体である．このような気体原動機では，圧縮仕事が大きく，膨張仕事の何割にも達する．有効仕事は膨張仕事と圧縮仕事の差であり，圧縮仕事が大きいと有効仕事はそれだけ小さくなる．したがって，性能のよいガスタービンを設計するには，圧縮機とタービンの効率がよいこと，膨張中の温度を圧縮中の温度に比べてできるだけ高くすることが必要で，ガスタービンの研究の主力はこれらの点に注がれてきた．

　ガスタービンの機械としての特色は，サイクルの各過程をそれぞれ専門の機器で行うことで，主要構成要素である圧縮機，燃焼器，タービンのほか再生器や中間熱交換器などの熱交換器がある．これらの機器をガスタービンの使用目的に応じて各種のシステムに組合せて使う．各要素個々の特性やその数，組合せ方により性能が広く変わ

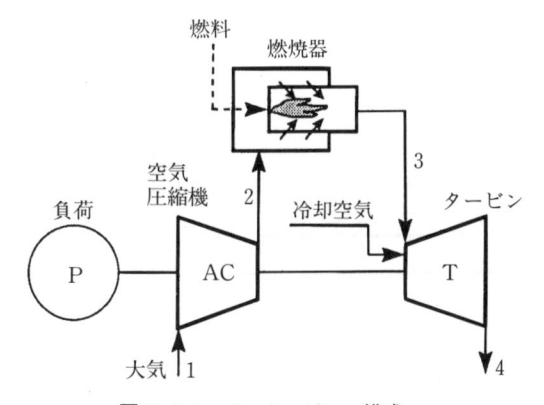

図 II-3-1　ガスタービンの構成

り，小型軽量のものから大型かつ複雑で高効率なものなど，広範囲にわたる特性を持った原動機を作ることができる．このようにガスタービンは多くの機器を組合せたシステムであるので，個々の機器の性能以外に，それら機器間の特性のマッチングが重要になる．各構成要素を独立に研究開発し，モジュール化し得る利点を持つ反面，それぞれ単独の性能がよくても長所を発揮させるためには，それらの組合せ方をうまく調和させる必要がある．

3.2.2 ガスタービンの熱サイクル

今日のガスタービンは，ピストン式の内燃機関と異なり，燃焼過程は一定圧力状態で行われるサイクルとなっている．定圧加熱ガスタービンの理想サイクルは図II-3-2のように，等エントロピー圧縮 $1 \to 2$，等圧加熱 $2 \to 3$，等エントロピー膨張 $3 \to 4$，等圧放熱 $4 \to 1$ から成り立っている．図には p-v 線図と h-s 線図でそれぞれ示している．

実際のガスタービンでは，圧縮機およびタービンで圧縮，膨張が行われる際に必ず損失を伴いエントロピーが増加するので，等エントロピー変化とならず，h-s 線図で示せば図II-3-3のようになる[5]．この場合の圧縮仕事は

$$L_c = G(h_2 - h_1) \tag{1}$$

で表され，理想的な等エントロピー圧縮仕事

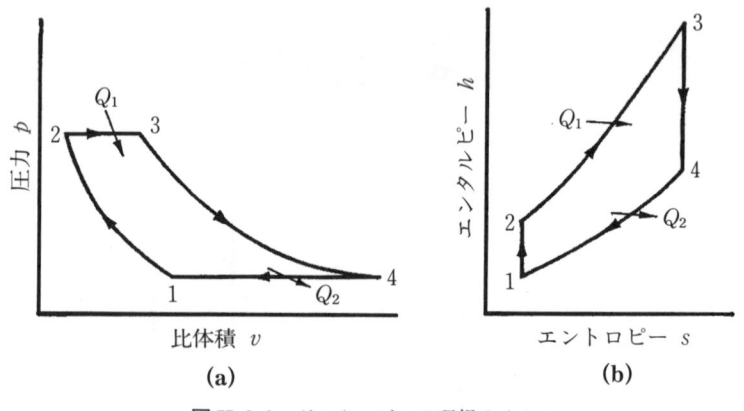

図 II-3-2 ガスタービンの理想サイクル
　　（a）p-v 線図，（b）h-s 線図

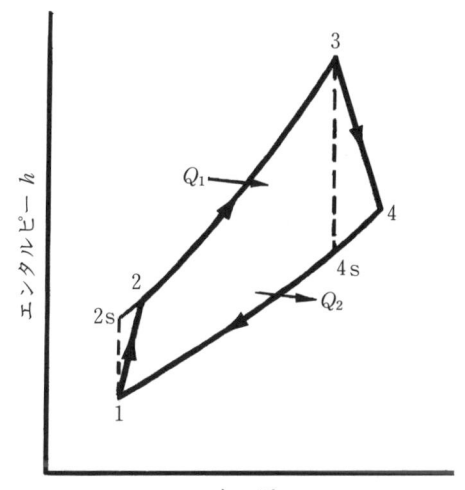

第3章 電力機械―ガスタービン

図 II-3-3 圧縮機とタービンの断熱効率を考慮した基本サイクル
1→2 圧縮機における圧縮；2→3 燃焼器における加熱；
3→4 タービンにおける膨張；4→1 大気中における放熱

$$L_{\mathrm{adc}} = G(h_{2s} - h_1) \tag{2}$$

に比べて大きくなる．この等エントロピー圧縮仕事と実際の圧縮仕事の比を圧縮機の断熱効率と呼び，圧縮機の性能を示す目安としている．

$$\eta_{\mathrm{adc}} = L_{\mathrm{adc}}/L_{\mathrm{c}} = (h_{2s} - h_1)/(h_2 - h_1) \tag{3}$$

比熱 c_p が一定とみなせる場合は

$$\eta_{\mathrm{adc}} = (T_{2s} - T_1)/(T_2 - T_1) = \{(p_2/p_1)^{(\kappa-1)/\kappa} - 1\}/(T_2/T_1 - 1) \tag{4}$$

$$L_{\mathrm{c}} = G(h_{2s} - h_1)/\eta_{\mathrm{adc}} = c_\mathrm{p} G T_1 \{(p_2/p_1)^{(\kappa-1)/\kappa} - 1\}/\eta_{\mathrm{adc}} \tag{5}$$

実際の圧縮過程を指数 n のポリトロープ変化で仮定できれば次式が得られる．

$$p_2/p_1 = (T_2/T_1)^{n/(n-1)}, \ (T_2/T_1) = (p_2/p_1)^{(n-1)/n} \tag{6}$$

$$L_{\mathrm{c}} = G c_\mathrm{p} T_1 [(p_2/p_1)^{(n-1)/n} - 1] \tag{7}$$

式(5)，(7)より，

$$\eta_{\mathrm{adc}} = [(p_2/p_1)^{(\kappa-1)/\kappa} - 1]/[(p_2/p_1)^{(n-1)/n} - 1] \tag{8}$$

一般に断熱効率は圧力比の関数となる．圧力比の変化により圧縮温度が変化することにより圧縮効率が変化するので，圧力比に無関係に流体力学的な性能を示す効率として段効率 η_{stc} を用いることがある．これはポリトロープ効率とも呼ばれ，圧力比を

1に近づけたときの断熱効率として定義される．

$$\eta_{stc} = \lim_{(p_2/p_1) \to 1} \eta_{adc} \tag{9}$$

多段圧縮機の1段の効率は段効率と考えられる．

$$\eta_{stc} = dh_s/dh = dT_s/dT$$

$$dT_s/T = ((\kappa-1)/\kappa)(dp/p) \quad (微小圧力変化の場合)$$

これより

$$dT/T_1 = (1/\eta_{stc})((\kappa-1)/\kappa)(dp/p)$$

これを積分すると次式が得られる．

$$T_2/T_1 = (p_2/p_1)^{(1/\eta_{stc})((\kappa-1)/\kappa)}$$

また，(6)式より，

$$\eta_{stc} = ((\kappa-1)/\kappa)/((n-1)/n), \quad n = 1/[1-(1/\eta_{stc})((\kappa-1)/\kappa)] \tag{10}$$

一方，タービンの実際の出力は3→4のエンタルピー変化と考えられるから，

$$L_t = G(h_3 - h_4) \tag{11}$$

比熱 c_p が一定の場合は，

$$L_t = Gc_p(T_3 - T_4) \tag{12}$$

理想的な膨張過程として，状態3から等エントロピー膨張した点を4sとすれば $\Delta h_s = h_3 - h_{4s}$ に比べて，$\Delta h = h_3 - h_4$ はエンタルピー差が小さく実際に得られる仕事は等エントロピー膨張に比べて小さくなる．この Δh_s と Δh の比をタービン効率または断熱膨張効率と呼ぶ．

$$\eta_{adt} = \Delta h/\Delta h_s = (h_3 - h_4)/(h_3 - h_{4s}) \tag{13}$$

比熱 c_p が一定の場合は次のように書ける．

$$\eta_{adt} = (T_3 - T_4)/(T_3 - T_{4s}) \tag{14}$$

タービン出力は

$$L_t = G\eta_{adt}(h_3 - h_{4s}) = G\eta_{adt}c_p T_3(1 - T_{4s}/T_3)$$
$$= G\eta_{adt}c_p T_3[1-(p_{4s}/p_3)^{(\kappa-1)/\kappa}] \tag{15}$$

$$\eta_{adt} = \{1-(p_4/p_3)^{(n-1)/n}\}/\{1-(p_4/p_3)^{(\kappa-1)/\kappa}\} \tag{16}$$

圧縮機の場合と同様に，断熱膨張効率 η_{adt} は膨張比の関数となるから，流体力学的な段効率またはポリトロープ効率は次式で表される．

$$\eta_{stt} = \lim_{(p_3/p_4) \to 1} \eta_{adt}$$
$$= [(n-1)/n]/[(\kappa-1)/\kappa] \tag{17}$$

したがって，実際のタービンの膨張仕事は次のようにも書ける．

第3章 電力機械―ガスタービン

$$L_t = G c_p T_3 [1-(p_4/p_3)^{\eta_{stt}((\kappa-1)/\kappa)}] \tag{18}$$

以上の関係から，ガスタービンの有効仕事は，圧力比 $\pi = p_2/p_1 = p_3/p_4$ として

$$\begin{aligned}L &= L_t - L_c \\ &= G\eta_{adt} c_p T_3 [1 - 1/\pi^{(\kappa-1)/\kappa}] - G c_p T_1 [\pi^{(\kappa-1)/\kappa} - 1]/\eta_{adc}\end{aligned} \tag{19}$$

加えた総熱量は

$$\begin{aligned}Q &= G c_p (T_3 - T_2) \\ &= G c_p [T_3 - T_1 \{1 + (\pi^{(\kappa-1)/\kappa} - 1)/\eta_{adc}\}]\end{aligned} \tag{20}$$

これより熱効率 η と比出力 $L/c_p T_1$ は次式となる．

$$\begin{aligned}\eta &= L/Q = (L_t - L_c)/c_p (T_3 - T_2) \\ &= [\eta_{adc}\eta_{adt}(\tau_3/\pi^{(\kappa-1)/\kappa}) - 1]/[\eta_{adc}(\tau_3 - 1)/(\pi^{(\kappa-1)/\kappa} - 1)]\end{aligned} \tag{21}$$

$$L/c_p T_1 = \eta_{adc}\eta_{adt}(\tau_3/\pi^{(\kappa-1)/\kappa})(\pi^{(\kappa-1)/\kappa} - 1/\eta_{adc}) \tag{22}$$

ここで，$\tau_3 = T_3/T_1$ である．

単純サイクルのガスタービンの熱効率，比出力は，圧力比 π と温度比 $\tau_3 = T_3/T_1$ を用いて表すと次のようになる．

$$\begin{aligned}\eta &= L/Q = (L_t - L_c)/c_p (T_3 - T_2) \\ &= [\eta_{adc}\eta_{adt}(\tau_3/\pi^{(\kappa-1)/\kappa}) - 1]/[\eta_{adc}(\tau_3 - 1)/(\pi^{(\kappa-1)/\kappa} - 1)]\end{aligned} \tag{23}$$

$$L/c_p T_1 = \eta_{adc}\eta_{adt}(\tau_3/\pi^{(\kappa-1)/\kappa})(\pi^{(\kappa-1)/\kappa} - 1/\eta_{adc}) \tag{24}$$

単純サイクルガスタービンの熱効率，比出力は，圧力比 π と温度比 $\tau_3 = T_3/T_1$ に支配

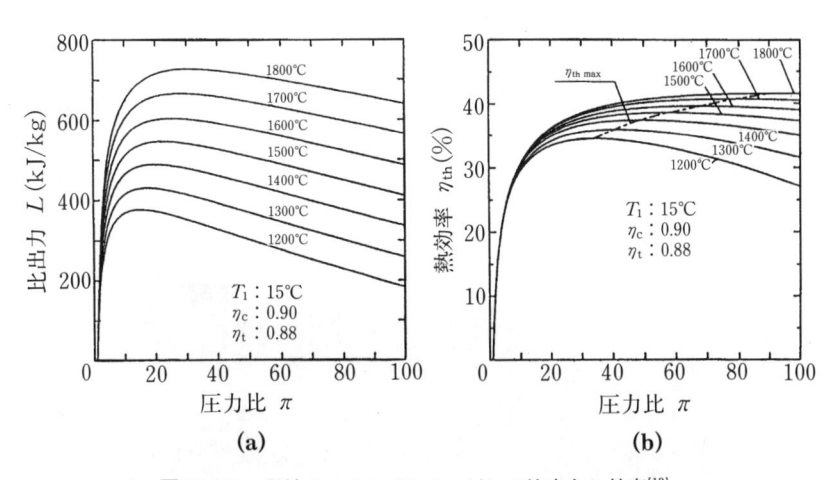

図 II-3-4 単純サイクルガスタービンの比出力と効率[13]
（a） ガスタービンの比出力，（b） ガスタービンの熱効率

されることが分かる．図 II-3-4 は単純サイクルガスタービンの熱効率，比出力の詳細な計算例である．

3.3 ガスタービンの構造

3.3.1 ガスタービンの全体構造

ここでは，発電用，産業用大容量ガスタービンを例にとってその構造を説明する．図 II-3-5 と図 II-3-6[6] には，それぞれ発電用大型ガスタービンの外観と断面構造を

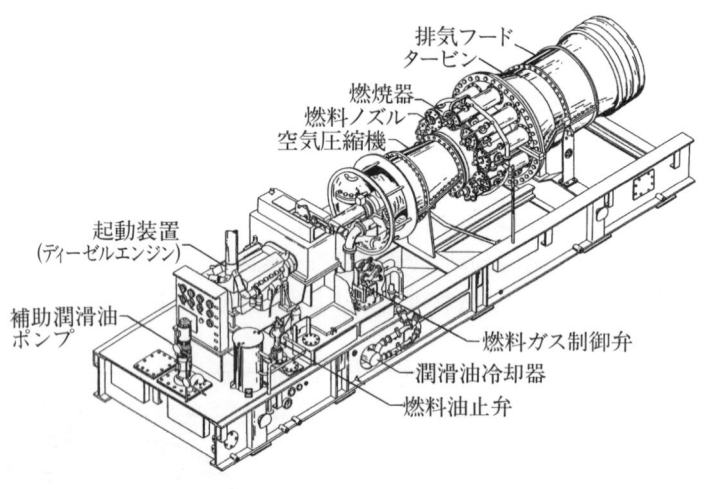

図 II-3-5 ガスタービンの構造図

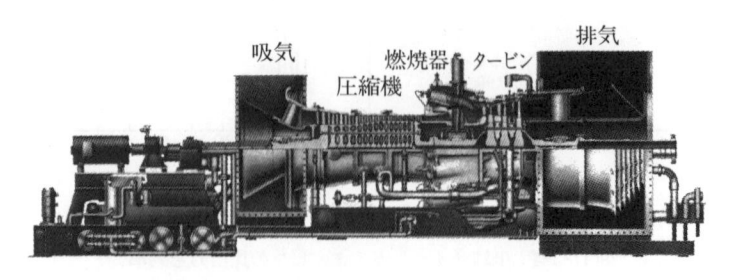

図 II-3-6 発電用大型ガスタービンの断面図[6]

示している．図の圧縮機と示された部分は，大容量ガスタービンでよく採用される多段軸流圧縮機と呼ばれる構造である．この環状の流路を空気が左から右に進む間に軸流圧縮機の多数の動翼，静翼によって次々と圧力が上昇する．圧縮に伴い空気の体積が減少するので，圧縮機の環状断面が小さくなっているのが分かる．多段軸流圧縮機の出口では，吸込まれた大気は通常 1～1.5 MPa に圧縮される．この高温高圧になった空気はガスタービン断面図の中央付近に示されている燃焼器部に集められる．燃焼器の構造は図に示したような圧縮機出口の環状空間に多数の燃焼器筒を挿入した環状多管型のものと，大きいサイロ型の燃焼筒をガスタービン本体脇に設置する単管型のものがある．燃焼器では圧縮機出口からきた空気に燃料を供給して燃焼させ，さらに高温高圧のガスを得る．この燃焼ガスは燃焼器からトランジションピースと呼ばれる連絡通路を介して 1 段目のタービン静翼（ノズル）に供給され，ノズルで加速された高速の燃焼ガスは動翼（バケット）でさらに膨張しながら動力を得る．通常は 2～3 段の動静翼で構成された多段軸流タービンにより動力を回収する．タービンで大気圧近くまで膨張した燃焼ガスは，排気口より排出される．図に示した一軸型のガスタービンでは圧縮機とタービンロータが一体の軸構造になっており，圧縮機とタービンは当然同一回転数で運転されることになる．二軸，あるいは多軸型ガスタービンでは圧縮機とタービンがそれぞれ異なる回転速度で運転される．発電用の大型ガスタービンでは，構造が簡素化できる一軸構造がよく用いられる．航空用ジェットエンジンや，航空用エンジンを陸用に転用した，いわゆる航空転用ガスタービンでは二軸や多軸構造が用いられている．次に，圧縮機，タービン，燃焼器の構造について少し詳しく見てみる．

3.3.2 圧 縮 機

軸流圧縮機は図 II-3-7 に示すように多数の動翼列が埋め込まれたロータとケーシングに埋め込まれた多数の静翼列で構成するステータが組合されてできている．ディスクには図 II-3-8 のような軸方向溝や円周方向溝が加工されており動翼が埋め込まれている．このディスクが軸方向に何枚も積層され，円周方向に多数の長い締結ボルト（スタッキングボルト）で一体化され圧縮機ロータを構成する．

図 II-3-9 に代表的な多段軸流圧縮機の流路断面を示す．多段圧縮機の入口の翼高さは後段の翼列高さに比べて大きい．これは後段になるほど空気が圧縮されて体積が減少するが，各翼列を通過する空気の流速が極端に変化しないよう設計されているた

図 II-3-7　軸流圧縮機

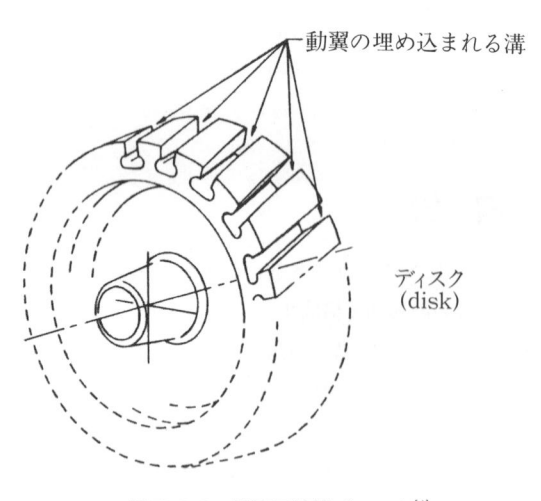

図 II-3-8　軸流圧縮機ディスク[4]

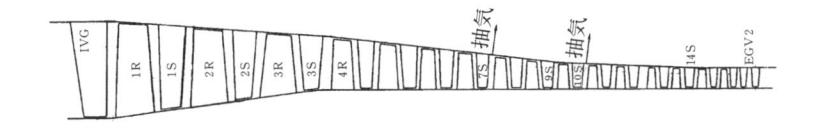

図 II-3-9　多段軸流圧縮機の流路断面

めである．空気は軸方向から圧縮機に流入してくるので，1段目の動翼列に適切な流入角を与えるために，入口には可変構造の入口案内羽根（インレットガイドベーン）が置かれる．また最終段では燃焼器に供給する高速空気の速度成分をできるだけ圧力に変換すると同時に，余計な旋回成分を持たず軸方向になるように後置静翼が置かれる．多段軸流圧縮機のように段数が多いと，上流段と下流段の間に，設計点外の運転時，すなわち起動時や部分負荷の場合に空力的なミスマッチング現象が起こる．このため，旋回失速やサージングといった不安定な特性を生じるので，先に述べた入口案内羽根を調整してガスタービンの起動から定格回転数まで安定に運転できるようにしている．また，入口案内羽根の調節だけでは中間段の空力的ミスマッチングを回避で

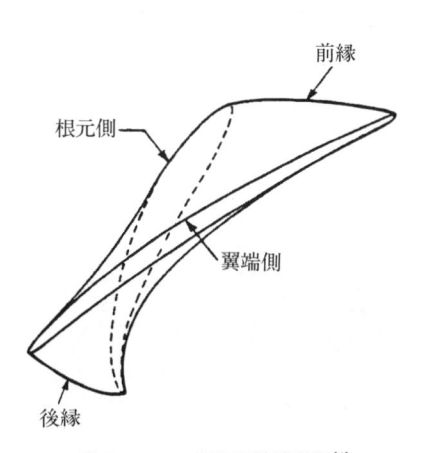

図 II-3-10　軸流圧縮機動翼[4]

根元側　ピッチ，弦長：小；転向角大（40～60°）；食い違い角小（20～30°）；翼厚：厚い
翼端側　ピッチ，弦長：大；転向角小（10～15°）；食い違い角大（60～70°）；翼厚：薄い

きないことがあるので，一般に複数の中間段で圧縮中の余分の空気を抽気して流れの状態を設計値に近づけ安定作動を図っている．

図 II-3-10 に圧縮機の動翼を翼の真上から見た形状を示す．圧縮機翼の肉厚はタービン翼に比べて薄いが，ハブからチップに次第に薄くなると同時に，大きくひねられた形状になっている．多段軸流圧縮機では上流段と下流段で翼高さやひねり方が異なるので，通常圧縮機の段数だけ異なる種類の羽根が必要になる．実際の設計に当たっては，性能面からのみでなく，製作面から加工のしやすい羽根形状や，羽根の種類を減らして，できるだけコストが少なくなる方法も検討される．また，多段圧縮機の段数を減らすために，1段当たりの圧力比をできるだけ大きくすることも研究されている．このために従来の伝統的な NACA 翼型のみでなく，2重円弧翼や新しい遷音速翼として制御減速翼型（controlled diffusion airfoil, CDA）なども開発されている．信頼性の面では，タービン翼に比べて極めて薄い翼形状が用いられているので，遠心応力はもちろん，フラッター現象に対しても十分な強度を持つよう検討される．

3.3.3 燃焼器

圧縮機から出てきた流れは燃焼室に入る．燃焼室には燃料ノズルと燃焼筒があり，燃料と空気が均一に混合され燃焼される．最近は環境問題から，NO_x の発生を極力抑える必要があり，従来の拡散燃焼方式（燃料を直接燃焼空気中に噴霧して燃焼させる）から，予混合燃焼方式（あらかじめ燃料と空気を混合させて燃焼させる）によりできるだけ希薄な燃焼を行い局部的な高温の発生を避けることが行われている．液体燃料の場合は油を微粒化するのに図 II-3-11 に示すような燃料ノズルが用いられる．

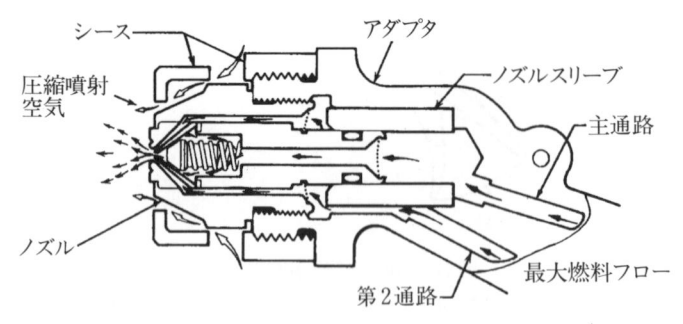

図 II-3-11　ガスタービン燃料ノズル[4]

燃料ノズル内で燃料に旋回を与え,出口から高速で噴射させることにより細粒霧状にし圧縮空気との均一混合化が図られる.燃料ノズルにはこのほか,加圧された液体燃料を噴射口から噴射し,噴射した燃料に向かってその周りから求心的に吹き付ける圧縮空気によって細粒霧状にし,強制的に混合を図るエアブラスト・アトマイザ(air-blast atomizer)方式のものもある.燃焼筒については,図II-3-12に示すように,多管式のアニュラ型燃焼器と1本または2本の大きい燃焼筒で燃焼を行うサイロ型燃焼器がある.航空用のジェットエンジンでは構造をコンパクトにしなければならないのでほとんど多管型燃焼器あるいは環状型燃焼器が採用されている.発電用では,構造的な設計の自由度が大きく,燃焼性能,保守性,信頼性を総合的に検討してそれぞれの構造が選ばれている.

　図II-3-13は多管型燃焼器の構造例である.ガスタービン部品のなかで最も高い温度にさらされるのは,いうまでもなくこの燃焼筒である.最近の高温ガスタービンでは1300°Cを越え1500°Cになるものも開発されている.このような高温下では,耐熱合金といえども寿命は短くなる.したがって,燃焼筒には図II-3-13に示したように無数の冷却孔が空けられている.また,その内壁は図II-3-14に示すような冷却空気用の流路が設けられている.これによって,より効果的でより均一な壁面温度が得ら

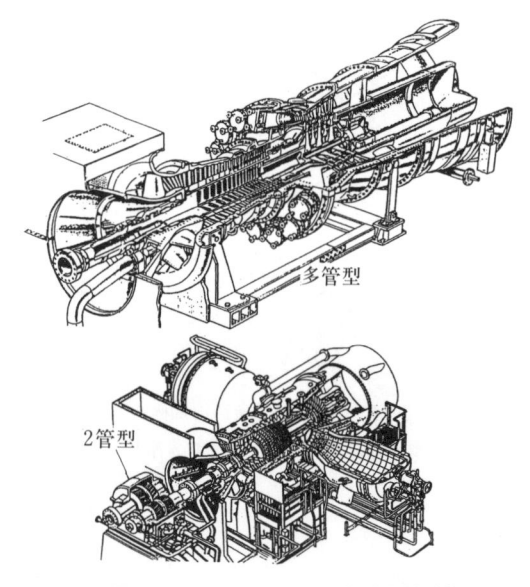

図 II-3-12　ガスタービン燃焼器構造例

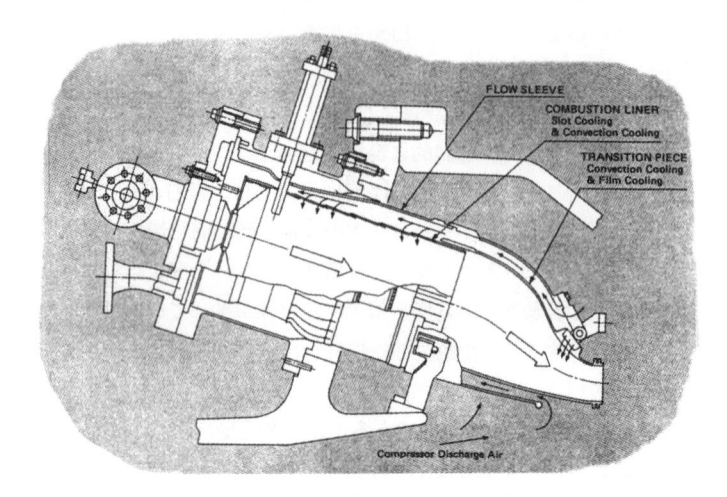

図 II-3-13　多管型燃焼器の構造例

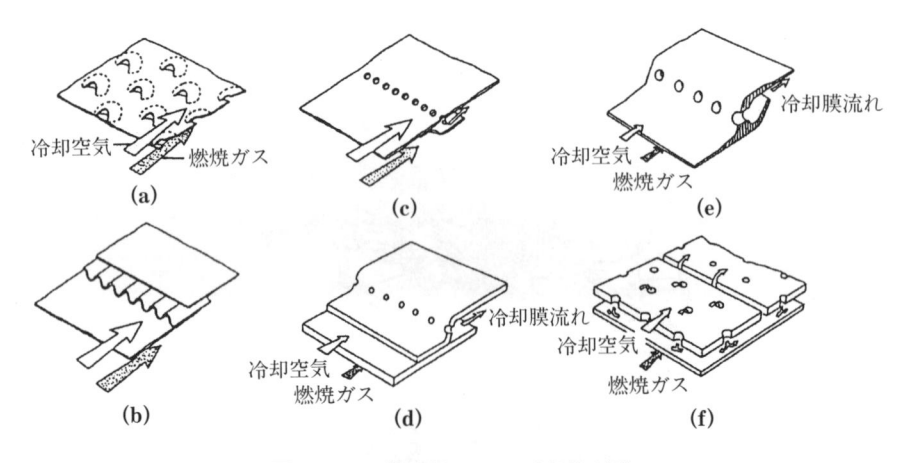

図 II-3-14　燃焼器ライナの冷却構造[14]
（a）ルーバ構造，（b）波板冷却，（c）スプラッシュ冷却，（d）板金膜冷却構造，
（e）プレナム室付膜冷却構造，（f）インピンジメント冷却構造

れるようにし，寿命をできるだけ長くするよう設計されている．

3.3.4 タービン

燃焼器を出た高温高圧の燃焼ガスはタービンに入る．軸流タービンは図 II-3-6 に示したように，2〜3 段の多段タービンで構成されることが多い．それぞれの段は高速噴流を効率よくタービン動翼に導くための静翼（ノズル）と，高速噴流をさらに膨張させて速度エネルギーを回転動力に変える動翼（バケット）とからなる．動翼は特殊な溝を持ったディスクに取付けられている．このディスクは通常多段軸流圧縮機構造と同様，締付ボルトで一体化されタービンロータを構成する．

最近の初段タービン段では 1300°C を超える高温燃焼ガスが流入するので，スーパ

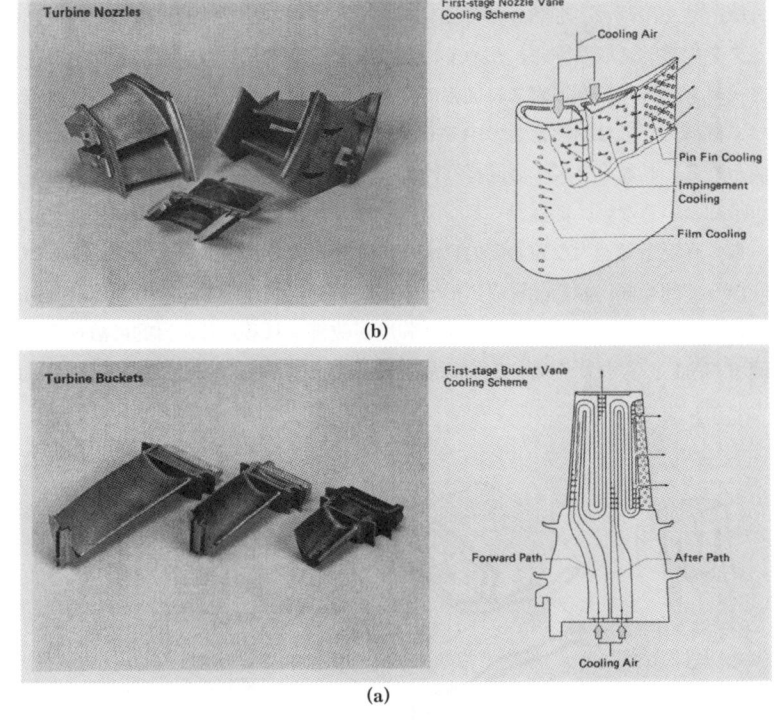

図 II-3-15 ガスタービンの冷却翼
(a) 動翼，(b) 静翼

ーアロイと呼ばれるニッケルやコバルトをベースとした超耐熱合金が使われているが，内部冷却なしでは強度的に成り立たない．タービン翼は動翼，静翼とも冷却技術の進歩があって初めて構造的に成り立っている．図II-3-15には代表的な静翼，動翼の冷却構造を示す．耐熱ニッケル合金や，コバルト合金は非常に固く，加工しにくいので，このような複雑な内部冷却構造を実現するにはロストワックス鋳造法と呼ばれる精密鋳造が必要になる．ロストワックス法では，まず冷却空気用の通路となる内部空間形状が，鋳造耐熱合金よりも融解点の高いセラミックとか石英ガラスのチューブで作られる．これはコアと呼ばれる．このコアを，鋳造翼の外形に合わせて加工された金型の中に入れ，両者の間にロウを流し込む（図II-3-16）．次に金型をはずし，取り出したロウ型を粉末状セラミックと耐火性結合剤の高粘性混合液を用いて，ロウ型外表面に数mm厚さの耐火物の層を形成する．その後全体を加熱し，ロウを流し出すと鋳型ができる．この鋳型に耐熱合金の高温溶融体を流し込むと鋳造品ができる．この鋳造品を冷却後，加熱した苛性ソーダや水酸化カリウム液に浸して，コアのセラミックを化学的に取り除き，初めて冷却通路を持ったタービン翼が完成する．

　タービン動翼は，高温ガスに加えて高速回転による遠心応力にもさらされる．したがって材料としては耐熱合金の中でも，引張応力に強いニッケルをベースとした合金が使われる．動翼もノズルと同様な冷却構造を持っており，精密鋳造によって造られる．冷却のいらない，低温タービンや，後段の動翼では鍛造品も用いられる．動翼では，もし高温下で過大な遠心応力により，ひびが入るような場合には，前縁から後縁に向かって回転面内の結晶粒界に沿ってき裂が進展するので，回転面に沿う結晶粒界のない動翼を作れば遠心応力に対する強度が改善される．この目的に沿って，最近では図II-3-17に示すような一方向凝固(directionally solidified : DS)翼や，結晶粒界

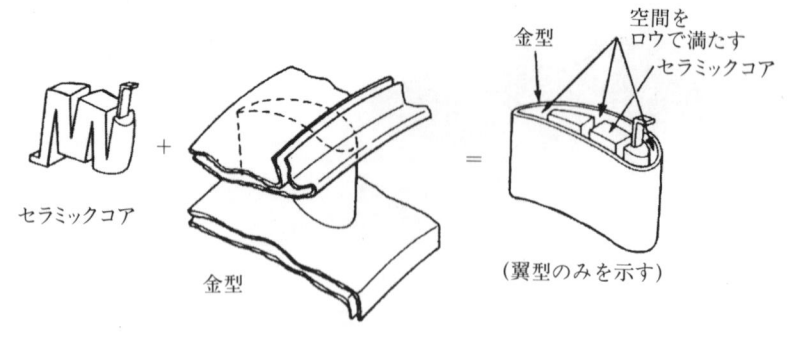

図 II-3-16　ロストワックス鋳造法[4]

第3章 電力機械—ガスタービン

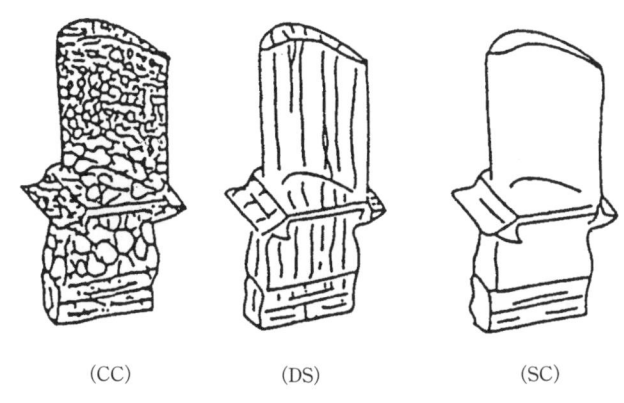

(CC)　　　　　(DS)　　　　　(SC)

図 II-3-17　タービン動翼の結晶粒界模式図
普通鋳造（CC），一方向凝固（DS），単結晶（SC）

の全くない単結晶（single crystal）翼も開発されている．

　動翼のディスクへの取付けは，クリスマスツリー型の極めて精度の高い溝で嵌合して応力を緩和している．またタービン動翼では，翼端シュラウドを設けて，ケーシングと接触しても動翼先端を摩滅させて限界隙間を維持することにより，翼先端とケーシングとの隙間からの漏れを極力低減するよう工夫されている．

3.4　ガスタービンの設計

3.4.1　基本計画と設計プロセス

　ガスタービンの仕様は，まず，その用途，燃料，出力などの顧客ニーズと，環境，規制動向，将来需要などを勘案して決められる．発電用のガスタービンの場合，特に環境問題と，効率，製造コスト，寿命のバランスで，経済性の高いしかも安全で信頼性の高いシステムを設計することが不可欠である．目標に対して基本的な性能目標値が決定され，この目標値を実現できるかどうか，圧縮機，燃焼器，タービンの主要3要素の現状技術（開発可能性）を考えて計画値を固めていくことになる．主な検討項目を表 II-3-1 に示す．図 II-3-18 に典型的なガスタービン設計プロセスの概略を示す[2]．

表 II-3-1 ガスタービン計画検討項目

1. 開発目的	2. 開発目標	3. 性能特性	4. コスト評価	5. 準拠規格
(1)需要動向	(1)要求仕様	(1)定格性能	(1)本体	(1)圧力容器
(2)用途	主力,性能	(2)部分負荷性能	(2)補機	(2)配管
(3)顧客	環境特性	(3)起動特性	(3)ダクティング	(3)電気品
(4)燃料	要素設計要求	起動動力	(4)計装制御	(4)発電規格
(5)環境	構造要求(負荷端)	ホットスタート	(5)据付工事	
(6)時期	コスト	コールドスタート	(6)試運転	
	(2)安全対策	(4)最過酷条件		
	緊急遮断	入口温度(高,低)		
	翼破損	過速度		
	軸振動,軸受焼損	ロータ温度		
	火災	過大トルク		
	フェイルセーフ			
	(3)保守性			
	定期検査要領			
	故障診断			
	保守性向上策			

全体構造計画と検討項目

基本計画が固まれば,ガスタービンの各構成要素の主要寸法を検討する.この場合,ヒートバランス,マスバランスの検討に基づき,まず圧縮機,タービンの基本寸法を決定し,ガスタービンロータに対して,軸振動,スラスト力などに決定的な問題が生じないよう,全体のバランスを見ながら試行錯誤を繰返す必要がある.このプロセスを経ながら,各構成要素に対して逐次詳細設計を加えてバランスのよい全体基本計画図を作成することになる.表 II-3-2 に各構成要素に対する代表的な検討項目を示す.

3.4.2 軸流圧縮機

軸流圧縮機の設計で与えられる量は,入口空気の状態(圧力,温度,湿度),圧力比,空気流量であり,さらに形式(内径が一定か,外形が一定かなど),回転速度,寸法制限が与えられることもある.設計で決定するのは,この仕様を実現する段数と各段の速度三角形,状態量分布,また,この速度三角形や状態量分布に最適な翼列配

第3章 電力機械—ガスタービン

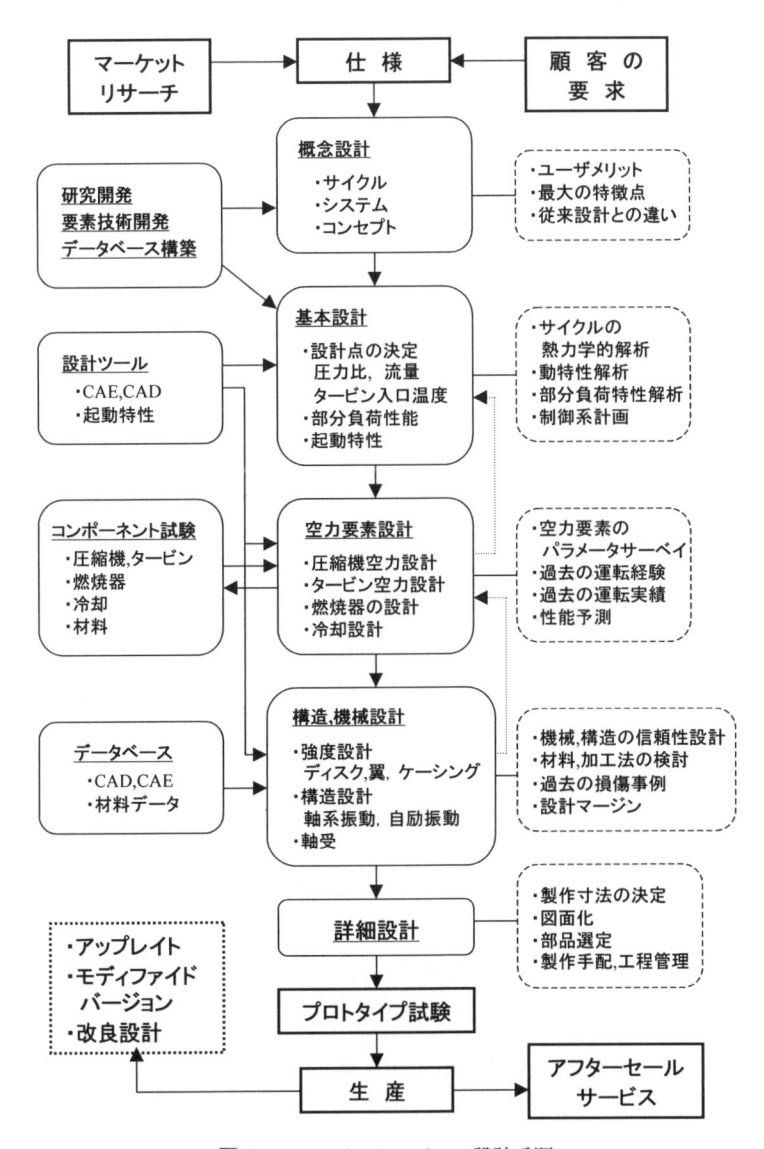

```
マーケット        ┌─────┐         顧 客 の
リサーチ  ──────→│ 仕 様 │←──────   要 求
                 └──┬──┘
                    ↓
               ┌─────────┐
               │ 概念設計 │      ・ユーザメリット
研究開発        │ ・サイクル │──── ・最大の特徴点
要素技術開発 ──→│ ・システム │      ・従来設計との違い
データベース構築│ ・コンセプト│
               └────┬────┘
                    ↓
               ┌──────────────┐
               │  基本設計    │    ・サイクルの
               │ ・設計点の決定│       熱力学的解析
設計ツール      │  圧力比，流量│    ・動特性解析
・CAE,CAD  ────→│  タービン入口温度│ ・部分負荷特性解析
・起動特性      │ ・部分負荷性能│   ・制御系計画
               │ ・起動特性    │
               └──────┬───────┘
                       ↓
               ┌──────────────┐
コンポーネント試験│ 空力要素設計 │    ・空力要素の
・圧縮機,タービン│ ・圧縮機空力設計│     パラメータサーベイ
・燃焼器    ───→│ ・タービン空力設計│  ・過去の運転経験
・冷却          │ ・燃焼器の設計│    ・過去の運転実績
・材料          │ ・冷却設計    │    ・性能予測
               └──────┬───────┘
                       ↓
               ┌──────────────┐
               │ 構造，機械設計│    ・機械,構造の信頼性設計
               │ ・強度設計    │    ・材料,加工法の検討
データベース    │  ディスク,翼,ケーシング│ ・過去の損傷事例
・CAD,CAE  ────→│ ・構造設計    │    ・設計マージン
・材料データ    │  軸系振動,自励振動│
               │ ・軸受        │
               └──────┬───────┘
                       ↓
               ┌─────────┐       ・製作寸法の決定
               │ 詳細設計 │       ・図面化
               └────┬────┘       ・部品選定
                    ↓              ・製作手配,工程管理
・アップレイト  ┌──────────────┐
・モディファイド │プロトタイプ試験│
 バージョン ←──└──────┬───────┘
・改良設計           ↓
               ┌─────┐        ┌──────────┐
               │ 生 産 │───────→│アフターセール│
               └─────┘        │ サービス    │
                               └──────────┘
```

図 II-3-18　ガスタービンの設計手順

表 II-3-2 ガスタービン設計検討項目

本体				圧縮機	
全体構造	ロータ	軸受	ケーシング	空力設計	翼信頼性
・構造 ・寸法 ・ベースメント ・プラントレイアウト 流路断面形状 ・スラスト（定格，部分負荷） ・翼長 タービン最終段 翼長限界（性能，寿命⇔翼長）	・構造 ・冷却 タービンディスク ・強度 振りトルク 遠心強度 冷却・熱応力 タイボルト ・変形 自重たわみ アライメント 熱伸び ・振動 危険速度 過渡応答	・スラスト 面圧，周速 給油量，軸受損失 ・ジャーナル 面圧，周速 給油量，軸受損失 排気ダクト ・構造 冷却 ストラット ・冷却 冷却方法 ・信頼性	・強度 圧力，反スラスト 変形，熱伸び チップクリアランス 剛性 熱応力 コンテインメント ・振動 固有振動数 吸気ダクト ・構造 フィルタ サイレンサ ディストーション防止 ・信頼性	・空力性能 フローパターン ・流路形状と翼形状 遷音速翼設計 ・空力特性 ・サージマージン ・可変静翼，抽気スケジューリング ・吸気部形状 ・ディフューザ ・抽気室形状	・振動解析 固有振動数 旋回失速時対応 ・ガス曲げ力 遠心強度 ・ダブテイル強度

燃焼器		タービン		補機	材料
ライナ	バーナ	翼列	冷却システム		
・構造 基本寸法 空気流量配分 圧力損失 ・冷却 冷却方式 材料，コーティング ・強度，信頼性 熱応力 座屈	・構造 ・NO_x 特性 トランジションピース ・構造 空力特性 （速度分布） ・冷却 熱伝達率 冷却構造と冷却性能 ・強度 熱応力，座屈	・空力性能 フローパターン ディフューザ ・翼形設計 翼形状 エンドウォール シュラウド ・冷却 翼冷却構造 エンドウォール ・強度 遠心応力 ガス曲げ力 熱応力 ・振動 固有振動数 非定常応答	・冷却経路 ・冷却流量 ダブテイル ・冷却 冷却特性 シールリーク量 ・信頼性 シュラウド ・冷却 冷却構造 ・信頼性 リテーナリング ・構造・冷却 ・信頼性	・燃料・点火 ・油圧サーボ ・潤滑・冷却系 ・起動系 ・圧縮機翼洗浄 ・パッケージ ・ベース ・消化装置 計装・制御 ・センサ（位置，個数） ・特殊計測（パイロメータ） ・制御装置 起動停止 負荷運転 異常時対応 ・制御アルゴリズム ・表示・記録	・ロータ 圧縮機 ディスタントピース タービン ・ケーシング ・圧縮機 静・動翼材耐食コーティング ・タービン 静・動翼材 シュラウド 静翼ダイヤフラム 排気ディフューザ ・燃焼器 ライナ トランジションピース バーナ

置と流路の幾何学的寸法，および予想効率などである．

　設計を始めるに当たって，まず与えられた吸込条件，圧力比，流量などから，段数や，概略の外径，ハブ比などを決定する．この場合，次に定義する仕事係数と流量係数が参考になる．

$$仕事係数：\phi_c = \Delta h_{stc}^*/(U^2/2) \tag{25}$$

$$流量係数：\phi_c = Q/\{(\pi D_t^2 (1-\nu^2))/4\} \tag{26}$$

ここで，Δh_{stc}^*：1段当たりの全エンタルピー変化であり，これは流体機械ではオイラーの式より次式で示すように流速の周方向転向量で得られる．

$$\Delta h_{stc}^* = \Delta C_u \cdot U \tag{27}$$

ここで，$h^* = h + V^2/2$：全エンタルピー，h は静エンタルピー，V は流体の速度，ΔC_u：翼入口出口の周方向速度成分の変化，$\Delta C_u = C_{2u} - C_{1u}$，$U$：動翼先端の周速，$Q$：流量，$\nu$：ハブ比 ($D_t/D_h$)，$D_t, D_h$：動翼外径，ハブ径である．

　軸流圧縮機では通常次のような値になる．

$$\phi_c = 0.45 \sim 0.5 \tag{28}$$

$$\phi_c = 0.55 \sim 0.65 \tag{29}$$

$\nu = 0.6 \sim 0.8$（高圧力比の圧縮機の最終段では $\nu = 0.92 \sim 0.93$ になる）

圧力比と圧縮仕事

　圧縮機の全圧力比 π_c^*（全圧比 $= P_d/P_s$）から，入口出口の流速を仮定して，圧縮機の全段における圧力比 π_c（静圧比 $= p_d/p_s$）を求める．実際に要する全圧縮仕事（ヘッド上昇）は，この圧力比に相当する断熱仕事を断熱効率で割った圧縮仕事に，圧縮機の入口，出口の損失に相当する圧縮仕事を加えたもので，これを段効率 η_{stc} と，ポリトロープ指数 n を用いて表すと次式となる．

$$L_c^* = G c_p T_s \{(p_d/p_s)^{(n-1)/n} - 1\} + L_1/\eta_{stc} \tag{30}$$

ここで，L_c^*：圧縮機の全圧縮仕事，L_1：圧縮機の入口，出口損失仕事，p_d, p_s：圧縮機出口，入口静圧，n：ポリトロープ指数，$(n-1)/n = ((\kappa-1)/\kappa)(1/\eta_{stc})$，$\eta_{stc}$：圧縮機段効率，または圧縮機ポリトロープ効率である．

　圧力比 π に対する全圧縮仕事 L_c^* が分かれば，単位流量当たりの全エンタルピー上昇 Δh_c^* が分かるので，次式により大略の必要段数 Z を計算できる．

$$\Delta h_c^* = L_c^*/G \tag{31}$$

$$\Delta h_c^* = Z \cdot \Delta h_{stc}^* = Z \phi_c (U^2/2) \tag{32}$$

各段の全エンタルピー上昇 Δh_{stc}^*，または ϕ_c をどのように選定するかは，上流段から

後段まで安定作動範囲などに及ぼす影響を検討しながら，例えば図II-3-19のように配分して，平均として全圧力比を達成するようにする．なお，多段圧縮機では，上流段から下流段に流路側壁に沿う境界層が厚くなり，下流段では翼列での流れの減速による仕事量（(27)式参照）が少なくなる．したがって，上述の1段当たりのエンタルピー上昇を達成するには，次に示す経験的な仕事補正係数 λ（work done factor）により仕事係数を補正して，段数の見積もりまたは翼列設計を行うことが必要である．

$$[\Delta h_{\mathrm{stc}}^*]_{\mathrm{Real}} = \lambda(\Delta C_\mathrm{u} \cdot U) \tag{33}$$

図II-3-20に λ の段数による変化を示した．

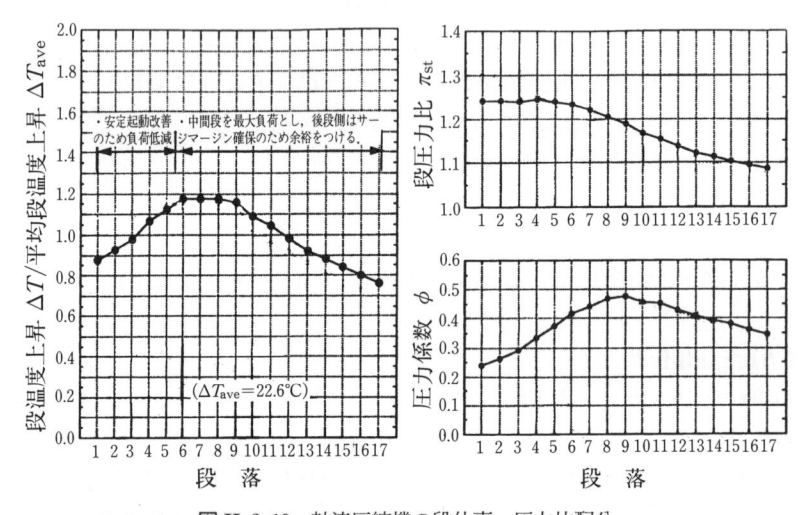

図II-3-19 軸流圧縮機の段仕事，圧力比配分

また，流量係数の式より，大略の入口径 D_t とハブ比 ν を決めることができる．段数，入口径，ハブ比が決まれば，次に翼配列と渦流れ形式（vortex design）を選定する．翼配列については，入口径 D_t とハブ比 ν から平均径が分かるので，平均円筒流面について速度三角形を設定していく．以下では，多段軸流圧縮機の翼列設計が具体的にどのように行われるか，その概略を示す．図II-3-21には軸流圧縮機および軸流タービンの空気力学的設計手順の代表的な例を示した．

平均径段落設計

図II-3-19のように仕事配分を行うための翼列配置を検討することになるが，通

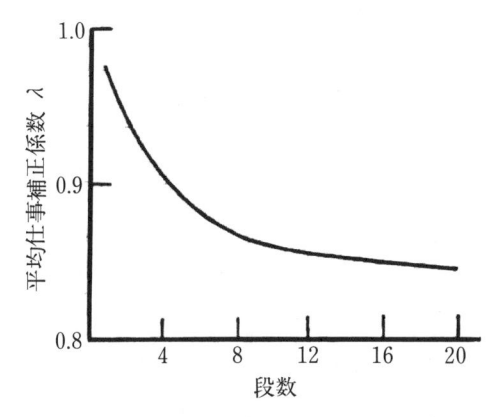

図 II-3-20 軸流圧縮機の仕事補正係数[2]

常,発電用ガスタービンでは起動時の流量変化に対しても軸流圧縮機の安定性能を確保するために,入口案内羽根を持っている.したがって,初段から後段への圧縮機翼配列は入口案内羽根に続き,1段動翼-静翼,2段動翼-静翼というように配列され各段を構成している.全体の圧力上昇に占める静翼の圧力上昇の割合を示す反動度は通常50%付近に選ばれることが多いことから,動翼と静翼の圧力比の配分はほぼ半々になる.図 II-3-22 は平均流面での多段軸流圧縮機翼配列と速度三角形の例を示している.各翼列では速度三角形が仕事配分に応じて変化するが,圧縮機翼列は,流れを減速して圧力を上昇するいわゆる減速翼列であり,この減速割合には一応の限界の目安がある.これは次式に示すディフュージョンファクタ (diffusion factor) と呼ばれており,このディフュージョンファクタが 0.5 を超えないように設計するのが減速翼列の基準になっている.

$$D = (V_{max} - V_2)/V_1 \fallingdotseq (V_2 - V_1)/V_1 + \Delta V_\theta/(2\sigma V_1) \tag{34}$$

ここで,D:ディフュージョンファクタ(無次元減速比),V_{max}:翼面上の最大速度,V_1:翼入口速度,V_2:翼出口速度,σ:翼列ソリディティ(翼列のピッチ/翼弦長),ΔV_θ:翼入口出口周方向速度成分変化,$V_{\theta 2} - V_{\theta 1}$である.

先に述べたように,各段の圧縮仕事の配分,すなわち各段のエンタルピー上昇(温度上昇)分布をもとに速度三角形が決まると,圧縮機の各段における状態量が計算できる.基本的にはこれによって,目標の圧力比がどのように配分されるかを知ることができる.図 II-3-23 は多段軸流圧縮機における平均半径に沿った各状態量がどのよ

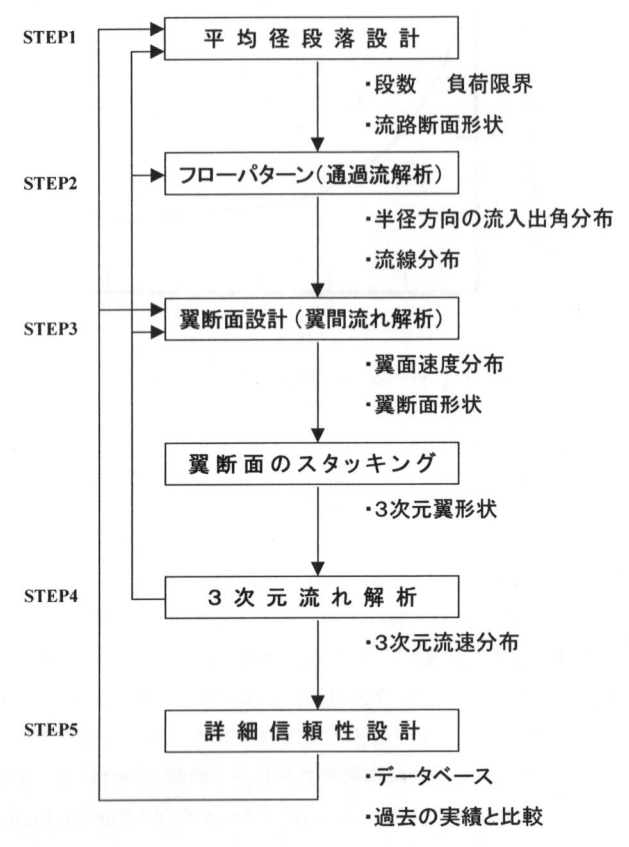

```
STEP1 ──► 平均径段落設計
              │   ・段数　負荷限界
              ▼   ・流路断面形状
STEP2 ──► フローパターン(通過流解析)
              │   ・半径方向の流入出角分布
              ▼   ・流線分布
STEP3 ──► 翼断面設計(翼間流れ解析)
              │   ・翼面速度分布
              ▼   ・翼断面形状
         翼断面のスタッキング
              │   ・3次元翼形状
              ▼
STEP4 ──► 3次元流れ解析
              │   ・3次元流速分布
              ▼
STEP5 ──► 詳細信頼性設計
                  ・データベース
                  ・過去の実績と比較
```

図 II-3-21　軸流圧縮機空力設計手順

うに変化するかを示した例である．次には，圧縮機の側壁形状を選んで，半径方向の仕事分布を決め，最終的に翼列の半径方向の形状を決定することが必要になる．

翼列と側壁形状

軸流圧縮機では，流体は上記のように大略回転軸に同心の円筒面上を旋回しながら，翼列を通過する．この場合，流体の旋回による遠心力と釣合うように半径方向に圧力分布が生じる（半径平衡条件）．すなわち，動・静翼が流れに与える旋回速度の分布により，半径線に沿ってケーシングとハブ間の圧力や速度分布が変化する．した

第3章 電力機械—ガスタービン

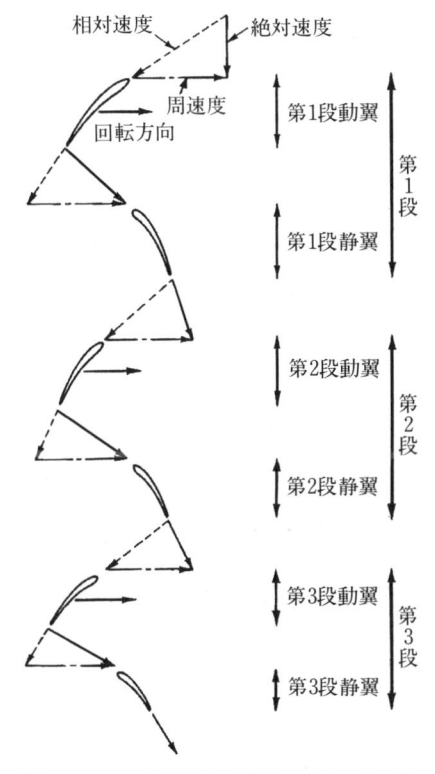

図 II-3-22 多段軸流圧縮機の速度三角形[4]

がって，軸流圧縮機翼列の設計では，その半径方向の旋回成分分布の形を決めることが重要になる．この旋回成分分布を決定することを渦流れ形式（vortex design）の選定という．渦流れ形式が決まれば，半径平衡方程式により旋回流れに対して半径方向の圧力および速度分布が計算できる．

産業用圧縮機などでは自由渦形式（free vortex pattern）がよく用いられた．自由渦形式では，半径方向に循環が一定（$V_\theta \cdot r=$一定，V_θは流れの周方向速度成分）になり，軸方向速度の半径方向分布が一定の設計となる．最近のガスタービン用軸流圧縮機では，もっと色々な設計要素から，半自由渦形式（control vortex pattern）が用いられる．一般的には，翼の半径方向仕事分布が一定になるような設計が行われる．この他，半径方向の反動度分布が一定のものや，半径方向に動翼からの流出角度

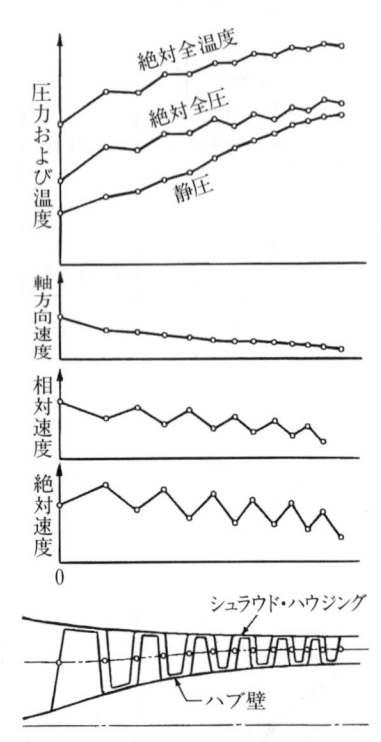

図 II-3-23 多段軸流圧縮機のおける平均半径に沿った速度，圧力，温度の分布[4]

が一定なるような設計も行われる．動翼からの流れ角度が一定になれば，静翼入口角度が一定に設計できるので製作上の利点がある．渦流れ形式は以上述べたように，半径方向平衡方程式を満足する流線方向速度 V_x と周方向速度 $V_θ$ の組合せがすべて可能であり，目的に応じた最適なものを見出せばよい．以前は自由渦型とか，定反動度型のような比較的単純な渦形式が多かったが，最近では定マッハ数型，ねじれなし静翼型，ねじれなし動翼型などのように，性能あるいは加工・経済性のいずれかに重点を置いて複雑な渦形式が積極的に採用されている．

子午面流れ解析[7]

動・静翼列前後におけるエンタルピー分布（仕事分布）と渦流れ形式が与えられると，半径平衡方程式を用いて子午面流れを計算する．流れが対称かつ円筒面に沿って

流れると仮定して得られる単純半径平衡条件，$\partial p/\partial r = \rho V_\theta^2/r$（ここに，$p$：静圧，$r$：半径，$\rho$：密度，$V_\theta$：旋回速度成分）の場合は，動・静翼から十分離れた場で適用される．翼列前後流線にほぼ直行する準直行線（軸流式の場合半径一定線がとられることが多い）をとり，この線上（流面上）で半径平衡方程式を解いて，翼列前後の速度三角形を求め子午断面流れを計算する．流線曲率法（streamline curvature method）では，翼列前後の翼が存在しない領域に数本の半径線をとり，その上で子午面の曲率をも考慮した半径平衡条件式(35)を解いて子午面流れを求める．

$$(1/\rho)(\partial p/\partial r) = V_\theta^2/r + V_m^2\{(\cos\phi/r_m) - (\sin\phi/V_m)(\partial V_m/\partial m)\} \qquad (35)$$

ここで，V_m：子午面流線方向の速度成分，ϕ：子午面流線の傾斜，r_m：子午面流線の曲率半径，m：子午面流線方向の座標である．

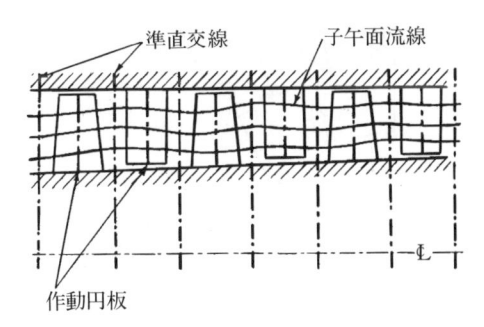

図 II-3-24　子午面流れ解析説明図

作動円板理論（actuator disc theory）は，翼列近傍の子午面流れを解析するために，図 II-3-24 の二点鎖線に示すように翼列を軸方向に厚みのない仮想的な円板に置き換え，円板を通過する際に，旋回成分は翼列の作用に対応して不連続に変化するが，軸方向および半径方向成分は連続に変化するとして子午面流れを解くものである．

翼列内部の流れについては，パラメータ理論（parameter theory）や，Wu によって示された準3次元解析（quasi three dimensional flow analysis）がある．準3次元解析は，図 II-3-25 に示すように翼列内に S_1 面と S_2 面を設定し，それぞれの面上で2次元流れであるとして解析するものである．計算を簡略化するために代表的な S_2 面を一つ選び，この面の流れを子午面流れとする方法が一般的である．S_2 面として，翼のそり線が作る面をとる方法や，翼間流れの流量を2等分する面をとる方法などがある．

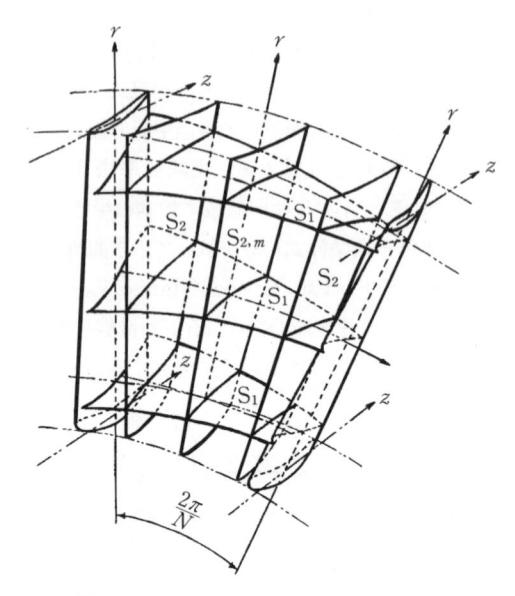

図 II-3-25 準3次元解析の S_1 面と S_2 面

動翼・静翼の設計

　子午面流れの計算により，子午面流線および V_m, $V_θ$ の分布が求められると，2次元子午面流線を回転して得られる平均流面上で翼列を設計する．この速度三角形を満足する翼列の翼素を決定できれば，流面上での翼列形状が設計できる．平均流面が円筒面と見なせる場合は各流面を展開して得られる2次元平面で翼列を選定すればよい．選定された翼素に対して子午面流線の傾斜，流面幅の変化（軸流速度の変化），2次流れなどの影響を考慮して，翼列性能の補正を行う．

　翼列の選定は伝統的な NACA 翼列データなどを使う方法が一般的であるが，最近では，遷音速翼として優れている2重円弧翼列，多重円弧翼列，コントロールディフュージョン翼列（CDA）などについても設計が行われている．その場合，計算機の進歩により，この翼間流れを数値的に乱流解析などにより詳細に解析できるようになってきており，翼断面形状の決定に採用されつつある．

翼断面の積重ね

　各流面上で，決められた仕事の授受を行い，かつ半径平衡条件式を満足する速度三

第3章 電力機械—ガスタービン

角形が決定されると,次はこの速度三角形をどのような翼によって具体的に実現するかが問題になる.実際の翼は,流路の中で放射状に規則正しく植えられており,ねじれのある3次元的な翼列を構成する.しかし,与えられた流れを実現する3次元翼の設計は極めて困難である.そこで,各流面の流れがその流面に含まれる翼素の形と配列だけによって決まると近似的に考えて設計されるのが普通である.具体的には,円筒形の流面を平面に展開し,流面に含まれる翼素を2次元翼列と見なして,与えられた速度三角形を実現する翼の形と配列を各流面上で個別に決定する.このようにして得られた翼素を半径方向に積重ねると3次元的な実際の翼形が得られる.

3次元翼列の各半径断面は,以上述べたように2次元翼列の積重ねである.この2次元翼列の定義は図 II-3-26 に示す通りである.翼形,ソリディティ σ,食い違い角 ξ が与えられると一つの翼列が決まる.この翼列の転向角 $\theta = \alpha_1 - \alpha_2$,坑揚比 ε などが,流入角 α_1 とともにどう変化するかを示すものが翼列データである.図 II-3-27 は NACA 65 翼形を用いた,$\sigma = 0.83$, $\xi = 50°$ の減速翼列に対して得られた2次元翼列データの例である.翼形は図 II-3-28 に示すようにキャンバ線(camber line,平均そり線)に肉厚分布 y_u, y_l を乗せて形づくる.パラメータとして,翼弦長 C,最大そり y_{cmax}/C,最大肉厚 t_{max}/C,そり分布 y_c/t_{max},肉厚分布 y_u/t_{max}, y_l/t_{max} などが

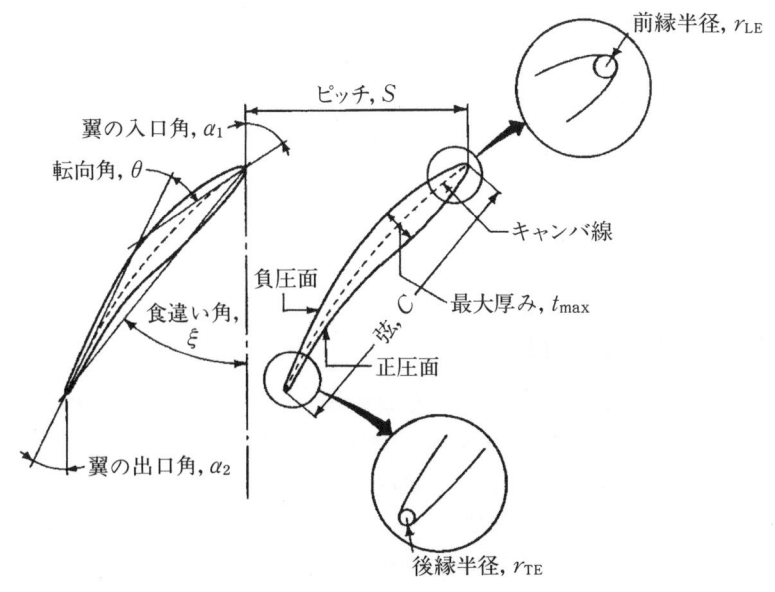

図 II-3-26 2次元翼列の形状パラメータ[4]

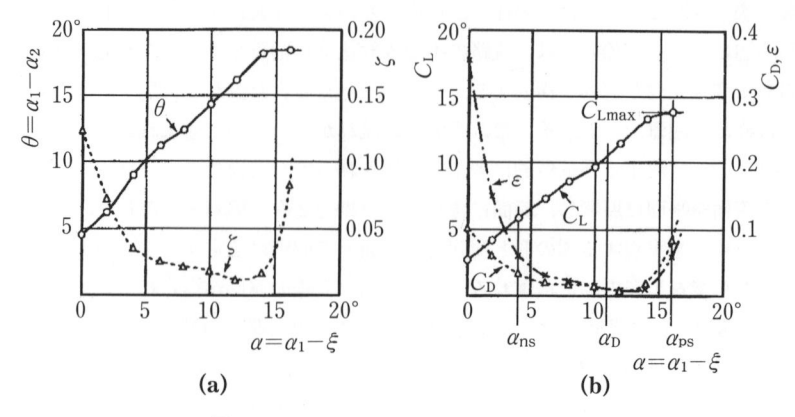

図 II-3-27 翼列性能（NACA 65-1210）
（a） $\beta, \zeta - \alpha$, （b） $C_L, C_D, \varepsilon - \alpha$

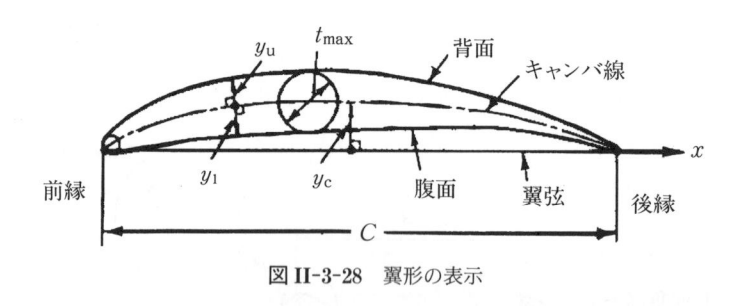

図 II-3-28 翼形の表示

ある．

3.4.3 燃焼器

　図 II-3-29 に示す熱力学的サイクルで，燃焼過程は $2 \to 3$ で示される．燃焼器の役割は圧縮機出口状態 2 の高圧空気と燃料を燃焼器内に導入，燃焼させ，燃焼後のガス温度を T_3 に昇温することである．この過程の中で，圧力は燃焼器の圧力損失特性により，圧力 $P_2 \to P_3$ に低下し，温度 $T_2 \to T_3$ は燃焼効率により決まる．燃焼器の特性のうち，ガスタービンサイクル効率に関係するのはこの二つのパラメータのみである．これらの特性を含め，ガスタービン燃焼器に求められる要求性能には次のような

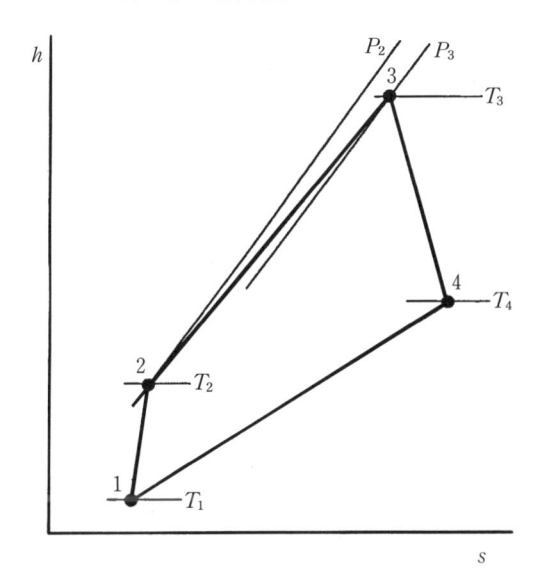

図 II-3-29　ガスタービンサイクルの燃焼過程[8]
1：空気圧縮機入口，2：空気圧縮機出口，3：燃焼器出口（タービン入口），
4：タービン出口
P：圧力，T：温度，s：エントロピー，h：エンタルピー

ものがある．
　(1) 燃焼効率が高い
　(2) 着火が容易
　(3) 火が消えない
　(4) 圧力損失が少ない
　(5) 燃焼振動などがなく燃焼安定性がよい
　(6) 燃焼器出口ガス温度分布が均一
　(7) 有害排気ガス成分が少ない
　(8) 製造および補修費の安い構造
　(9) 信頼性が高く長寿命
　(10) 種々の燃料への対応が容易
これらの要求性能に関連する評価パラメータとして次のようなものがある．

燃焼器の評価パラメータ[8]

（1） 燃焼効率 η_c

燃焼効率は次式で定義される．

$$\eta_c = Q_e/H_1 \tag{36}$$

ここで，Q_e：燃焼過程で発生した熱量，H_1：燃料の低位発熱量である．

燃焼効率はガスタービンのサイクル効率に直接影響を及ぼすパラメータであり，一般に99%以上の値が要求される．燃焼効率は排ガス成分中の未燃ガス成分であるCO，THCなどの排出濃度で決まるため，計測ではこれらの数値から燃焼効率を知ることができる．

（2） 圧力損失 $\Delta P/P_2$

$$\Delta P/P_2 = (P_2 - P_3)/P_2 \tag{37}$$

ここで，P_2, P_3：燃焼器入口，出口の全圧である．

圧力損失は，空気配分とともに燃焼器の全体特性にとって重要なパラメータである．発電用ガスタービンの圧力損失は定格負荷の状態で，通常3〜6%程度である．航空用ジェットエンジンでは，エンジンの小型軽量化のためさらに高めに設定される傾向にある．この圧力損失は主に燃焼器内筒に設けられている空気配分孔の開口面積やその流量係数，壁面冷却法などによって決まる．圧力損失を大きくとることは，当然ガスタービンサイクル効率の低下を招くが，空気と燃料の混合促進，壁面冷却特性の向上，燃焼の安定化，NO_x低減や燃焼器出口温度分布の一様化などの特性改善には効果がある．

（3） 燃焼安定性

燃焼器はガスタービンのすべての運転範囲で，燃焼不安定により燃焼振動や吹き消え，または逆火が発生しないように設計する必要がある．特に燃焼振動は燃焼現象と燃焼器構造各部の気柱が共鳴して，圧力変動やそれに伴う構造振動を起こす現象で，構成部品の摩耗やクラック発生などの問題を生じやすい．最近の環境を考慮した低NO_x型予混合燃焼器では希薄燃焼を行うので，火炎の安定性に関連して特に問題になる場合が多い．

（4） 燃焼器出口ガス温度分布

燃焼器の出口温度分布は，タービン第1段静翼（ノズル），動翼（バケット）の設計に深く関係するパラメータであり，静翼や動翼に対して出口温度不均一率 δ_s, δ_b として次のように定義されている．

$$\delta_s = (T_{3max} - T_3)/(T_3 - T_2) : \text{pattern factor} \tag{38}$$

$$\delta_\mathrm{b}=(T_{3\theta}-T_3)/(T_3-T_2): \text{profile factor} \tag{39}$$

ここで，T_2：圧縮機出口温度（平均値），T_3：燃焼器出口温度（平均値），$T_{3\max}$：燃焼器出口最高温度，$T_{3\theta}$：燃焼器出口周方向平均最高温度である．

δ_s や δ_b には，タービン翼の冷却設計やタービン性能，信頼性の観点から所定の分布形状や制限値が要求されている．

(5) メタル温度

燃焼器の構成部品のうち，特に火炎や高温の燃焼ガスにさらされる内筒や尾筒，燃料ノズル，スワラなどは，運転条件や実績データを反映して冷却設計され，その金属材料の許容温度以下に維持されている．しかし，燃料を変える場合は，その組成によって火炎の輻射率や燃焼速度が変化し，火炎の位置や輻射伝熱量が変化する．また，部分負荷運転時など燃焼器の圧力損失が減る場合にも，冷却空気量が減少し壁面冷却効率が低下するのでメタル温度が上昇しやすくなり注意が必要である．

燃焼器の仕様と主要寸法の決定[9]

表 II-3-3 に燃焼器設計に必要な仕様を示す．また図 II-3-30 は典型的なガスタービン燃焼器の構造例を示す．燃焼器の寸法を制限する要件としては，燃焼性能と空気側の圧力損失が挙げられる．これらはいずれも燃焼器の最小寸法を制限する因子であるが，低位発熱量 20 MJ/kg 以上の燃料を用いる場合は，圧力損失による制限の方が燃焼器断面積の決定に大きい影響を持つ．したがって，通常の設計では，まず空気側の圧力損失の制限から検討し，次いで燃焼性能面からチェックを行うことになる．

(1) 燃焼器全圧損失係数

燃焼器最大面積を決定する上で全圧損失係数 ξ を選定する．表 II-3-4 に一般的な ξ の値を示す．

$$\xi=\Delta P/\{(1/2)(\rho_1 U_\mathrm{r}^2)\}=k_1+k_2(T_2/T_1-1) \tag{40}$$

ここで，ΔP：圧力損失，ρ_1：燃焼器入口燃焼ガス密度，U_r：燃焼器最大断面でのガス平均流速，k_1：燃焼器の形状に基づく圧力損失係数（形状損失係数），k_2：温度上昇による流速増加に伴う圧力損失係数（燃焼損失係数），T_1, T_2：燃焼器入口，出口の全温である．

k_2 は経験的に 2.5〜3 となる．また通常 $T_2/T_1 \leqq 3$ であるから，上式の温度変化による圧力上昇の項はそれほど大きな値にはならない．全圧損失係数と全圧損失率の関係の例を図 II-3-31 に示す．

表 II-3-3 燃焼器設計の仕様

項　目	記　号	単　位
燃焼器入口空気全圧	P_1	Pa
燃焼器入口空気全温	T_1	K
空気流量	w_a	kg/s
燃焼器部からの抽気量	w_{ab}	kg/s
燃料流量	w_f	kg/s
燃料低位発熱量	H_u	J/kg
全圧損失率	$\Delta P/P_1$	—
燃焼器出口ガス温	T_2	K
出口温度不一率	δ_t	—
燃焼効率	η_b	—

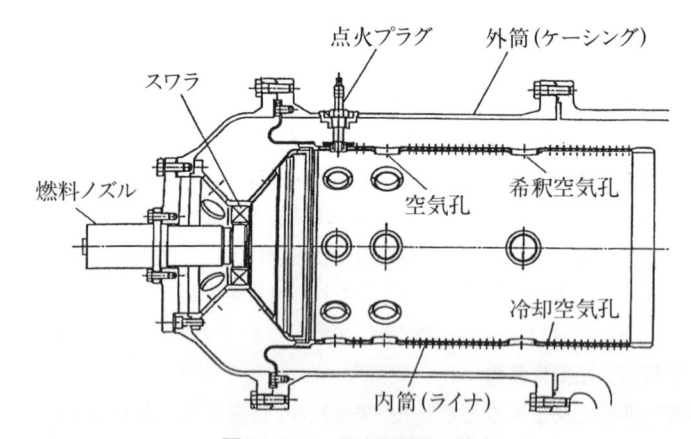

図 II-3-30 燃焼器構造の例

表 II-3-4 燃焼器の全圧損失係数 ξ [9]

燃焼器の形式	$(\phi)_{min}$	一般的な ξ 値の範囲
直流環状	14	18〜25
逆流環状		25〜30
直流筒形	20	25〜35
逆流筒形	30	35〜45

第3章 電力機械—ガスタービン

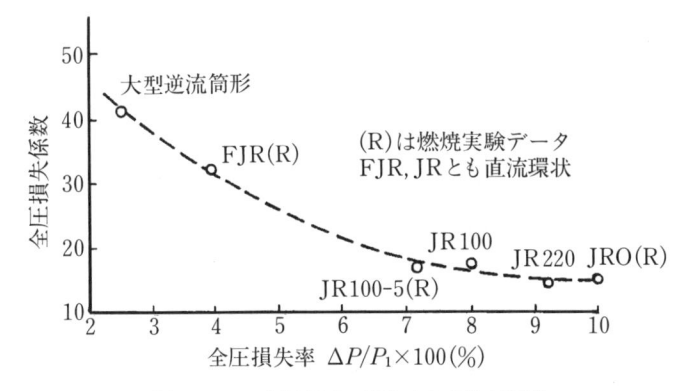

図 II-3-31 燃焼器全圧損失率と損失係数[9]

(2) 燃焼器ケーシング,ライナ断面積

全圧損失係数を選ぶと,全圧損失 ΔP は,全圧損失率から直ちに求まり,
$$\Delta P = P_1(\Delta P/P_1)$$
U_r と最大断面積(=ケーシング断面積)A_r との関係は次式で示される.
$$U_r = Q_1/A_r, \ A_r = Q_1/U_r$$
$$Q_1 = w_a/\rho_1$$
ここで,w_a:全空気流量である.

筒型ケーシングの場合は,ケーシング内径は,$D_r = (4A_r/\pi)^{1/2}$ である.ライナ面積 A_l と燃焼器ケーシング面積 A_r の面積比は,$A_l/A_r = 0.6 \sim 0.65$ にとられることが多い.

(3) ライナ長さ

ライナ内部を図 II-3-32 のように,1次燃焼領域,2次燃焼領域,および混合領域に分け,各領域に必要な長さを加え合わせてライナ全長を求める.
$$l_l = l_p + l_s + l_d \tag{41}$$
ここで,l_l:ライナ全長,l_p:1次燃焼領域長さ,l_s:2次燃焼領域長さ,l_d:混合領域長さである.

(a) 1次燃焼領域長さ

所要の燃料はすべて Z_p 内へ供給すると考え,この領域内の平均空燃比を燃料-空気当量比 $\phi_e = 1.15$ とするのがよい.1次燃焼領域の空燃比は,炭化水素燃料の場合,可燃混合気の限界として $\phi_e \leq 0.55$ となる.過濃側の可燃限界については,大気圧常

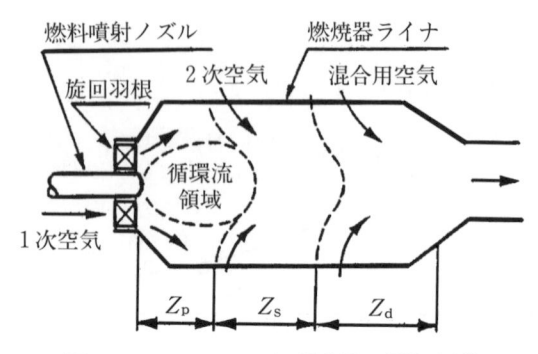

図 II-3-32 ガスタービン燃焼器の領域区分[9]

温では $\phi_e \fallingdotseq 2$ となるが，高温，高圧条件では可燃限界は著しく広がることが確認されているので，燃料過濃側の可燃限界は考慮しなくてよい．火炎の安定性向上の点から燃焼速度が最大になる当量比にあわせるのがよいので，炭化水素系燃料の場合は $\phi_e = 1.1 \sim 1.15$ に選ぶのがよい．

$$w_{ap} = n_p \cdot w_f \tag{42}$$

$$\phi_e = n_{st}/n_p \tag{43}$$

ここで，n_{st}：理論空燃比，炭化水素では通常 14～16，n_p：1 次燃焼領域の平均空燃比，$n_p = w_{ap}/w_f$，w_{ap}：1 次燃焼領域に流入する空気流量，w_f：燃料流量，ϕ_e：燃料-空気当量比である．

この w_{ap} に対して，次式で定義される空気負荷率 L_{ap} が経験的に得られた表 II-3-5 の値から選ばれる．この空気負荷率が過大になると，火炎の安定性が低下し，着火性能の低下，燃焼効率の低下，振動燃焼の発生，火炎吹き消え限界の悪化などにつながるので，L_{ap} 値はできるだけ小さくしておくほうがよい．

$$L_{ap} = w_{ap}/(V_{lp} \cdot P_1) \tag{44}$$

表 II-3-5 1 次燃焼領域の空気負荷率[9]

ライナ空気孔配置	旋回羽根制御リング	空気負荷率 L_{ap} (mg/m³sPa)		
		限界 A	限界 B	限界 C
I 型	22%	880	1040	1150
I 型	30	680	900	1000
II 型	22	1250	1420	1640

ここで，V_{lp}：1次燃焼領域のライナ容積，P_1：燃焼器入口空気全圧である．

これより，V_{lp} が求まれば，ライナ長さは次式で求まる．

$$l_{\mathrm{p}} = V_{\mathrm{lp}}/A_1 \tag{45}$$

ここで，A_1：ライナ断面積である．

ただし，保炎器として旋回羽根を用いる場合は，経験的に $l_{\mathrm{p}} \geqq 0.4D_1$（$D_1$：ライナ直径）とするのがよいので，先に述べた l_{p} との大きいほうの値を採用する．

（b）2次燃焼領域の長さ

2次燃焼領域では，1次燃焼領域での未燃燃料を完全に燃焼させる領域であり，ライナに開けた多数の2次空気孔からの空気ジェットで火炎の混合を促進する．燃焼空気量を確保するため，2次燃焼領域の平均空燃比 n_{s} は，$n_{\mathrm{s}} = 18 \sim 20$ と大きくとるのが普通である．空燃比が決まれば，2次燃焼領域の空気負荷率 L_{as} を図II-3-33 などを参考に選定して，2次燃焼領域ライナ容積 V_{ls} が求められる．

$$L_{\mathrm{as}} = w_{\mathrm{as}}/(V_{\mathrm{ls}}/P_1) \tag{46}$$

ここで，L_{as}：2次燃焼領域の空気負荷率（mg/m^{3}sPa），w_{as}：2次燃焼領域に流入する空気流量，$w_{\mathrm{as}} = n_{\mathrm{s}} \cdot w_{\mathrm{f}}$，$V_{\mathrm{ls}}$：2次燃焼領域のライナ容積，$P_1$：燃焼器入口空気全圧，$l'_{\mathrm{s}} = V_{\mathrm{ls}}/A_1$，$A_1$：ライナ断面積である．

実際には，ライナ空気孔からの空気噴流内など燃焼領域にできない部分あるので，2次燃焼領域長さは l'_{s} より長くとる必要がある．通常は l'_{s} の5倍程度とする．ただし，2次空気の混合に必要な距離として経験的に $0.6D_1$ 程度が必要であり，これらから結論として次のように決められる．

$$l_{\mathrm{s}} = 5 l'_{\mathrm{s}} \quad (5 l'_{\mathrm{s}} > 0.6 D_1) \tag{47}$$

$$l_{\mathrm{s}} = 0.6 D_1 \quad (5 l'_{\mathrm{s}} < 0.6 D_1) \tag{47}'$$

（c）混合領域の長さ

混合領域長さ l_{d} は，燃焼器の全圧損失係数と出口温度不均一率の要求値から決め

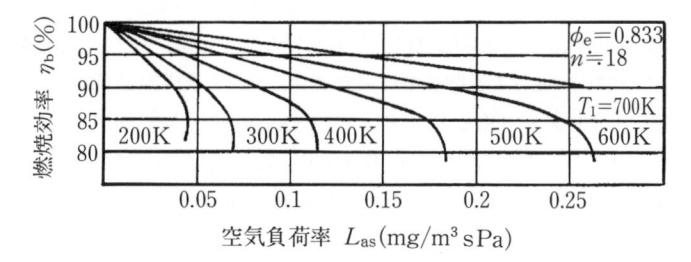

図II-3-33 2次燃焼領域の空気負荷率[9]

る．例えば，次式のような経験式が提案されている．

$$(l_d)_{min}/D_l = 4.78/(\xi^{0.9} \cdot \delta t^{0.8}) \tag{48}$$

$$\delta_t = \{(T_{2l})_{max} - T_2\}/(T_2 - T_1) \tag{49}$$

ここで，δ_t：出口温度不均一率，$(T_{2l})_{max}$：燃焼器出口ガス最大温度，T_2：出口燃焼ガス平均温度，T_1：燃焼器入口空気平均温度，$\delta_t = 0.1$（産業用ガスタービン），$\delta_t = 0.2 \sim 0.25$（航空用エンジン），ξ：燃焼器の全圧損失係数である．

δ_t が大きくなると，タービンの寿命を短縮させるので，発電用ガスタービンではできるだけ δ_t が小さくなるように設計される．

(4) 燃焼器空気量の配分

燃焼器に流入する全空気量と燃焼器各部への空気配分（燃焼，冷却，希釈用など）は，圧力損失とともに燃焼器特性を左右する重要な設計指標の一つである．

全空気量 w_a の調整方法としては，空気圧縮機の可変入口案内羽根による方法や，燃焼器に入る一部の空気をバイパス弁などの可変機構を用いて調節する方法がある（図II-3-34）．ライナ各部への空気配分は，1次燃焼領域，2次燃焼領域，それぞれの空燃比 n_p, n_s に合わせて配分される．残りの空気が混合領域およびライナ冷却空気として配分される．最近の高温ガスタービンでは，ライナの冷却空気量が大きくなり，次に示すように冷却空気を考慮した空気配分が必要である．

(i) 1次燃焼領域（スワラとライナ空気孔）の配分割合：

$$[n_p/n - (w_{ac})_p/w_a] \tag{50}$$

(ii) 2次燃焼領域（ライナ空気孔）の配分割合：

$$[(n_s - n_p)/n - (0.3 \sim 0.5)(w_{ac})_s/w_a] \tag{51}$$

(0.3～0.5) の係数は 2 次燃焼領域で冷却空気が燃焼空気として利用される割合を示す．

(iii) 混合領域（ライナ空気孔）の配分割合：

$$1 - [n_s/n + \{(0.5 \sim 0.7)(w_{ac})_s + (w_{ac})_d\}/w_{ac}] \tag{52}$$

混合領域のライナ冷却空気は燃焼に関与しないとしている．

ここで，n：空燃比，n_p：1 次燃焼領域の空燃比，n_s：2 次燃焼領域の空燃比，w_a：全空気流量，w_{ac}：ライナ冷却空気量，$w_{ac} = (w_{ac})_p + (w_{ac})_s + (w_{ac})_d$，$w_{ac}/w_a \geqq 0.15$ の場合には，上式のように冷却空気を考慮する．$(w_{ac})_p$：1 次燃焼領域のライナ冷却空気量，$(w_{ac})_s$：2 次燃焼領域のライナ冷却空気量，$(w_{ac})_d$：混合領域のライナ冷却空気量である．

以上の空気配分は，ライナに設けられる空気孔の配置によって行われる．各空気孔

第3章 電力機械—ガスタービン

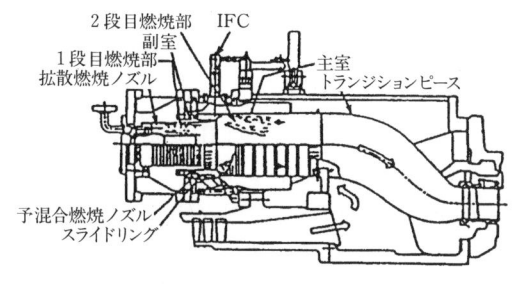

1100°C級燃焼器構造

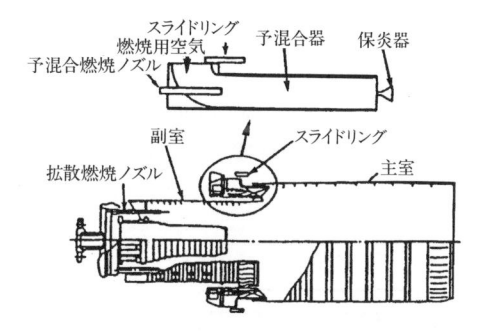

（ラベル：2段目燃焼部、IFC、副室、1段目燃焼部 拡散燃焼ノズル、主室、トランジションピース、予混合燃焼ノズル、スライドリング）

1300°C級燃焼器構造

（ラベル：スライドリング、燃焼用空気、予混合器、保炎器、予混合燃焼ノズル、副室、拡散燃焼ノズル、スライドリング、主室）

図 II-3-34　低 NO_x 燃焼器の空気配分調節機構

（面積 A_l）より流入したそれぞれの空気量 w_{ai} と全空気量 w_a の関係は次式で表される.

$$w_a = -w_{ai} = (-\alpha_l A_l) P_2 F / \sqrt{T_2} \tag{53}$$

ここで，α_l：各空気孔の流量係数，A_l：各空気孔の面積，P_1, T_1：燃焼器入口の全圧，全温，F：圧力比 P_2/P_1 の関数である．

上式の $(-\alpha_l A_l)$ は有効開口面積に相当する．$A_t = -A_l$（総開口面積）として，$\alpha = (-\alpha_l A_l)/A_t$ で求められる平均流量係数は，空気孔形状やレイノルズ数の関数であるが 0.6〜0.8 程度の値である．

近年，天然ガスを燃料とした発電用高温ガスタービンでは，高温化による高効率化と，環境問題への対応が進んでいる．図 II-3-35 は，その低 NO_x 燃焼器の燃焼，冷却，希釈に配分される空気量の割合の変遷を示している．

（5）壁面冷却法

燃焼器ライナや尾筒の内側は，現状では1500～2000℃程度の高温ガスにさらされているが，その外側は通常空気（300～400℃）で冷却され，ライナや尾筒のメタル温度は材料の許容温度以下に維持されている．図II-3-36にこのメタル温度を決める伝熱モデルを示す．メタル温度は以下の関係より求めることができる．

$$Q = R_g + C_g = \lambda_1/t_1(T_1 - T_2) = \lambda_2/t_2(T_2 - T_3) = R_a + C_a \quad (54)$$

$$C_g = h_g(T_g - T_1) \quad (55)$$

$$C_a = h_a(T_3 - T_a) \quad (56)$$

ここで，R_g, R_a：高温ガス側，冷却空気側の輻射伝熱量，C_g, C_a, h_g, h_a：高温ガス側，冷却空気側の対流伝熱量と熱伝達率，λ_1, λ_2：サーマルバリアコーティング（TBC），ライナメタルの熱伝導率，t_1, t_2：サーマルバリアコーティング，ライナメタルの板厚，T_1, T_2, T_3：TBC，メタルの表面温度（$T_1 > T_2 > T_3$）である．

フィルム冷却が併用されている場合は，フィルム冷却効率 $\eta_f = (T_g - T_{ad})/(T_g - T_a)$ より T_g を T_{ad} に置換して求めることができる．メタルの温度（例えば T_2）を

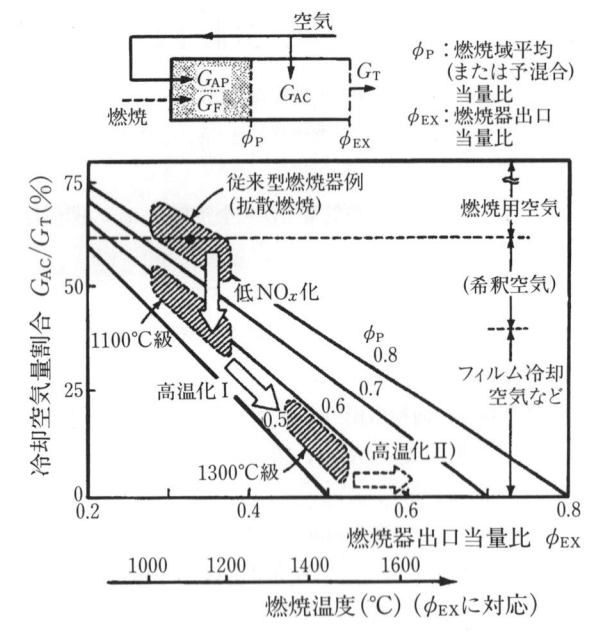

図 II-3-35　高温化と燃焼器冷却空気量の関係[10]

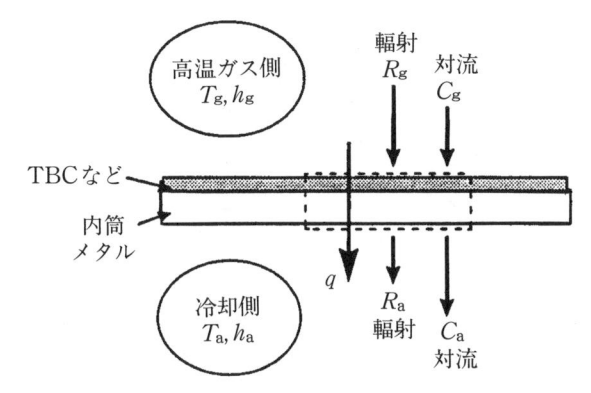

図 II-3-36　燃焼器壁伝熱モデル[10]

メタル冷却効率 $\eta_m = (T_g - T_2)/(T_g - T_a)$ として定義すると，メタルの冷却特性は図 II-3-37 のように表すことができる[10]．

(6) 燃焼器材料

燃焼器ライナなど高温ガスにさらされる材料としては，高温強度や耐食性，対酸化性，耐熱疲労性とともに，板金加工性や溶接性のよいことが要求される．現在は HA 188 や Nimonic 263，Hastelloy-X，Tommilloy などの圧延材が使用されている．単管式の大きな燃焼器では，セラミックや金属タイルなども使用され材料，構造の設計自由度が比較的大きい．また，最近では冷却空気量を極限まで減少し高性能なガスタービンを開発するため，TBC などの遮熱コーティング材の実用化も進んでおり，材料面からの耐熱性向上がさらに進められている．

(7) 火炎の安定化（保炎法）

ガスタービン燃焼器の燃焼負荷率は他の燃焼器に比べて高負荷（ボイラなどの約 100 倍）であり，その出口ガス流速は 90 m/s 程度になっている．このような高速気流中での火炎保持は通常不可能である．そのためガスタービン燃焼器では図 II-3-38 に示すようなスワラを用いて燃焼域に循環流を形成し，その保炎機構によって安定火炎を形成・維持している．他にもブラフボディなどの後流循環領域を利用した保炎方法もあるが，保炎機構の耐熱性の問題などから，ガスタービンではスワラ構造がよく用いられる．

(8) 燃焼器使用環境の変化

図 II-3-39 は産業用ガスタービンの高温化に伴う燃焼温度の変遷の例を示す．ター

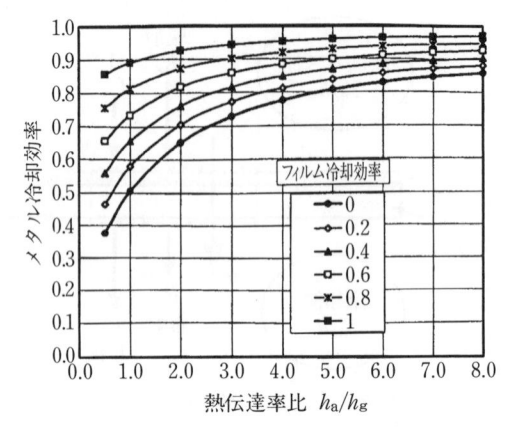

図 II-3-37　メタル冷却特性[10]

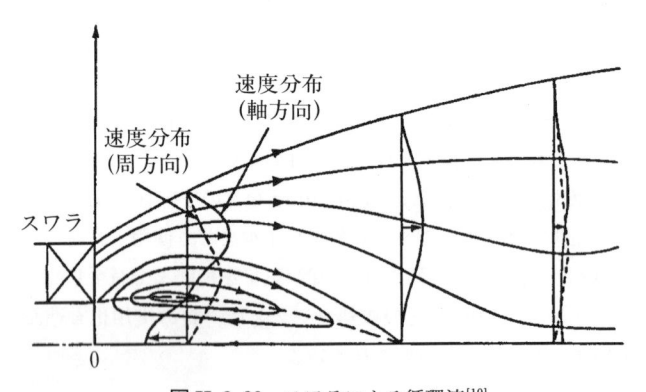

図 II-3-38　スワラによる循環流[10]

ビン入口温度（燃焼器出口温度）の高温化は冷却技術や材料の進歩によるところが大きいが，燃焼器にとっては主に冷却空気や希釈空気を極力減少して対応してきた．近年，発電用ガスタービンで主流になってきた乾式低 NO_x 燃焼器では，通常の拡散燃焼方式から，予混合燃焼方式が採用されるようになり，予混合燃焼火炎の温度が NO_x の発生しない温度（約1600℃）以下に設定されている．しかし，ガスタービンの高温化がさらに進めば，予混合火炎温度と平均タービン入口温度との差が減り，低 NO_x 化が極めて困難になることが分かる．

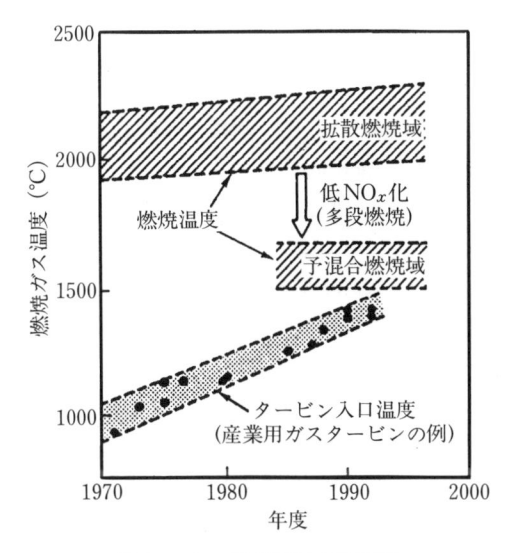

図 II-3-39 燃焼温度の変遷[10]

3.4.4 タービン

(1) 空力設計

軸流タービンの設計は軸流圧縮機と同様に,まず,タービン流路の平均径において,流れを1次元的に扱って大略の寸法計算を行う.次いで,流れの半径方向平衡条件を用いて翼列前後の半径方向速度分布を決める.タービンの設計において,タービン前後のガス条件,すなわちタービン入口,出口の圧力,温度ならびに流量などは,既にサイクル計算によって分かっている.また,タービンとしての目標効率,流れの条件,回転数なども仕様として決まっているのが普通である.

タービン段数と段効率
タービンの段性能を支配する代表的なパラメータに次の三つがある.
(1) 負荷係数 (blade loading coefficient), ψ_t

$$\psi_t = \Delta h_{stt}^* / U^2 = \Delta C_u / U \tag{57}$$

ここで,Δh_{stt}^*:段の全エンタルピー変化(段熱落差),U:翼周方向速度,ΔC_u:翼

転向角による燃焼ガスの周方向速度変化である．

（2） 流量係数（flow coefficient），ϕ_t

$$\phi_t = C_a/U \tag{58}$$

ここで，C_a：燃焼ガスの軸方向速度，U：翼周方向速度である．

（3） 反動度（degree of reaction），Λ

$$\Lambda = \Delta h/\Delta h^*_{stt} = (T_2 - T_3)/(T_1 - T_3) \tag{59}$$

ここで，Δh：タービン動翼でのエンタルピー変化，Δh^*_{stt}：タービン段落での全エンタルピー変化，T_1：タービン入口温度（ノズル入口温度），T_2：タービン動翼入口温度，T_3：タービン出口温度である．

タービンが，燃焼ガスの単位流量から受け取るエネルギー量，言い換えると，タービン段入口から出口に到るまでの燃焼ガス全エンタルピー減少量 Δh^*_{stt} は，動翼転向角と燃焼ガス流速の増大によって増加し，低下によって減少する．タービン翼の場合は，流れは圧力の高い方から低い方へ加速する，いわゆる順圧力勾配の流れなので，圧縮機翼のような逆圧力勾配の翼に比べて比較的大きい転向角が実現できる．しかし，その動翼転向角が大きくなりすぎると，さすがに流れは翼面に沿えなくなり，境界層が剥離して大きい圧力損失を生ずるようになる．この結果，過大な翼転向角は，タービンの段効率を低下させることになる．一方，燃焼ガス流速の増加も，流体機械の圧力損失がおおむね流体速度の自乗に比例することを考えると，タービン効率は，速度の増加に伴って低下すると考えねばならない．

タービン段効率を流量係数と負荷係数を独立変数として整理すると図II-3-40のようになる[11]．流量係数 ϕ_t は(58)式に示したように，タービンを通過する燃焼ガス流速の軸方向成分 C_a を，タービン動翼通路平均半径における回転周速度 U で割った値である．また負荷係数 ψ_t は，(57)式に示したように，段での燃焼ガス全エンタルピーの降下量 Δh^*_{stt} を U^2 で割った無次元量として定義されている．

この線図に転向角と流速の変化を描くと，それらのタービン段効率に与える影響がよく分かる．図II-3-40 は典型的な反動度50％のタービン段効率の例を示している．この線図から，効率のみを重視すると，負荷係数と流量係数を小さく取る必要があることが分かり，そのためにはタービンの段数を増やし，各段の Δh^*_{stt} を小さくすることと，タービン内流路を大きくし C_a を小さくすることが必要である．加えて周速 U を十分大きく取らねばならない．

こうしてタービンの段数を増やし，寸法を大きくすることは，ガスタービンの重量，製造コストの増加に結びつく．また，回転軸の慣性が大きくなり，軸受やそれを

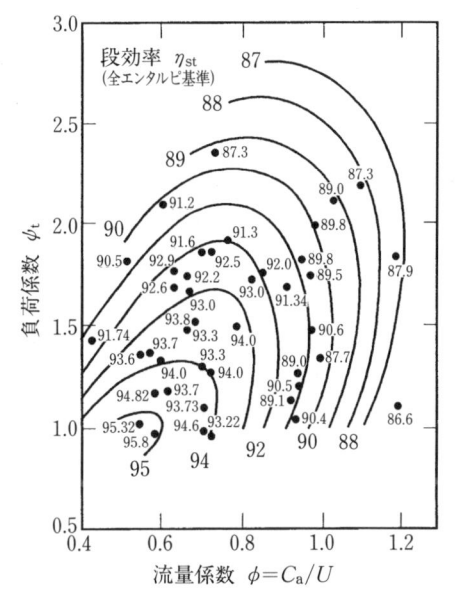

図 II-3-40 タービン段落効率線図（スミス線図）[11]

支持する部材の強度も上げることが必要になり，全体構造を大きく重くする要因となる．したがって，空力設計上の要求と構造設計の両面から考えて，最終的に合理的な段数を決定することが重要になる．

タービン流路寸法の決定

タービンの設計仕様として，負荷（この場合，圧縮機駆動エネルギーと発電機駆動エネルギーなどの負荷，その他風損や軸受損失など各種損失の負荷）から，要求されるエネルギー量，タービン流量，回転数が与えられる．全負荷はタービンを通過する燃焼ガス量 G と単位流量当たりタービンが発生すべきエネルギー量 $\Sigma\Delta h_{stt}^*$ の積に等しい．

$$L_t = G\Sigma\Delta h_{stt}^* \tag{60}$$

全負荷 L_t と，燃焼ガス量 G は既に仕様として分かっているから，η_t が高くなるように図 II-3-40 を参照して，Δh_{stt}^* に対して C_a および U の値を選ぶ．燃焼ガス流速の軸方向成分 C_a，密度 ρ，およびタービン内流路断面積 A の積がタービン流量であるから，$G = C_a \cdot \rho \cdot A$ から流路断面積が分かる．

U については，与えられたタービン回転数に対し，タービン流路の平均径を与え，タービン流路断面積 A とタービン動翼回転数の自乗 N^2 の積 AN^2 が，動翼円板にかかる遠心応力に比例するパラメータと考えられ，基本寸法決定によく用いられる．この値が大きくなり過ぎると，タービン円板に強度上の問題を発生するので，A または N を小さくする必要が出てくる．A の減少は C_a の増加，N の減少は U の低下につながるので，再び，図 II-3-40 に戻ってタービン段効率の低下ができるだけ小さくなるような新しい C_a と U の値を選び，同様の検討を繰返して，新しい流路径方向寸法を計算する．

タービン回転数 N の値を変更すれば，当然，同軸にある圧縮機の回転数も変わるので，タービン設計と圧縮機設計は，双方の特性がそれぞれ満足できるように調整することが必要になる．こうした繰返し設計でも，Δh^*_{stt} が高すぎるために適切な C_a や U の値が得られない場合は，タービン段数を増やすことになる．これにより単段当たりの Δh^*_{stt} が小さくなり，最適な設計に近づけることができる．実際には，あらかじめ従来の Δh^*_{stt} の最大値から最適な段数を選んで設計を始めるのが一般的である．

タービン翼列形状の決定

以上のように半径方向流路寸法が決定されれば，次にタービン翼列形状を決めることになる．タービン翼列形状の決定とは，翼列の弦長，食違い角，転向角，翼枚数を決定し，その後，翼表面の形状を定義することである．食違い角と転向角は動翼負荷係数 ψ_t と動翼反動度 Λ に支配される．動翼負荷係数の選定は先に述べた通りであるが，反動度については，経験的に 50% 前後とするのが最も効率が高くなることが知られている．翼弦長は翼枚数と反比例の関係にある．翼枚数を増やすほど翼間負荷 (blade-to-blade loading, 図 II-3-41 参照) が軽くなるので，圧力面，負圧面上の静圧差が小さくなる．これによって翼列入口から出口まで，流れを減速領域なしに通過させることができ，境界層剥離損失の発生を防ぐことができる．また，翼面負荷の減少に伴って翼間 2 次流れ損失も減る．これらは段効率の上昇に結びつく．

一方，翼枚数を減らすことは，タービン翼製作費が非常に高いので，ガスタービンの製造コスト低減に有効である．ただし，翼 1 枚ずつの寸法と重量が増大し，これを支持するタービン翼車も大きくなるので十分注意して最適な値を検討することが必要である．翼枚数を減らすことによる翼間負荷の増加という不利は，翼弦長を増し，翼面曲率を減少し，翼表面の減速領域を除去あるいは最小限にとどめることによって克服される．

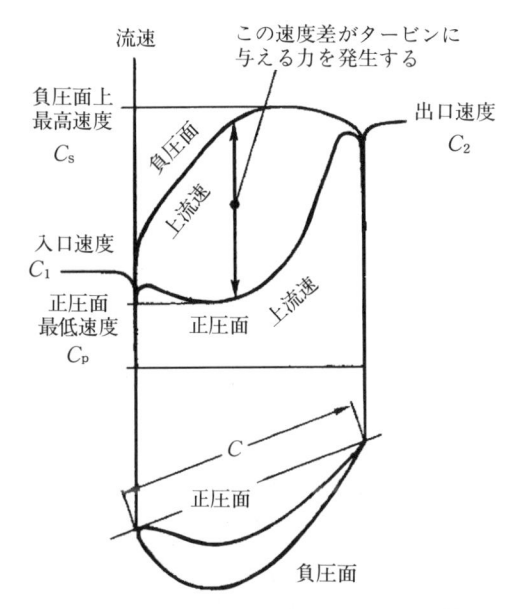

図 II-3-41　タービン翼列の翼間負荷分布[4]

　圧縮機翼列と異なり，タービン翼列は冷却空気通路を内蔵しなければならず，また重い耐熱合金によって作られるので，高い回転応力と熱膨張に耐えねばならない．したがって，タービン翼は，動翼（バケット），静翼（ノズル）いずれも，圧縮機翼に比べると，図 II-3-42 に示すように，かなり肉厚のずんぐりした翼形状となる．タービン翼枚数や翼弦長の決定は空力設計のみでなく，構造設計との最適化が図られるのは当然である．

　平均半径に沿ったタービン翼形状が以上のように決められ，次にタービン半径方向の翼形状分布が同様の過程で決定される．この場合，流れの半径平衡方程式を満足するように決められる．以上のことから，ハブからチップまでの各半径での翼列入口，出口の速度三角形が変わるので，翼は図 II-3-43 のようにねじれた形状となる．このようにねじれた翼形状の設計において，当然，翼形状は円板や翼付根部の応力が最小限に抑えられるように重ね合わせられる．

翼列形状の最適化

　最近では，段の幾何形状を最終的に決定する前に，空力損失モデルを含んだ 3 次元

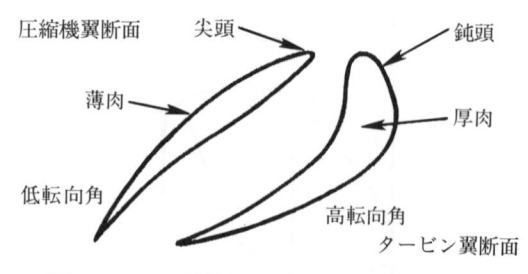

図 II-3-42　圧縮機翼とタービン翼断面の比較[4]

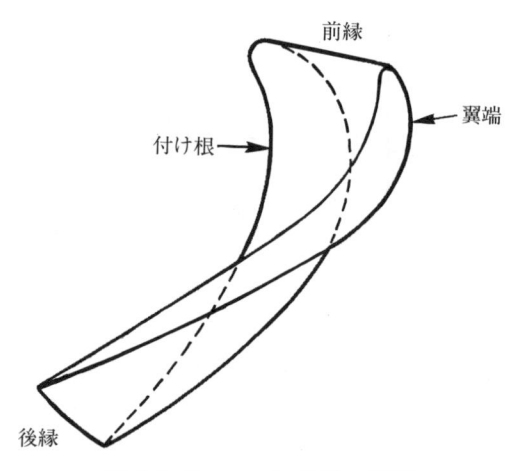

図 II-3-43　タービン動翼の形状[4]

　流れ解析によって，設計されたタービン段が当初計画した性能を実現できるかどうか確認されることが多い．空力損失の要因は，圧縮機翼列の場合と同様，図 II-3-44 に示すように，翼列表面の摩擦，翼間流れの 2 次流れ，動翼とシュラウド間の隙間流れ，衝撃波による損失などである[12]．しかし，タービン翼列では段圧力比が高く，流れの転向角度が大きいので，全損失のうち隙間流れと 2 次流れによる損失の占める割合が，圧縮機翼列に比べて圧倒的に大きい．また，タービン翼列は先に示したように鈍頭前縁形状となるので，±15°程度以内では迎え角の変化による空力損失の増加はほとんどない．しかし逆に，流れの最も早くなる後縁では，その厚みが空力損失に及ぼす影響は非常に大きいので，後縁厚みは製作加工上の制限が許す限り薄くすることが要求される．一般に後縁厚みはノズルスロート幅の 10%以下に抑えられる．

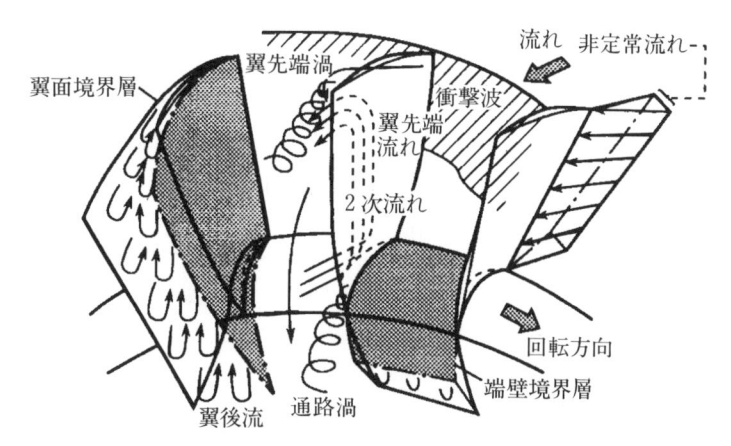

図 II-3-44　タービン翼列の2次流れと空力損失モデル[12]

タービン翼端（チップ）上では漏れ損失，隙間流れ損失を極力低減するために，圧縮機翼列では見られない翼端シュラウドカバー（tip shroud, 図 II-3-45）や，ラビリンスシールなどが用いられている．これはタービン翼列前後の圧力差が，圧縮機翼列の場合とでは比較できないほど大きく，隙間流れや，翼端漏れ損失の割合が無視できないためである．高温・高周速のため応力的につらくシュラウドカバーが採用できない場合には，翼の一部に翼端シールが設けられる場合もある．

一般に圧縮機でも，タービンでも，ケーシングと動翼間の隙間を少なくするほど，隙間損失が減少する．したがって，この隙間を最小にするよう設計上の努力がなされるが，ガスタービンでは，ケーシングと，動翼の変形が，軸方向，半径方向に運転状況とともに変化するので，起動から定格までの運転状態に対してこの隙間の変化を検討する必要がある．隙間が最小になる点，図 II-3-46 に示すピンチポイント（pinch point）と呼ばれる位置に注意して最小隙間が決められる．最近ではケーシングの外周に冷却空気を流し起動時などの過渡運転状態の熱変形を制御し，隙間を最小にすることも行われる．

（2）　冷却翼設計

ガスタービンの高効率化は，基本的には高温化によって達成されてきた．高温化はタービンに流入する燃焼ガス温度（タービン入口温度：TIT）の上昇につながり，特に最近の高温ガスタービンの第1段ノズル（静翼）と第1段動翼では，1300〜1500°C

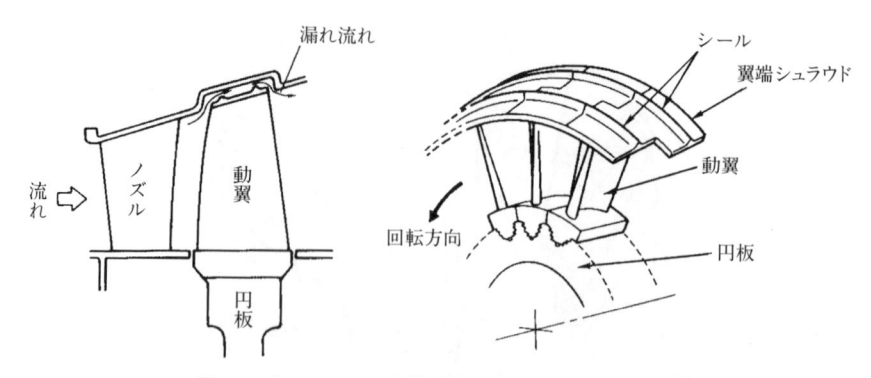

図 II-3-45 タービン動翼の翼端シュラウドとシール[4]

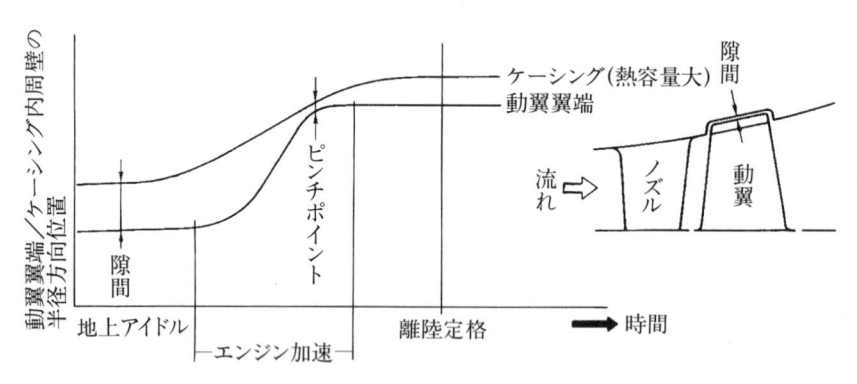

図 II-3-46 タービン動翼隙間の変化とピンチポイント[4]

という高温ガスにさらされるから，耐熱材料と翼冷却技術による耐熱技術の進歩がなければ，高温タービンを実現することは不可能である．図 II-3-47 は高温タービン部の冷却空気がどのような経路でタービン翼やその周辺部を冷却しているかを示している．以下には，タービン冷却で最も重要な翼冷却構造の設計について述べる．なお，近年目覚しい勢いで高温化が進んでいるガスタービンの冷却に関して，最新の技術動向が日本ガスタービン学会で詳細にまとめられている[13]．

図 II-3-48 は，タービン翼や燃焼器ライナなどの局所的に取り出した固体壁部分の冷却様式を模式的に示したものである．この固体壁の冷却効率 η は次のように定義される．

$$\eta = (T_g - T_w)/(T_g - T_c) \tag{61}$$

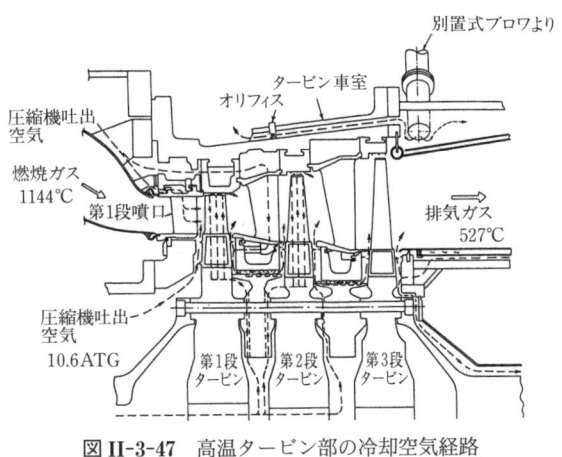

第3章 電力機械—ガスタービン

図 II-3-47 高温タービン部の冷却空気経路

ここで，T_g：高温ガス温度，T_w：固体壁温度，T_c：冷却空気温度である．

冷却の効果が極端に大きく，その理想的な場合は $T_w = T_c$ であり，$\eta = 1$ となる．一方，冷却空気を供給しないで，材料の熱伝導率が低く，極端には断熱壁の場合は $T_w = T_g$ であり，$\eta = 0$ となる．実際の冷却効率は $0 < \eta < 1$ である．

冷却の効果は，その方法によらず，冷却空気流量が多いほど高い．図 II-3-49 は板壁状のタービン翼外被や燃焼器ライナによく適用される冷却方法について，冷却空気

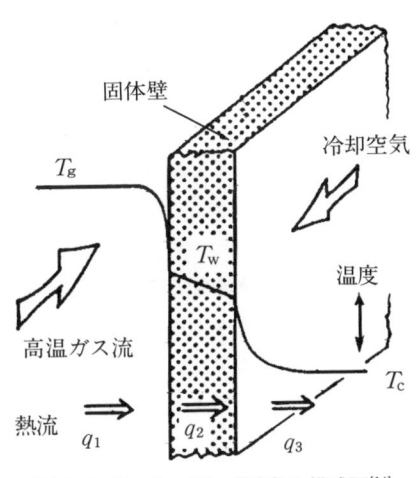

図 II-3-48 タービン壁冷却の模式図[14]

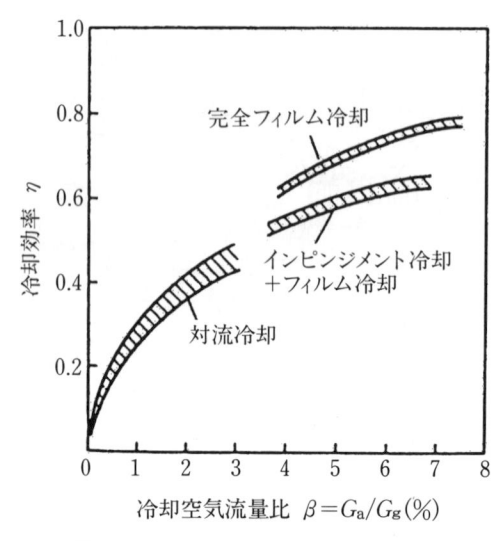

図 II-3-49 冷却空気流量と冷却効率[14]

流量と冷却効率の関係を表したものである．横軸は主流ガスの質量流量 (G_g) に対する冷却空気の質量流量 (G_a) の比，すなわち冷却空気流量比 (β) で示している．同じ冷却空気流量でも冷却方法によって冷却効率は異なるが，少ない冷却空気で高い冷却効果が得られる冷却方法が望ましいことは当然である．現在の実用的な技術では，最高 $\eta=0.8$ 近くまで可能であるが，このときに必要な冷却空気流量比は 7～8% にもなる．しかし冷却空気量の増加に対して，冷却効率は頭打ちになる．また，冷却空気をたくさん消費すれば，タービン入口温度を上げる意義が失われるので，熱効率と比出力などを総合的に判断して冷却設計することが重要である．

翼周りのガス温度分布

翼冷却設計の第1は主流ガス温度分布を知ることである．燃焼器出口では燃焼ガスは周方向，半径方向それぞれに温度分布があるので，これを考慮して冷却設計が行われる．静翼では通常，主流ガスの最高温度に対して設計される．例えば，平均燃焼ガス温度 1300°C，圧縮機出口温度 350°C，パターンファクタを 0.2 とすると，最高ガス温度は 1490°C となる．

ここで，パターンファクタ（出口温度不均一率，δ_t）は次式である．

第3章 電力機械―ガスタービン

$$\delta_t = \{(T_{21})_{max} - T_2\}/(T_2 - T_1) \tag{62}$$

ここで，$(T_{21})_{max}$：燃焼器出口温度の最高値，T_2：燃焼器出口ガス平均温度，T_1：圧縮機出口（燃焼器入口）空気平均温度である．

一方，動翼では翼の回転により円周方向の温度分布は均一化されるので，半径方向の分布のみが残る．動翼では高温度部分と高応力部分とが重ならないようにするため，半径方向ガス温度分布の最高点は，外径側の低応力部分にくるように，ガス温度分布を設定する必要がある．

翼面熱伝達率の予測

翼外面の形状，外筒・内筒流路壁面（端壁部）の影響を考慮して，翼外面の熱伝達率を精度よく予測することは，主流ガスから翼への伝熱量を知ることであり，高温ガスタービンの冷却設計で最も重要な設計項目の一つである．翼面熱伝達率の予測で最も注意が必要なのは主流ガス温度の高い翼中央部である．翼中央部は2次元流れに近いことから，これまで，2次元熱伝達の問題として扱われてきたが，それにしても翼面上の流れは大変複雑であり，翼面境界層の挙動に影響を及ぼす因子については，実験的な評価を含めて計算を行うのが一般的である．現在では，数値解析のみによる熱伝達率の予測精度は十分でなく，各ガスタービンメーカでは，計算結果に実験的修正を加えて設計を行っている．先に述べたように，空力性能の計算においても，3次元流路の流れ解析が行われるようになり，圧力損失の見積もりや，流れ分布の予測精度は向上しているが，熱伝達係数の見積もりに対しては，さらに局所的な要素が大きく影響するので，実験的裏づけが必要とされている．熱伝達係数に影響を及ぼす主要な因子としては，主流乱れ，圧力勾配，翼面曲率，吹き出し，表面粗さ，回転による影響，さらには上流翼列の後流などによる流れの周期的変動などが挙げられる．一方，静翼端壁部，動翼プラットフォーム部では端壁流れの詳細が重要になる．また，翼先端チップクリアランス部では，漏れ流れが熱伝達率分布に大きい影響を与える．ここでも3次元流れ解析が詳しく行われるようになったが，流れが極めて複雑なため，高精度の予測は困難であり，実験データに頼らざるを得ないのが実情である．図II-3-50，図II-3-51には翼外表面熱伝達率と，翼外表面温度分布の実測と解析結果の比較が示されている[14]．

翼内部冷却

図II-3-52に静翼および動翼の冷却構造の例を示す．翼冷却の代表的な方法は，

（1）内部流路による対流冷却，（2）内部壁面にジェット噴流をぶつけて冷却するインピンジメント冷却，（3）内部冷却空気を翼外表面に噴出し空気膜による冷却を行うフィルム冷却などがある．（1）の対流冷却による方法は，最も一般的な冷却方法であり，初期の冷却翼では単純な細孔を翼内部に貫通させる単純な構造が取られたが，冷

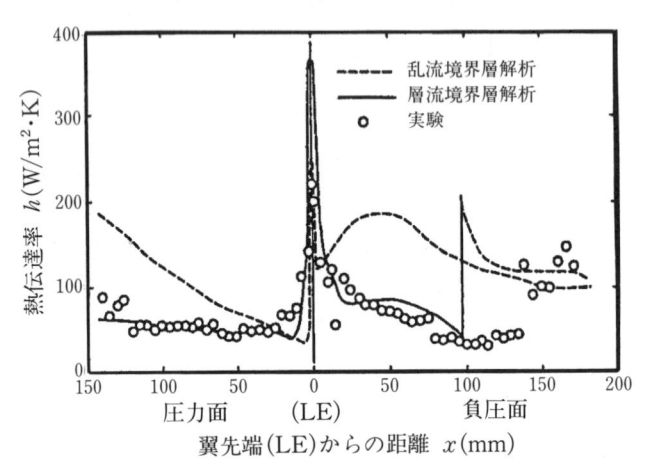

図 II-3-50　タービン翼外面の熱伝達率分布[14]

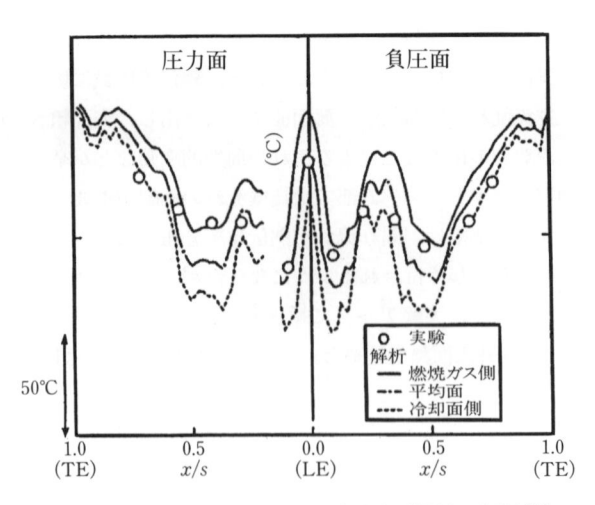

図 II-3-51　タービン翼メタル温度分布（解析と実験）[14]

却負荷が増えるにつれて，最近では，伝熱促進のため複雑な戻り流路（サーペンタイン流路，serpentine）が設けられ，かつ内壁面には種々の突起や，溝，ピンが設けられ，熱伝達率の向上が図られている．

　高温ガスタービンの第1段目の動・静翼は熱的に最も厳しい環境におかれる．特に第1段ノズルでは翼壁内面を高い熱伝達率で冷却するため，前縁部には図 II-3-52 に示したインピンジメント冷却が採用されている．インピンジメント冷却（impingement cooling）では，翼内部に内筒（インサート）が挿入され，その内筒に穿孔されたノズル孔から，空気噴流を翼壁内面に衝突させて高い冷却効率を得るものである．インピンジメント冷却は高い熱伝達率が得られるが，翼内部にノズルを必要とするために，インサート材の挿入が困難な翼の後縁部には適用できない．また，動翼ではインサートの振動などの問題があるので，精密鋳造で一体製作したノズルから翼前縁内面を冷却する構造が採用されている．

　最近の動翼では，図 II-3-52 に示したように，サーペンタイン対流冷却がよく用いられる．サーペンタイン流路では流路壁面に，先に述べた乱流促進体（タービュレータ）を設けて冷却効率の向上が図られている．タービュレータの流れ方向に対する角度が熱伝達率と圧力損失に影響を与えるため，圧力損失が少なく，熱伝達率が高いタービュレータ形状が数多く研究された．表 II-3-6 に種々の乱流促進体の熱伝達特性（ヌッセルト数）と圧力損失係数の結果を示した．サーペンタイン流路では流路の曲がりによる圧力損失の占める割合が大きいため，多少圧力損失が大きくても全流路の

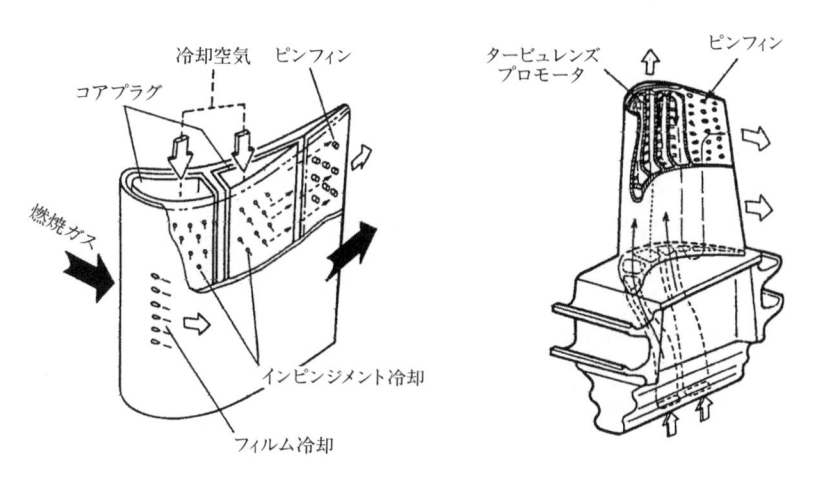

図 II-3-52　高温タービンの冷却構造

表 II-3-6 冷却通路乱流促進体形状と熱伝達率[15]

リブの形状	実験者	形状パラメータ (1)		Nu/Nus (2)	Cf/Cfs (3)
直角リブ	Han ら	$\alpha=90°$		2.1〜2.5	5.8〜6.8
	Kukraja ら			2.4〜2.6	4.8〜6.5
	安斉ら			2.4〜2.7	4.9〜6.0
傾斜リブ	Han ら	$\alpha=60°$		2.5〜3.2	7.2〜10
		$\alpha=45°$		2.2〜2.8	5.0〜6.5
	安斉ら	$\alpha=70°$		3.2〜3.5	6.5〜8.5
V/∧型リブ	Han ら	V型	$\alpha=60°$	2.8〜3.6	8.0〜11
			$\alpha=45°$	2.5〜3.3	8.0〜10
		∧型	$\alpha=60°$	2.4〜3.3	8.5〜13
			$\alpha=45°$	3.0〜2.3	8.0〜11
	安斉ら	V型	$\alpha=70°$	2.7〜4.3	8.0〜11
		∧型	$\alpha=70°$	2.7〜3.9	8.0〜9.3
直角スタガードリブ	Kukraja ら	P/e=20		2.6〜2.7	4.2〜6.5
		P/e=10		3.4〜3.8	7.5〜11
	安斉ら	P/e=10		3.2〜3.9	6.5〜10
		P/e=5		4.6〜5.8	18〜19
V/∧型スタガードリブ	安斉ら	V型 $\alpha=70°$	P/e=10	3.0〜5.0	10〜11
			P/e=5	5.9〜6.6	10〜13
		∧型 $\alpha=70°$	P/e=10	2.5〜3.1	5.0〜6.0
			P/e=5	3.5〜4.1	7.4〜8.0

(1) P/e は記入していない場合は P/e=10 の条件での値
(2) Nu/Nus=リブ付面のヌッセルト数/平滑流路のヌッセルト数
(3) Cf/Cfs=リブ付流路の圧力損失係数/平滑流路の圧力損失係数

損失に問題がなければ，熱伝達特性に優れた V 型リブや，スタガード配列 V 型リブが採用されている．図 II-3-53 は最新の乱流促進体である V 型リブを加工した動翼内部冷却構造の例である[15]．

翼後縁部にはピンフィン冷却がよく用いられる（図 II-3-52 参照）．ピンフィン冷却は円筒状のピン（またはペデスタルと呼ぶ）を密に配置し，円筒まわりに誘起され

図 II-3-53　冷却通路内の乱流促進体構造

る2次流れによって，ピン両端壁面の冷却を促進する方法である．動翼や静翼後縁部の冷却を強化する目的で多く採用されている．また，このピン構造は肉厚の薄い後縁部の強度補強部材としての役割も果たしている．

フィルム冷却

翼面ガス温度が1100℃を超えると，内部冷却のみでは冷却効率が低く，メタル温度を十分低下させることが難しくなる．これに加えて内部冷却では翼の厚さ方向の温度差が大きくなり，運転時に発生する熱応力による低サイクル疲労のため，翼の設計寿命を満たすことが難しくなる．このようなことから，高温化に伴い内部冷却に加えてフィルム冷却を組合せた方式が採用されるようになった．

フィルム冷却は，翼表面の細孔から冷却空気を外部の境界層内に噴出し，翼表面上に主流ガスより低温の膜を形成する方法である．表面ガス温度が下がることにより，主流から翼面への熱流入が減少し，熱応力を低減することができる．しかし，フィルム冷却では，冷却能力のある空気を主流に放出するため，冷却空気量が限られているガスタービンにとって，効率のよい冷却手法とはいえず，内部冷却と組合せて用いねばならない．また，翼面上の孔から空気噴流を出すため，境界層を攪乱し，タービン翼の空力性能を低下させる．近年，吹出し孔の形状を台形状としたシェイプトフィルム冷却が航空用ジェットエンジンに使用されている．シェイプトフィルム冷却では台形状の吹出し孔により，吹出し空気を減速するので，翼面境界層を乱すことも少な

く，また，円孔からの吹出しに比べて広い範囲を冷却空気で覆うことができるとされている．

翼メタル温度分布

翼外面の熱伝達率分布と翼内部冷却条件が決まれば，翼形状にたいしてメタル各部の温度分布が有限要素法などの熱伝導解析によって求められる．その結果，メタルの許容最高温度を超える部分がないように冷却通路や翼形状などを最適にする（図II-3-51 参照）．図II-3-54 は翼冷却設計の流れを示したものである[16]．

設計基準としては，
（1）翼最高温度＜許容メタル温度（高温腐食，850～900℃）
（2）翼バルクメタル温度＜許容平均温度（クリープ強度）
（3）翼面の温度差＜経験的基準値（低サイクル熱疲労）
（4）冷却空気消費量＜設計仕様（性能目標値）
などが挙げられる．

冷却空気の流量分配

冷却設計において，冷却空気系統の流量分配と圧力損失の予測が必要である．冷却空気量を最小にするには，所要の空気流量を供給するのに最低限必要な圧力で，できるだけ低い温度の冷却空気を供給することにより達成される．そのためには，冷却流路の圧力損失を精度よく予測することが不可欠である．特にフィルム冷却を採用しているサーペンタイン対流冷却動翼の場合，冷却空気供給系統および翼内冷却流路の圧力損失に加え，回転時の翼面静圧の精度よい予測がなされないと，フィルム冷却に必要な空気配分が行えないことになる．

図II-3-55 に示すようなサーペンタイン冷却流路を持った動翼内冷却空気配分を検討する場合，図II-3-56 に示すように，サーペンタイン流路の各部分を要素化して計算するのが一般的である．各要素では，曲がり，乱流促進リブ，ピンフィンなど各構成要素にあった圧力損失，熱伝達率の関係式を用いる．それぞれの要素について温度，圧力，密度，などの状態量の関係を，接点ごとに流量と全エネルギー（全エンタルピー）の関係からできる差分式を連立して，最終的に入口境界条件の温度，圧力と出口の圧力を使って解くことにより，複雑な内部の各状態を求めることができる．一般に摩擦損失係数と熱伝達率は流速の関数であるから，上記の解は最終的にすべての状態が満足されるまで繰返し計算することによって得られる．このように複雑なター

第3章 電力機械—ガスタービン

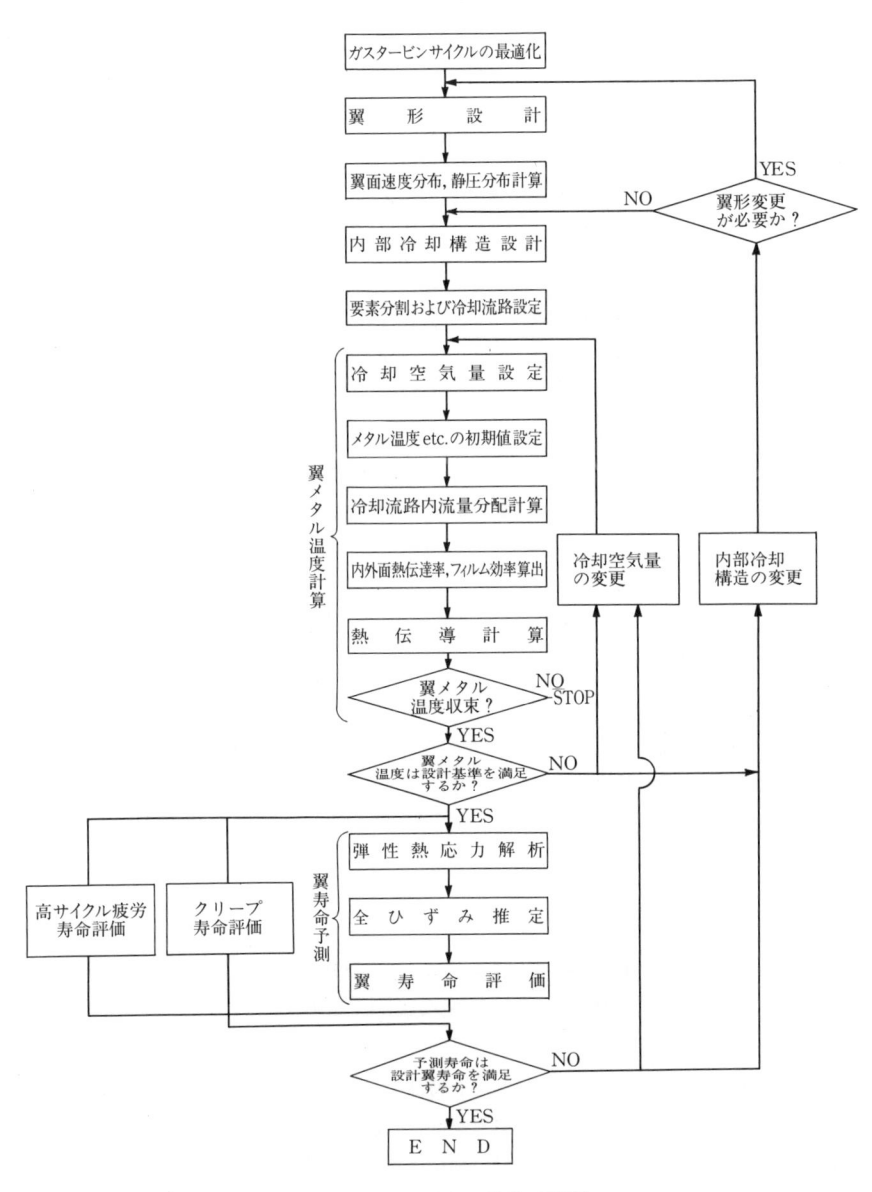

図 II-3-54 冷却翼設計手順[16]

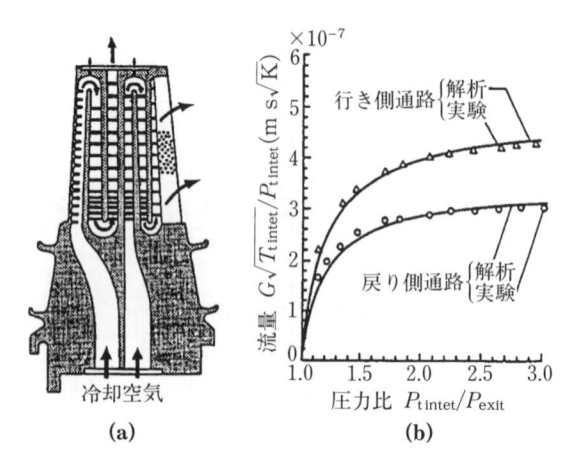

図 II-3-55 サーペンタイン冷却動翼流路の流量特性[17]
（a） 供試翼の形状，（b） 流量特性

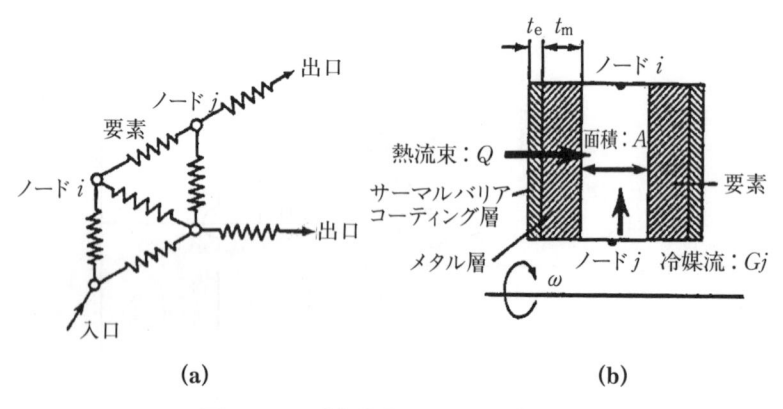

図 II-3-56 冷却流路ネットワーク解析モデル
（a） 全体要素ネットワーク，（b） 局所要素モデル

ビン流路の流れ計算では，流れや熱伝達を特徴づける流体要素および伝熱要素に分解して，要素ごとの関係式を連立し，境界条件に合わせた解を得ることが行われる．この解析の過程で流路の流速，温度上昇，熱伝達率などが求まる．図 II-3-51 に示したような翼メタル温度は，先に述べた翼外表面の熱伝達率分布と燃焼ガス温度分布と，この流路解析の温度分布と熱伝達率を境界条件にして，2 次元または 3 次元の熱伝導

解析を行うことにより,詳細な翼メタル各部の温度分布を求めることができる.図II-3-55は複雑な動翼冷却流路について,上記の解析法により,所定の圧力差に対して,その流量特性予測結果の検証を行ったもので,静止場,加熱なしの条件で,実験結果と解析結果がよく合っていることが確かめられている[17].ただし,この解析では圧力損失や熱伝達率に関して十分に検証されたデータベースを基に行われていることに注意しておく必要がある.

冷却技術と性能

　ガスタービン高温化の第1の原動力は冷却技術であり,第2は耐熱材料の進歩である.しかし,高温化に伴って冷却空気量が増加し,ガスタービンの出力は増加するものの,効率の向上量は少なくなる.図II-3-57はタービン入口温度と現状の冷却技術に基づく冷却空気量の関係および冷却空気量がコンバインドサイクル効率に及ぼす影響を示す[16].この図から分かるように冷却空気量がコンバインドサイクル効率に与える影響は大きく,高温化の利点を最大限生かすには,より高度な冷却方式を採用して冷却空気量の増加を極力抑えることが必要になる.また,内部冷却を強化すると,翼厚方向の温度差が増加し,必然的に熱応力が大きくなり,翼寿命を短くさせる.このため,高温ガスタービンでは翼表面のガス温度を下げ,翼に流入する熱量を低減することを狙いとしてフィルム冷却が行われる.フィルム冷却は翼面から冷却空気を吹

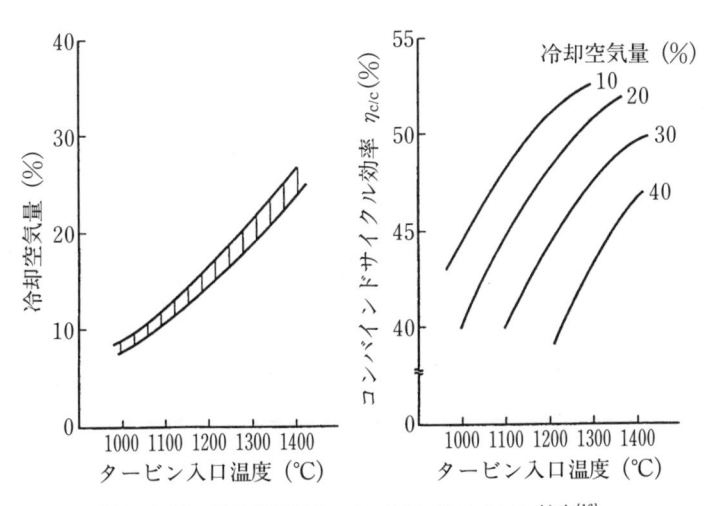

図II-3-57 冷却空気量とコンバインドサイクル効率[16]

出すため，冷却空気と主流が混合する過程で混合損失を発生する．さらに，冷却空気の吹出しが翼表面上の境界層を撹乱するため翼損失の増加を招く．したがって，冷却空気を最小にして冷却効果をあげることが望まれる．

タービン冷却による性能低下

冷却空気は通常，圧縮機出口または途中の段から抽気して，タービン冷却に送られる．冷却空気は燃焼器を通らずにタービンに供給されるために，空冷タービンの出力は無冷却タービンに比べると小さくなる．これに加えて，翼冷却に伴う下記の損失が発生する．

(1) 翼面あるいは流路壁面から吹出された冷却空気は主流と混合し，主流ガス温度を低下させ，このため得られる出力も減少する．
(2) 冷却空気は主流と比べ，流速が遅く，かつ一般に主流に対してある角度をもって吹出されるため，混合損失を生じる．
(3) 動翼冷却空気が吹出し位置までの半径差で昇圧されることによるポンピング損失を生じる．
(4) 動翼内に冷却構造を設けるために，例えば後縁では後縁厚みが大きくなり圧力損失が増える．
(5) 冷却空気は翼のみでなく，ディスク冷却用として，また主流の未燃ガスがディスクと静止部の間に入り込まないようにシール空気としても供給される．これ

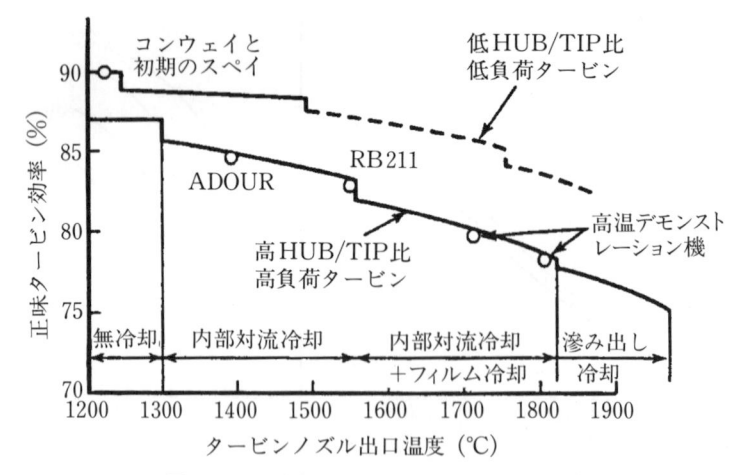

図 II-3-58 冷却によるタービン効率の低下[16]

らの冷却空気も最終的に主流に混入し損失を発生する．

図 II-3-58 に冷却空気がタービン効率に与える影響を示す[16]．タービン入口温度が1400℃近くになると，無冷却タービンに比べて約6%の効率低下を生じることが示されている．

3.4.5 構造設計・材料

基本的な空力設計が終わり，ガスタービンの内部流れ流路形状が決まると，各要素の詳細空力設計と並行して，構造，機械設計が同時に進められる．ここで，構造設計とはガスタービン各要素をどのような材料で，どれほどの厚みで製作し，どのように組立てるかを決める設計段階のことで，材料決定，応力評価，振動解析，工作法の検討を通して具体的な製作図作成が行われる．

(1) 翼の強度設計

圧縮機翼

空力設計により，圧縮機の翼外径，内径寸法などが決まると，薄く，枚数の多い圧縮機翼については，強度的信頼性を確保するために，苛酷な遠心強度のほか，流体的不安定現象（旋回失速やサージング，フラッタ）などの流体加振に対する強度確保と各種の共振回避を考慮した設計を行う．圧縮機のディスクは遠心応力に対して検討するとともに，圧縮機翼をディスクに取付けるための軸方向あるいは円周方向溝構造の強度設計を行う．さらに圧縮機ロータを構成するために，各ディスクの締結構造を検討し，圧縮機ロータの概略寸法を決定する．

圧縮機の翼は薄いので，タービン翼に比べると，より振動に対する検討が要求される．まず，各段の動，静翼に対して，翼の固有振動数を計算する．現在は，有限要素法による構造解析プログラムを用いて精度の高い値が求められる．この固有振動数をもとに，図 II-3-59 に示すように，回転数の高次モードを含めた加振周波数に対して共振を回避するために，キャンベル線図を用いて検討する．

また，翼の振動応答解析（感度解析）により，翼形状と高次振動モードに対する振動応答倍率の検討を行い，経験的に応答倍率と回転次数比の上限値範囲を超えないようにプロファイル（翼弦長，厚み）が決定される．特に，軸流圧縮機では，旋回失速時の翼の強度信頼性を確保するために，旋回失速時に予測される圧力変動により発生する応力が，許容応力に経験的なマージンをみた基準値より十分小さく，問題がない

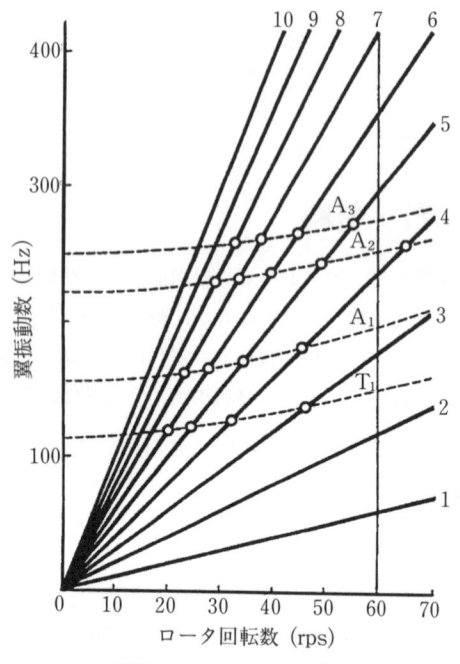

図 II-3-59 キャンベル線図

ことを確認する．

　曲げ固有振動数に対する回転次数比設計は翼の振動応力を直接評価する代わりに，翼の疲労限の静的な曲げ応力に対する比（応答倍率）と翼の1次曲げ固有振動数の定格回転数に対する比（回転次数比）を用いて間接的に評価する経験的な手法である．軸流圧縮機ではよく使われる設計手法になっている．

　応答倍率 A は

$$A = \sigma_m / \sigma_b \tag{63}$$

ここで，σ_m：材料疲労限，σ_b：ガス曲げ応力である．

$$N = f_n / f_N \tag{64}$$

ここで，f_n：1次曲げ固有振動数，f_N：定格回転周波数である．

　回転次数比設計の基準は

$$A \geqq 30N \text{（動翼）}, \quad A \geqq 12N \text{（静翼）}$$

タービン翼

タービン動翼については，まず圧縮機動翼と同様，遠心強度，ガス圧力による曲げ強度の検討を行う．一般に，タービン翼は圧縮機翼に比べて，肉厚が厚く，剛性も高いので，最も厳しい制限になるのは遠心応力である．特に，圧縮機翼と比べて高温下で運転されるので高温強度，すなわち材料のクリープ (creep)，酸化 (oxidation) や硫化 (sulfuration) に対して十分な強度が保てるように検討される．また，冷却構造を持つ最新のタービン動翼では，ノズルと同様，熱応力に対して十分な検討が必要である．

タービン静翼（ノズル）は静止部品であり遠心強度は必要ない，また，剛性も高いのでガス曲げ力に対しても大きな問題はない．設計上，最も大きい問題は熱応力であることは言うまでもない．ガスタービン構成要素の中で燃焼器と並んで最も高温にさらされる部品であり，翼内部から強力に冷却されているので，先に冷却設計の項で述べたノズルメタル温度分布をもとに，熱応力に対して細心の注意を払って検討する必要がある．材料の溶融点に対しても余裕がない環境下であり，クリープ強度ほか，酸化や硫化に対しても十分配慮しなければならない．

ロータ・ディスク強度

圧縮機，タービンロータは通常1段ごとにディスク構造で設計され，スタッキングボルトと呼ばれる長い締付ボルトで互いに締結されることが多い．このディスクには当然大きい遠心力が作用するので，遠心応力ができるだけ均一になる断面形状に設計される（図II-3-60参照）．遠心応力をドナート法などの遠心応力解析により，各部の応力が許容値以下であることを確認する．

圧縮機ディスクでは，翼取付け部ダブテイル構造には，アクシャルエントリー方式と，タンジェンシャルエントリー方式がある．前者は後者に比べて，取付け部のダブテイルが小さく設計できるが，加工コストでは後者が有利になる．

タービンディスクには，圧縮機翼に比べてかなり質量の大きいタービン翼を植え込むので，ダブテイル構造では強度的に不十分になり，蒸気タービンでよく使われているクリスマスツリー型の結合部とする．熱的にも厳しいので，取付け部の強度について十分な検討が必要である．

（2）ロータの設計

図II-3-61は典型的な発電用ガスタービンのロータ構造例である．これまで述べた

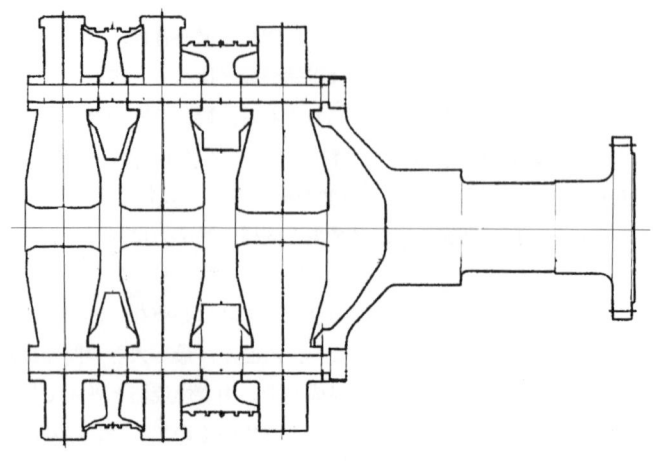

図 II-3-60　タービンディスク断面形状

ガスタービン構成要素の空力設計，構造設計により，圧縮機，タービンのロータ概略寸法が決まれば，これと並行してガスタービンロータとして，次に述べる各項目を検討しておく必要がある．その結果，ガスタービンロータとして全体に不都合があれば，再度，圧縮機，タービンの要素の計画を見直し，最終的な形とする．

スラスト

　一軸型のガスタービンでは，圧縮機とタービンロータに作用するスラスト（流体の圧力差による軸方向力）は互いに逆向きとなり，大半の力は打ち消し合う．圧縮機，タービン各部の圧力を計算し，差し引き残ったスラストは，スラスト軸受に持たせる．このスラスト力の見積もりは軸受設計の信頼性にかかわるので非常に重要である．特に，定格運転条件のみでなく，起動時を含む過渡状態に対しても検討しておくことが重要である．

トルク

　ガスタービンによって駆動される負荷（例えば発電機など）が，ガスタービン軸の圧縮機側（コールドエンド）か，タービン側（ホットエンド）のどちらに接続されるかを含め，ロータの伝達トルクに対して，ねじり合成が十分かどうかを検討する必要がある．スタッキングボルトについては，圧縮機，タービンのディスクを締結する本

第3章 電力機械—ガスタービン

図 II-3-61 タービンロータ外観

数を決定し，その強度について検討する．その結果，伝達可能トルクが負荷に対して十分であることを確かめる．さらに，定格トルクのみでなく異常時の最大トルクに対しても，信頼性が十分か確かめなければならない．

ロータ振動

ガスタービンロータが安定に回転するには，少なくとも定格速度が危険速度より十分離れていることが必要である．これまでの検討から，ガスタービンロータの質量，各部外形寸法，回転速度などが分かるので，この条件に合う軸受を計画することができる．図 II-3-62 はガスタービンロータの軸系断面を示しているが，次に，この軸受で支持された軸系の危険速度（固有振動数）を検討する．軸受の剛性値も，これまでの実績データなどから，十分信頼できるデータを用いて，有限要素法などによりガスタービンロータ系の危険速度を予測する．定格速度が危険速度に近い場合は，ディスク径や構造を変更してロータ剛性を変え，再度計算を繰返す必要がある．最終的に，剛性モード，曲げモードの固有振動数に対して，定格回転数が5～10%以上離れていることを確認する．

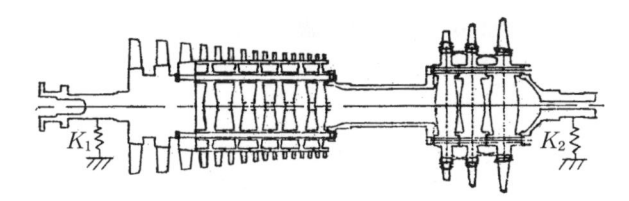

図 II-3-62 タービンロータの軸系解析モデル

（3） 材料と強度

圧縮機用材料

軸流圧縮機の動翼，静翼は空気力による曲げの力を受けるが，前方にある支持部材や翼列の後流のため，その力は一様でなく，振動的なものになる．また，動翼は回転による大きな遠心力を受ける．このような振動応力，定常応力のため，翼材は疲労，クリープに強いことが必要である．

定置用ガスタービンの吸入する空気は腐食性のガスや塵埃を含むことがあるので，耐食性，耐摩耗性も要求される．これらのため，圧縮機翼には不銹鋼（ステンレス，SUS）やアルミ合金が用いられる．12 Cr 鋼は加工性がよく，内部摩擦によるダンピング効果も大きいので振動に強い．12 Cr 鋼に W，Ti を加えたものは応力腐食に対して強い．

圧縮機ロータまたはディスクは周方向あるいは軸方向に溝を切って動翼を植え込むので，遠心力に対して十分耐えうる強度が要求される．Ni-Cr-Mo-V 鋼や Cr-Mo-V 鋼など鍛造鋼が用いられる．

燃焼器用材料

燃焼器は外筒，内筒（ライナ），内筒頭部，また第1段タービンノズルへの連絡通路を形成するトランジションピースなどから構成されている．いずれも高温にさらされるので耐熱合金を使った板金を加工して作られる．外筒とライナの間は燃焼空気が通りライナの外表面はこの空気によって冷却されているが，温度分布の不均一性から生ずる熱応力や燃焼振動などによる変動応力にも耐えねばならないので，耐熱合金としては強度的にも十分な，25 Cr-20 Ni 鋼や，Inconel，Hasteloy-X といった高級材料が使用される．しかし，ライナ内壁表面は 1500°C を超える燃焼ガスが流れるので，いかなる耐熱合金でも耐えられない．したがって，ライナ壁は先に述べたように，ライナ外側を流れる圧縮機からきた比較的低温の空気を用いて冷却するための冷却構造を持つ．

タービン用材料

タービン静翼（ノズル）は燃焼器からくる高温ガスにさらされ，ガス温度のむらや，起動・停止など運転の変化に伴う急激な温度変化のため熱衝撃的な熱応力を繰返し受けるので，これらに耐え得る材料でなければならない．最近の高温ガスタービン

は，翼内部に複雑な冷却構造を有するので，現在では大抵精密鋳造により作られる．材料としては，加工性，耐腐食性に優れる Co 基超合金の X-45，FSX 414，ECY 768 などが主に採用されているが，最近の高温化の進展に伴い高温強度も要求されるようになり，Ni 基超合金の GTD 222，IN 738 LC，IN 939 なども使用されるようになった．

タービン動翼は高温環境のほか，回転による遠心力，ガス圧力による曲げなど，機械的，流体的に複雑な力が作用するので，クリープ強度，疲労強度，耐酸化性が十分な材料を必要とし，Ni 基超合金の IN 738 LC，GTD 111，U 520，MarM 247 など多くの超合金材料が開発されてきた．

これらの耐熱鋼から翼を作るには，耐熱合金の機械加工性がよくないこともあり，複雑な 3 次元形状を加工するには適さないので，精密鍛造や精密鋳造法によるのが普通である．精密鋳造はロストワックス鋳造法の開発により，複雑な内部冷却構造を持つ高度な 3 次元形状翼が製作できるようになった．タービンノズル材料としては，先に述べたようにニッケル基合金もよく使われるが，ニッケル基超合金は非常に硬く，機械加工しにくいこと，またノズル内部の冷却空気用通路の形状が極めて複雑で，機械加工が不可能な場合が多く精密鋳造構造が採用される．ニッケル基超合金に比べて，750～900℃で機械的強度は少々劣るが，熱衝撃強度と高温での耐食性で勝り，溶接性のよいコバルトを主成分とする耐熱合金である X-40（コバルト合金）などが用いられてきたが，先に述べたように最近では Ni 基超合金も使われる．コバルト基耐熱合金の主成分は商品名により少なからず異なるが，一般にコバルトのほか，クロムが 20～25%，ニッケルが 10%程度，タングステン 5～10%，タンタル数%などが含まれる．

一方，ニッケル基耐熱合金の主成分はベースのニッケルのほか，クロムとコバルトが各々 10～20%，アルミニウムが 3～6%，モリブデン 2～6%，チタン 1～5%などである．クロムは合金を酸化や腐食しにくくするために役立ち，アルミニウムとチタンは合金を強化するのに有効な成分である．ベースになるコバルトとニッケルを比較すると，前者は熱衝撃や高温での腐食に対して強く，後者は機械的強度と延性が高いという特徴を持っている．

このような耐熱合金でもまだ耐酸性などが不十分な場合は，ニッケル，アルミナイトで合金表面を溶射（coating，コーティング）するという方法もある．

動翼はノズルと異なり，高い遠心力に耐えねばならないので，先に述べたように高温クリープ強度の低いコバルト合金は使われず，延性と高温での疲労強度の強いニッ

ケル合金に限られる．冷却通路が複雑なので，精密鋳造によって作られるのが普通である．冷却の不要な低温段の動翼では鍛造品も用いられる．表II-3-7にガスタービン主要素に用いられている材料の代表的な例を示す．

DS翼とSC翼

動翼にかかる最大の応力は遠心力によるものであり，結晶粒界がないかもしくはその方向が半径方向になっていれば遠心応力に対する強度が向上する．高温溶融体を鋳造した後，冷却に際して，翼全体から冷却する通常の方法では多結晶構造となるが，翼の付け根から翼先端に向かって冷却を進めれば，一方向凝固材（directionally solidified，DS材）ができる．この方法によれば熱疲労強度（一定引張条件のもとで，温度を1100～1300°Cに上げては常温に下げる温度サイクルを繰返したとき，何

表 II-3-7 高温ガスタービンの主要部材料

部位		材料
タービン	動翼	Ni基超合金精鋳 GTD 111，IN 738 LC，Rene 80
	静翼	Co基，Ni基超合金精鋳 FSX 414，IN 738 LC，GTD 222
	ディスク	CrMoV鋼，HGTD 1，IN 706
燃焼器	シュラウド	Ni基超合金精鋳，IN 738 LC
	ライナ	Ni基超合金圧延材 Hastelloy X，Nimonic 263
	トランジションピース	Co基超合金，HA 188
圧縮機	動翼	12 Cr鋼
	静翼	12 Cr鋼
	ディスク	NiCrMo鋼，CrMoV鋼
ケーシング	スタッキングボルト	12 Cr鋼
	入口ケーシング	ダクタイル鋳鉄
	圧縮機ケーシング	ダクタイル鋳鉄
排気ダクト	タービンケーシング	2 Cr-1 Mo鋼，ASTMA 387
	ディフューザ	SUS 347
	ダクト	12 Cr鋼，NSSHR 1

サイクル目でクラックが発生するかを評価する) は通常の冷却法に比べて 10 倍近く改善されるものもある.

さらに一歩進んで,結晶粒界のまったくない単結晶材 (single crystal, SC 材) も開発されている.これらの SC 材や DS 材は,通常の鋳造材に比べて,そのクリープ破断特性を約 1000°C, 2500 MPa (260 kgf/mm²) 下で比べると,各々 107 時間, 67 時間, 36 時間となり, SC 材の優秀さが示されている.

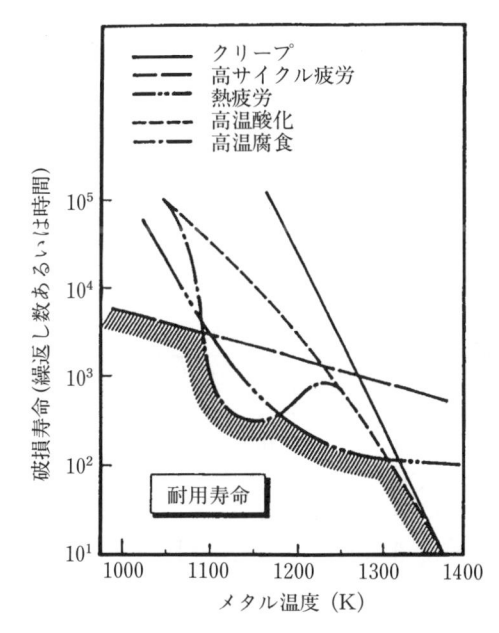

図 II-3-63　ガスタービン動翼用超合金の耐用寿命とその要因[18]

図 II-3-63 はガスタービン用動翼用超合金の耐用寿命に及ぼす劣化・損傷要因の温度依存性を示している[18].図から分かるように 700°C付近から次第に高温になるに従い,高サイクル疲労,高温腐食,熱疲労,クリープおよび高温酸化へと動翼の耐用寿命を支配する劣化・損傷要因が移行していくことが分かる.特に高温腐食は 800～950°Cの温度域で問題になる.

外部遮熱技術

燃焼器筒やタービン翼,高温部ケーシングなど,ガスタービンの高温部材には,ニ

ッケル系，コバルト系の超合金が使用される．これらの部材の表面に熱伝達率が低く耐熱性のよいセラミックを被覆すると，高温ガスから流入する熱流束が低減されるので，基材金属部の温度を下げることができる．このいわゆるセラミック遮熱コーティング（thermal barrier coating, TBC）の研究は1970年代から航空エンジンを対象に始められ，プラズマディスプレイなどの薄膜コーティング技術の発達により，1980年代には燃焼器への適用が一般的になった．現在では，先端的な航空エンジンや発電用ガスタービンでは，翼端部，静翼，動翼にも適用されるようになってきた．しかし，セラミックと金属では熱膨張率などの熱物性値，機械的強度，耐酸化性などに本質的な相違があり，遮熱層と金属基材の接合強度に関して，まだ十分な信頼性が確立されていない．このため，タービン翼，特に動翼のTBCは安全のため，まだ補助的な機能として採用されるにとどまっている．

図II-3-64は金属基材の表面にセラミック遮熱層を施したときの厚さ方向の温度分

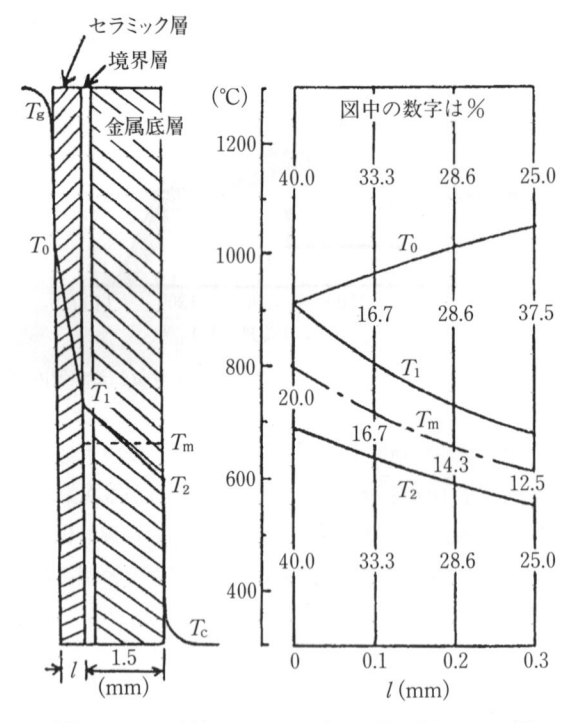

図 **II-3-64** 遮熱コーティングの翼材温度低下効果[19]

布を示したものである[19]．通常，外部遮熱翼は3層構造になっている．最外層にセラミック層，すなわち一般にイットリア部分安定化ジルコニア（通常厚さ0.2～0.3 mm）が用いられ，中間層に基材との結合を強化するためにボンド層と呼ばれる熱膨張係数が基材とセラミック層の中間にある NiCoCrAlY など（厚さ0.1 mm 程度）が挿入される．

図II-3-64の例では，ガス温度 T_g=1300°C，冷却空気供給温度 T_c=300°C，熱伝達率 H_g=H_c=5000 kcal/m²hK，熱伝導率 $\lambda_{ceramic}$=1 kcal/mhK，λ_{metal}=$\lambda_{bonding}$=15 kcal/mhK としている．1次元の熱伝導計算の結果，遮熱コーティング厚さ0.2～0.3 mm で 100～150°C の温度低下が期待できることが示されている．

3.5 ガスタービンの運転・制御

ガスタービンは圧縮機，タービン，燃焼器の主要3要素から構成されており，運転性能はこれら構成要素の特性が組合されたものである．したがって運転性能を知るには構成要素の特性を知り，流量や圧力比など全体に関わる量について，構成要素間の関係を求めて運転点を決めていくことになる．すなわち，ガスタービンの特性を知るには，まず圧縮機，タービンなどの単独の特性を知る必要がある．

3.5.1 圧縮機の特性

圧縮機の特性を示す量には次のものがある．

入 口 圧 力：p_1　　　出 口 圧 力：p_2
入 口 温 度：T_1　　　出 口 温 度：T_2
回 転 数：n_c　　　断 熱 効 率：η_c
流 量：G　　　入 力：N_c
代 表 寸 法：D
比 熱 比：κ
粘 性 係 数：μ
体 積 弾 性 率：K

左側の量は，圧縮機特性を左右する因子で独立変数であり，右側の量はそれによって決まる従属変数と考えることができる．左側の量のうち，κ は空気の場合，温度範囲

を極端に大きく考えない限り一定とみなせる．また，μ と K については無次元化すると，レイノルズ数 Re とマッハ数 M になるが，これらが大きく変化しない範囲を考えることにすれば，κ，Re，M の影響を省略することになり，圧縮機の特性は一般に次の三つのパラメータで表される．

$\pi_c = p_2/p_1$：圧力比，$nD/\sqrt{T_1}$：修正回転数，$G\sqrt{T_1}/(D^2 p_1)$：修正流量．

これより，圧縮機の特性曲線は一般に次のように表される．

$$\pi_c = p_2/p_1 = f\{G\sqrt{T_1}/(D^2 p_1),\ nD/\sqrt{T_1}\} \tag{65}$$

また，同一の圧縮機の特性を考える場合は代表寸法 D が一定であるから，一つの圧縮機の特性曲線は次式で表される．

$$\pi_c = p_2/p_1 = f\{G\sqrt{T_1}/p_1,\ n/\sqrt{T_1}\} \tag{66}$$

標準とする入口の空気圧力 p_{10}，温度 T_{10} とすると，次の修正量で特性を表すことが多い．

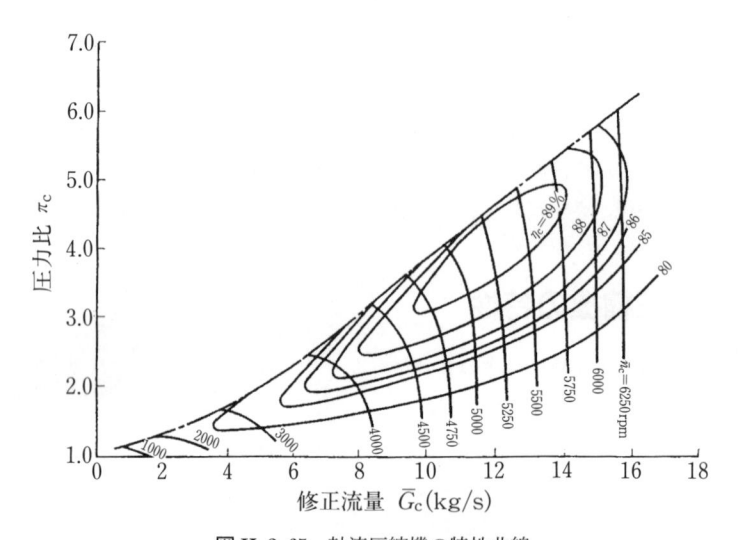

図 II-3-65 軸流圧縮機の特性曲線

基　準　圧　力　$p_{10} = 1.033$ (kg/cm²)
〃　　温　度　$T_{10} = 273 + 15 = 288$ (K)
圧縮機入口圧力　p_1
入　口　温　度　T_1
回　転　数　n
流　　量　G
出　口　圧　力　p_2

修　正　回　転　数　$\bar{n}_c = \dfrac{\sqrt{T_{10}}}{T_1} n$
〃　　流　量　$\bar{G}_c = \dfrac{p_{10}}{\sqrt{T_{10}}} \dfrac{\sqrt{T_1}}{p_1} G$
圧　力　比　$\pi_c = \dfrac{p_2}{p_1}$
断熱圧縮効率　η_c (%)

第3章 電力機械—ガスタービン　　　　　　　　　187

$$G_c = (p_{10}/\sqrt{T_{10}})(\sqrt{T_1}/p_1)G \tag{67}$$

修正回転数： $n_c = (\sqrt{T_{10}}/\sqrt{T_1})n \tag{68}$

修 正 入 力： $N_c = (p_{10}/p_1)(\sqrt{T_1}/\sqrt{T_{10}})N \tag{69}$

これらの修正流量，修正回転数を用いて，圧縮機の特性を試験状態のみでなく，吸込大気状態が変化したときも普遍的に表すことができる．

図II-3-65は，標準状態を $p_{10} = 0.102$ MPa（1.033 kg/cm²），$t_{10} = 15°$Cとして，横軸に修正流量 G_c，縦軸に圧力比 π_c，断熱効率 η_c をとり，修正回転数 n_c をパラメータとして，圧縮機の特性曲線を示した例である．π_c と G_c，η_c と G_c の関係が示されている．η_c は等高線として示されている．

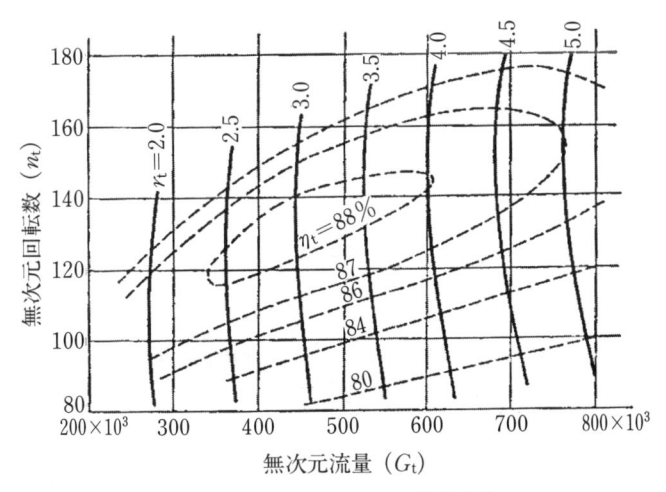

図 II-3-66　軸流タービンの特性曲線

タービン入口圧力　p_3　　　無次元流量　$(G_t) = \dfrac{\sqrt{T_3}}{p_4}G$

〃　　入口温度　T_3

〃　　回転数　n　　　　〃　回転数　$(n_t) = \dfrac{n}{\sqrt{T_3}}$

〃　　流　量　G

〃　　出口圧力　p_4　　　膨　張　比　$\pi_t = \dfrac{p_3}{p_4}$

　　　　　　　　　　　　断熱膨張効率　η_t

3.5.2 タービンの特性

タービンの場合も圧縮機と同様のパラメータが使用される．
膨張比：$\pi_t = p_3/p_4$
無次元回転数：$n_t = n/\sqrt{T_3}$ または $\boldsymbol{n}_t = (\sqrt{T_{30}}/\sqrt{T_3})n$ (70)
無次元流量：$G_t = (\sqrt{T_3}/p_3)G$ または $\boldsymbol{G}_t = (p_{30}/\sqrt{T_{30}})(\sqrt{T_3}/p_3)G$ (71)
無次元出力：$N_t = (1/p_3\sqrt{T_3})N$ または $\boldsymbol{N}_t = (p_{30}/p_3)(\sqrt{T_3}/\sqrt{T_{30}})N$ (72)

これらの無次元量を用いて，タービン特性が普遍的に表される．図II-3-66は軸流タービンの特性例を，横軸に無次元流量，縦軸に無次元回転数をとり，膨張比 π_t と効率 η_t をパラメータにして示したものである．図では無次元流量 $(\sqrt{T_3}/p_3)G$ の代わりに，$(\sqrt{T_3}/p_4)G$ で示されている．これにより，$\pi_t = p_3/p_4$ だけ横軸が拡大されている．タービン効率 η_t は圧縮機の場合と同様，等高線状に示されている．また，タービンの特性として，膨張比 π_t が一定の場合，回転数が変わっても流量はほとんど変化していないことが分かる．

3.5.3 ガスタービンの特性

ガスタービンには要素の組合せ方で種々の形式があるが，ここでは発電用大型ガスタービンによく見られる一軸型ガスタービン，すなわち，圧縮機とタービンが同一軸で接続され，同一回転数で回る形式のガスタービンについて考える．ガスタービンが定常運転を続けるためには次の条件が満たされていなければならない．

（1）圧縮機とタービンの流量が一致する．ただし，漏洩量や冷却空気用の抽気量は考慮する．
（2）圧縮機における圧力上昇が燃焼器，ダクト，タービンなどにおける圧力降下の和に等しい．
（3）圧縮機，タービン，負荷（発電機など）の間にパワーバランスが成り立つ．
（4）直結される機器の回転数が一致する．

したがって，設計点のみでなく，部分負荷特性を求めるには，圧縮機，タービン，燃焼器などガスタービンを構成する要素の特性を，先に述べた特性曲線で示し，それらの間の流量，圧力，パワーなどが上記の条件を満足するような点を見出せばよい．

それには圧縮機やタービンの要素特性に用いたのと同様の無次元量を用いるのが便利である．一般に，ガスタービンの試験の際には次の諸量を計測する．

大 気 圧 力：p_0
大 気 温 度：T_0
回 転 数：n　　　　　　　無次元回転数：$n/\sqrt{T_0}$
燃 料 供 給 量：B　　　　　無次元燃料供給量：$(1/p_0\sqrt{T_0})B$
代 表 寸 法：D
出 力：N　　　　　　　無次元出力：$(1/P_0\sqrt{T_0})N$
空 気 流 量：G　　　　　　無次元流量：$(\sqrt{T_0}/P_0)G$
圧縮機圧力比：π_c
タービン入口温度：T_i　　　無次元タービン入口温度：T_i/T_0
タービン出口温度：T_e　　　無次元タービン出口温度：T_e/T_0
熱 効 率：η

これらの計測値を用いて，上に示した無次元量を用いて，吸込条件の異なるガスタービンの特性を一般化できる．また，上記の無次元量の代わりに，標準状態の p_{st}，T_{st} を用いて，次に示す修正値で表示されることもある．

修正出力：$N=(p_{st}/p_0)(\sqrt{T_{st}}/\sqrt{T_0})N$ (73)

修正流量：$G=(P_{st}/p_0)(\sqrt{T_0}/\sqrt{T_{st}})G$ (74)

修正回転数：$n=(\sqrt{T_{st}}/\sqrt{T_0})n$ (75)

修正タービン入口温度：$T_i=(T_{st}/T_0)T_i$ (76)

修正タービン出口温度：$T_e=(T_{st}/T_0)T_e$ (77)

修正燃料供給量：$B=(p_{st}/p_0)(\sqrt{T_{st}}/\sqrt{T_0})B$ (78)

ガスタービンの性能曲線

ガスタービンの性能は図II-3-67に示すように，回転数と，吸込入口温度から出力，熱効率が分かるように表されることが多い．特に定格運転時の性能について，吸込条件によってガスタービン出力，熱効率が変化するので，吸込圧力，吸込温度に対して，上に述べた修正出力，修正流量，修正回転数の関係が重要になる．発電用ガスタービンなど，地上定置型ガスタービンでは吸込大気圧力の変化は少ないが，夏期と冬期の温度差による出力，効率の変化には注意が必要である．図II-3-68には，定置型ガスタービンの吸込温度変化に対する出力と効率の変化が示されている．このよう

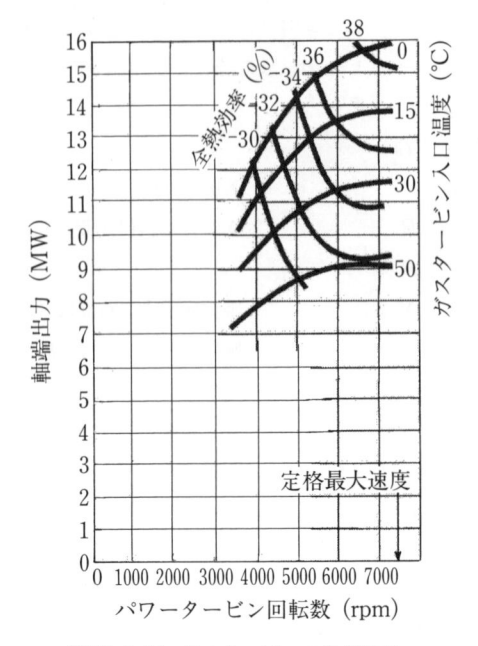

図 II-3-67　ガスタービンの性能曲線

な性能曲線によって年間を通しての出力変化を予測しておくことはガスタービン運用上特に大切なことである．

ガスタービンの起動特性

　ガスタービンの起動は，起動用電動機など（スタータ）によって，ガスタービンロータを回転させ，圧縮機から燃焼器に送風を始める．ある風量に達したとき，燃焼器に燃料を送ると同時に点火器により着火する．燃焼器からの高温，高圧ガスはタービンで膨張して動力を発生する．したがって，着火後はスタータとタービンの両方で圧縮機を加速することになる．低速回転のうちは圧縮機を駆動する動力のうち，スタータから供給される分が多いが，回転数が上昇するに連れて，圧縮機の吐出し風量，圧力が高まり，タービンの動力が大きくなり，ついにはタービン出力のみで圧縮機を駆動できるようになる．この状態になれば，スタータを切り離してもガスタービンロータは回転を維持することができ，自立運転になる．いわゆるアイドリング状態になる．

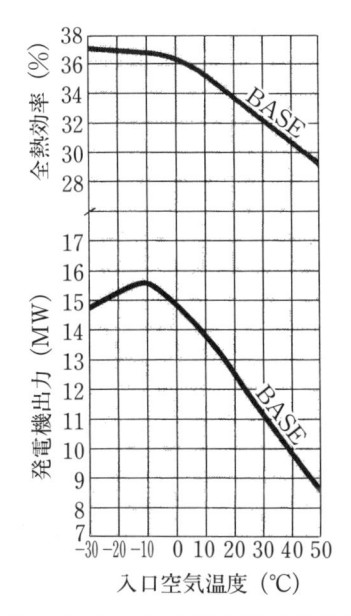

図 II-3-68 ガスタービン性能に及ぼす吸込温度の影響

自立運転状態に入ってからは，燃料供給量を増加して加速する．発電機駆動の場合には，無負荷状態のまま同期速度まで回転を上げる．規定回転数に達した後は，発電機を電力網に接続し，燃料供給量を増加して負荷を取る．

ガスタービンを起動する際に注意を要するのは，ホットスタートと旋回失速である．ホットスタートは圧縮機の回転数が十分に上がらないうちに多量の燃料が燃焼器に送られた場合，または起動に失敗して再起動するとき，前回の燃料が未燃のまま残っていて，一時に発火したような場合に起こり，高温の火炎がタービンに直接入って翼を焼損する．このため，起動燃料制御装置をつけ，起動時に過分の燃料が流入することを防止する，また，起動時に十分モータリングして，可燃ガスをパージすることと，ドレンコックから残存燃料を排出するなどの注意が必要である．

起動時の旋回失速とサージング

ガスタービンに用いられる高圧力比の軸流圧縮機では，旋回失速（rotating stall）やサージング（surging）と呼ぶ流体的不安定特性がある．先に示した圧縮機の特性曲線で，サージングと示された線があるが，この線より左側の領域，すなわち小流量

側では圧縮機は安定な作動ができない．

圧縮機特性の項で述べたように，圧縮機の流量-圧力はともに回転数の増加とともに増えるが，回転数が固定されていると，流量-圧力は一本の特性曲線上を動く．すなわち，ある流量を送風するのに必要な圧力が決まると，その圧力に見合った流量しか流せない．流路の流量-抵抗曲線との交点が圧縮機の作動点ということになる．この一定回転数での特性曲線上で流量をどんどん小さくしていくと，いずれ翼の入口角度と流れの角度が大きく食い違うことになり，翼の入口で流れは翼に沿って流れることができなくなり，翼入口部で剝離してしまう．このような状態では，もはや翼列は正常に作動せず，圧力をこれ以上上昇させることができなくなる．このようになると，軸流圧縮機では翼列間に発生した失速領域が円周上に次々同一翼列上を移動することになり，不安定な流動現象を示す．これを旋回失速という．このような状態から，さらに流量を少なくして運転しようとすれば，圧縮機を含む送風流路全体の系に不安定現象が生じ，いわゆるサージングと呼ぶ大きい圧力変動が生じて圧縮機は運転不能となる．各回転数で運転される圧縮機特性曲線の最小流量運転点のエンベロープを連ねたものがサージラインである（図II-3-65参照）．圧縮機はこのサージラインを超えない範囲で運転されねばならない．

多段軸流圧縮機の場合，その翼列は定格回転数に対して設計された翼列配置となっているため，低速回転時には前段の翼列の圧縮仕事が少なくなるので所定の体積に圧縮できず，後段では翼列が正常に働かなくなる．したがって，これを回避するために，圧縮機入口の案内羽根を絞ったり（閉じたり），途中の中間段で一部空気を抽気して，翼列の安定運転領域を確保している．

ガスタービンを低速から増速するには，燃料供給量を変えて制御する．極めてゆっくり燃料を増やしていけば，流量，ガス量は各回転数に応じた定常性能運転値を取りながら回転数が上がっていく．急速に加速しようとして燃料を増加すると，タービン入口温度が高くなり過ぎたり，圧縮機がサージングを起こしたりすることになる．したがって，実際のガスタービンではこのような状態にならないように，回転数，ガス温度などを検出して，燃料要求量を制御するFCU（Fuel Control Unit）を設置する．これにより，負荷が急激に変化しても安全に運転できるように制御する．図II-3-69は圧縮機の運転線の例を示している[4]．通常速度で加速されるときの運転線と急加速時の例が示されている．急加速時もサージングに近づくがサージラインを超えないように制御されている．

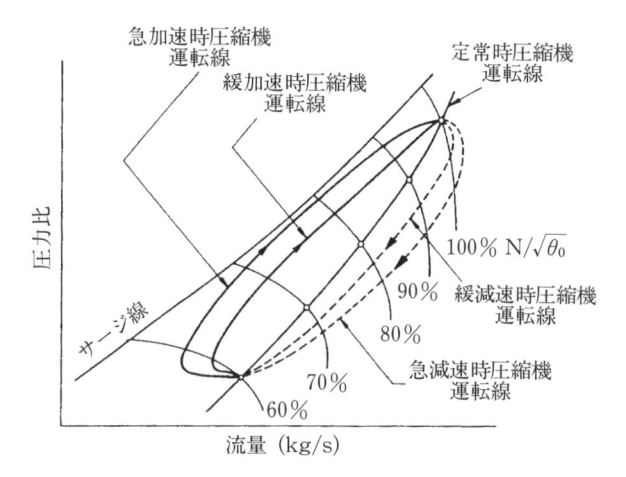

図 II-3-69　ガスタービン加減速時の圧縮機運転線[4]

3.5.4　ガスタービンの制御

　ガスタービンの制御は上述のように，ガスタービンの構成要素である圧縮機，燃焼器，タービン，および負荷の発電機などの異なる特性上の要求を満足させる必要がある．これらの運転上の制約を各要素についてまとめると次のようになる[20]．

ガスタービンの運転上の制約
ガスタービンを構成する各機器からの運転制約には次のような項目がある．
（1）圧縮機の制約
圧縮機は運転範囲が限定され，吐出し圧力を規定値以上にあげられない．特に，軸流圧縮機の場合は低速回転時での安定作動範囲が非常に狭いため，上で述べたように，抽気弁により中間段から空気を抽気したり，入口案内羽根により吸気量を減らすなどの種々の対策を行う．さらに，起動時の吐出圧力が異常に上昇しないように，燃料過多を防止しなければならない．
（2）燃焼器の制約
燃焼器では，燃料過多になると燃焼温度の異常上昇から燃焼器が焼損する．また燃料が少ないと火炎が失火して，運転を継続することができなくなる．そのため，適正

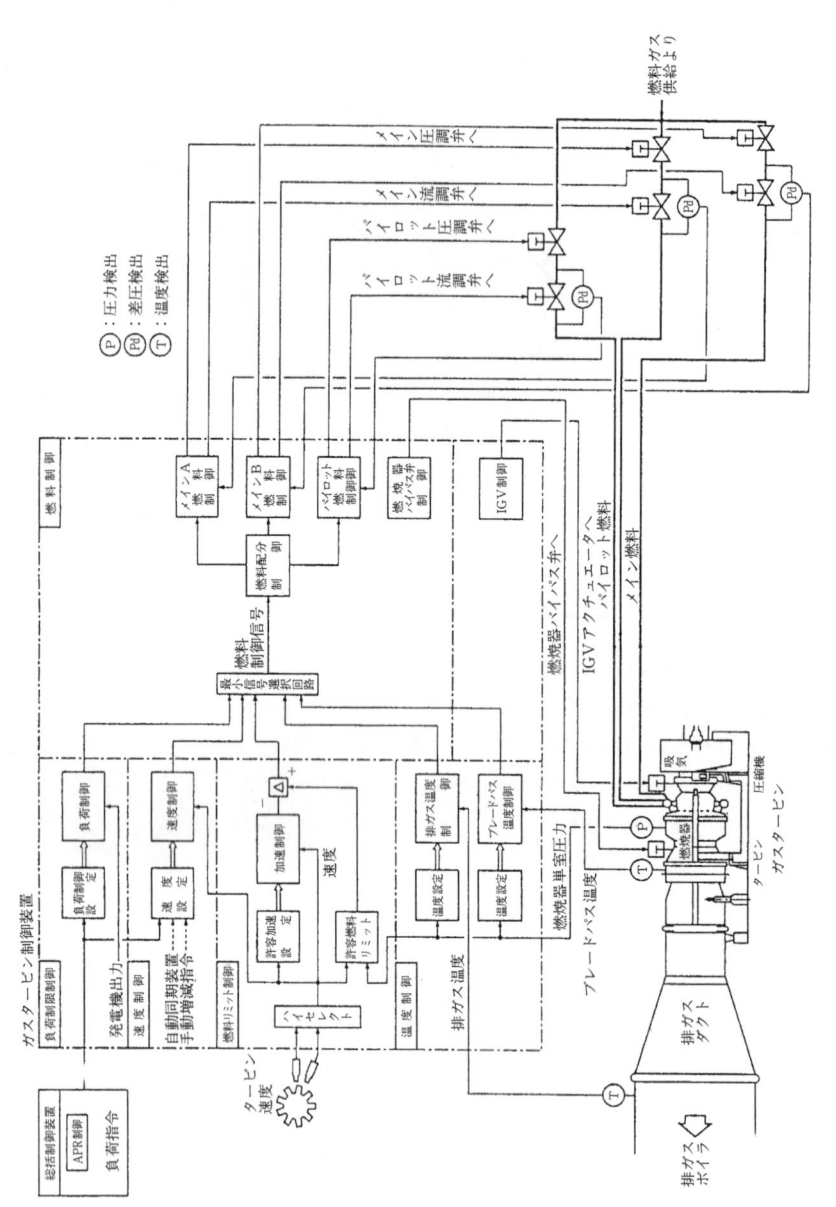

図 II-3-70 ガスタービンの制御系統図[20]

な燃料流量範囲を守ることが不可欠である．さらに最近では，公害対策から，従来からの蒸気噴射による火炎温度低下法に加えて，希薄予混合燃焼による低 NO_x 化を実現している．この場合，燃料系統が2ないし3系統になるとともに，燃焼器内筒自身に空燃比を調整する可変機構とそのための駆動装置が追加されている．したがって，これらの制御機能も追加されることになる．

（3） タービンの制約

タービンは高温ガスを膨張させて，駆動力を得るが，そのときに回転数が適正になるように制御しなければならない．特に負荷遮断時（落雷，その他突発的な要因で負荷回路を急に解列する状態）では，ガスタービンは全負荷状態から突然無負荷状態になり，回転数が急上昇しオーバースピード状態になるため，過速度トリップしないように，燃料を急速に減少するよう制御しなければならない．しかし，蒸気タービンの場合と異なり，過速度防止装置で強制的に蒸気を遮断するように，ガスタービンの燃料を緊急遮断すれば，燃焼器が失火し運転継続することができなくなる．そのため，失火防止の最小燃料を確保しつつ過速度を防止しなければならない．さらに，タービン翼は燃焼器と同様に高温の燃焼ガスが直接当たるため，タービン入口温度には許容上限がある．

ガスタービン制御装置

図 II-3-70 は最近の発電用ガスタービン制御系統図の例である[20]．ガスタービンで

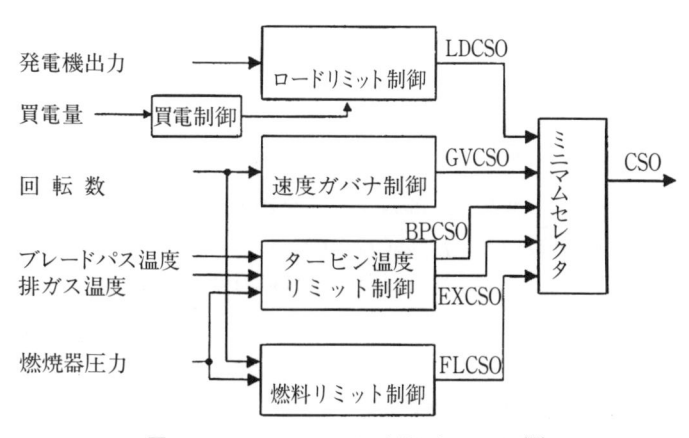

図 **II-3-71** ガスタービン制御ブロック図[20]

は，これら各要素の運転上の制約を同時に制御しながら運転することになる．このため，次に示すように各制御回路を並列に働かせ，各制御回路出力のうち，最小信号を選択する手法によって，相互に関連し合う各状態変数の保護制御の要求を同時に満足させて，かつ最も効果的な運転が行えるようにしている．ガスタービンの制御ブロック図の例を図II-3-71 に示す．制御ブロックの構成は次のようなものである．

(1) 速度ガバナ制御
(2) ロードリミット制御
(3) タービン温度リミット制御
(4) 燃料リミット制御
(5) ミニマムセレクタ回路

(1)から(4)の各制御回路の出力のうち，最小信号を(5)のミニマムセレクタ回路で選択し，制御出力信号 CSO（Control Signal Output）とし，これをもとに燃料供給量の制御を行う．

このほかプラントの要求に合わせて，次の制御回路が付加されている．

(6) 燃料切替制御
(7) IGV (Inlet Guide Vane) 制御
(8) NO_x 低減蒸気噴射制御
(9) 出力増加蒸気噴射制御
(10) 買電量一定制御

以上の各制御回路は互いに関連しながらプラントの閉ループ制御を行う．表II-3-8は発電プラント用ガスタービン制御回路機能の例である．

3.6 演　　習

(1) 単純サイクルガスタービンの効率は次式で表されることを示せ．

$$\eta = L/Q = (L_t - L_c)/c_p(T_3 - T_2)$$
$$= [\eta_{adc}\eta_{adt}(\tau_3/\pi^{(\kappa-1)/\kappa}) - 1]/[\eta_{adc}(\tau_3 - 1)/(\pi^{(\kappa-1)/\kappa} - 1)]$$

ただし，L：ガスタービンの出力，Q：等圧燃焼過程に加えられる熱量，L_t：タービンの出力，L_c：圧縮機への入力，T_3：燃焼器出口温度，T_2：圧縮機出口温度，η_{adc}，η_{adt}：圧縮機，タービンの断熱効率，π：圧縮機圧力比，τ_3：温度比 (T_3/T_1)，c_p：定圧比熱，κ：比熱比である．

第3章 電力機械—ガスタービン

表 II-3-8 ガスタービン制御装置の機能

	回路名	概略機能
(1)	速度ガバナ制御	定格速度域における速度制御．定格速度到達後，系統との同期調速，および負荷運転時の速度調定率に従ったガバナ運転を行う．
(2)	ロードリミット制御	負荷運転中の最大出力リミット制御．負荷運転時，速度ガバナに自動追従し，系統周波数低下に対するガバナ応答による出力の急増を制限する．また，ロードリミッタモードを選択することによってガバナを逃がし，ロードリミッタ設定による出力一定運転を行うことができる．
(3)	タービン温度リミット制御	起動時，および負荷運転時の燃料ガス温度リミット制御．起動時，燃焼ガス温度が許容リミットを越さないように燃料を制限する．また，負荷運転中，設定された燃焼ガス温度に従って最大出力を制限する．
(4)	燃料リミット制御	起動時，および負荷運転時の最大燃料量リミット制御．起動時の燃料量を設定し，許容加速率リミット内，および圧縮機のサージング限界内での，昇速が行われるように制御する．また，負荷運転中，圧縮機のサージング限界を越さないように燃料量を制限する．
(5)	ミニマムセレクタ	制御回路の選択．上記(1)～(4)の各制御回路の内最小信号を，燃料制御信号として選択する．また，着火時の燃料量の設定も行う．
(6)	燃料切替制御	2種の燃料の切替制御．2種の燃料系統が備備されているガスタービンの場合に，燃料制御信号をそれぞれの系統の燃料調節弁用の信号に振り分ける．
(7)	IGV 制御	IGV（圧縮機入口案内翼）の制御．排ガスボイラなどが接続されるガスタービンの場合に，排ガス温度を制御する目的でガスタービン圧縮機の入口案内翼（IGV）の開度を制御する．
(8)	NO_x 低減蒸気噴射制御	燃焼器に噴射する蒸気流量の制御．NO_x 低減対策として，燃焼器に噴射する蒸気の量を，ガスタービンの運転状態に応じて制御する．
(9)	出力増加蒸気噴射制御	燃焼器車室に噴射する蒸気流量の制御．高外気温度時における出力低下を回避するなどの目的で，燃焼器車室に噴射する蒸気の量を，任意の蒸気噴射量設定に調節する．
(10)	買電量一定制御	任意に調節可能な買電量設定値により買電量が一定となるよう，発電機出力を自動調節．

（2）ターボ機械のオイラーの式から(27)式が成り立つことを示せ。
$$\Delta h^*_{stc} = \Delta C_u \cdot U \qquad (27)$$
ただし，$\Delta h^*_{stc} = h^*_2 - h^*_1$：圧縮機段の全エンタルピー変化，$\Delta C_u$：圧縮機段入口出口の周方向速度成分変化，$C_{2u} - C_{1u}$，$U$：周方向速度である。

（3）タービンの反動度 Λ について説明せよ。

（4）圧縮機の仕事係数 ψ_c とタービンの負荷係数 ψ_t について，その共通点と違いについて説明せよ。
$$\psi_c = \Delta h^*_{stc}/(U^2/2) \qquad (25)$$
$$\psi_t = \Delta h^*_{stt}/U^2 = \Delta C_u/U \qquad (57)$$

（5）ガスタービンの出力は吸込大気の条件によって変化する。その理由について説明せよ。また、夏期にガスタービン出力は下がるが、その対策方法について検討せよ。

3.7 まとめ

本章では最新火力プラントで活躍する発電用大型ガスタービンについて，その基本となる原理や，設計の考え方，ならびに最近の技術動向などについて述べた。

言うまでもなく，ガスタービンは現代の機械工学，材料工学や電子工学などの粋を集めて設計されている。20世紀の人類の知恵が結集された原動機と言える。第2次世界大戦の終わり頃，特に英，独を中心に，急速にジェットエンジンの開発が進み，戦後も民間航空機の花形エンジンとして，ジャンボジェット機やエアバス機など超大型航空機の実現に大きく貢献してきた。この航空用ジェットエンジン技術の進歩に伴い，陸用，産業用の大型ガスタービン技術も進歩した。最近は地球環境問題や炭酸ガス問題から高効率発電技術が求められており，いまやガスタービンを主機とする複合発電システムは，化石燃料を用いる発電プラントの代表的方式として確立された。

ここでは，浅学をも省みず，私なりに経験した内容をまとめて設計概論としたが，ガスタービン設計には，本当に広い知識と深い技術が必要なことを改めて感じた次第である。内容的に不十分なところが多々あると思われるが，幾多の先人の努力と汗の賜物であるガスタービンが，どのように進歩してきたのかを多少とも把握して頂ければ望外の喜びである。ご協力頂いた方々に感謝しつつこの章を終わりとしたい。

参考文献

[1] 須之部量寛, 藤江邦男:ガスタービン, 共立出版 (1967).
[2] Cohen, H., Rogers, G. F. C. and Saravanamuttoo, H. I. H.: Gas Turbine Theory (3rd. ed.), Longman Scientific & Techinical (1987).
[3] ベ・エス・ステーチキン (浜島操訳):ジェットエンジン理論, コロナ社 (1978).
[4] 吉中 司:数式を使わないジェットエンジンの話, 酣燈社 (1991)
[5] 大橋秀雄編:流体機械ハンドブック, 朝倉書店 (1998)
[6] (株)日立製作所資料.
[7] 日本機械学会編:機械工学便覧応用編 B-5 流体機械, 日本機械学会 (1998), pp. 5-16.
[8] 前田福夫:ガスタービンと燃焼工学(1), 日本ガスタービン学会誌, **28**, 2 (2000), p. 16.
[9] 鈴木邦男:ガスタービン燃焼器の高負荷化のための構成要素の研究とそれに基づく高負荷燃焼器の設計法に関する研究, 機械技術研究所報告第129号 (1983), p. 74.
[10] 前田福夫:ガスタービンと燃焼工学(1), 日本ガスタービン学会誌, **28**, 2 (2000), p. 19.
[11] Japikse, D. and Baines, N. C.: Introduction to Turbomachinery, Concepts ETI (1994), pp. 6-10.
[12] 青木素直:ガスタービンと流体工学(2), 日本ガスタービン学会誌, **27**, 4 (1999), p. 19.
[13] 吉田豊明, 他:ガスタービンの高温化と冷却技術, 日本ガスタービン学会 (1997)
[14] 吉田豊明:ガスタービンと伝熱工学(1), 日本ガスタービン学会誌, **27**, 6 (1999), p. 26.
[15] 川池和彦, 安斉俊一:ガスタービンの高温化と冷却技術(乱流促進体リブによる冷却), 日本ガスタービン学会調査研究委員会成果報告書 (1997), p. 36.
[16] 青木素直:ガスタービンの高温化と冷却技術(冷却技術とその設計法), 日本ガスタービン学会調査研究委員会成果報告書 (1997), p. 7.
[17] 川池和彦:ガスタービンと流体力学(3), 日本ガスタービン学会誌, **27**, 5

(1999), p. 43.
[18] 新田明人：ガスタービンと材料工学(1)，日本ガスタービン学会誌，**28**, 4 (2000), p. 23.
[19] 吉田豊明：ガスタービンの高温化と冷却技術（外部遮熱技術），日本ガスタービン学会調査研究委員会成果報告書 (1997), p. 128.
[20] 岡田　清：ガスタービンと制御工学(1)，日本ガスタービン学会誌，**28**, 6 (2000), p. 23.

第Ⅱ編　ケーススタディ
第4章　磁気記録装置

4.1　はじめに

　ある事象を文字により記録するということは，その内容を他人に伝えるだけでなく，その時点で起こっていること，政治や文化，争いごとなど世の中で起こっている様々なことを記録し後世に残すという意味がある．例えば，メソポタミアの粘土板に記録として残されたくさび形文字により，また古代エジプトの壁画の象形文字により（この象形文字は，この象形文字とギリシア文字が併記されたロゼッタストーンにより，解読されたのは有名な話である），古代のメソポタミアやエジプトの人々の生活や文化の状況が現代まで伝えられているのである．

　この記録の媒体としては，古くは上記のような粘土板や壁のように記録することが困難なものであったが保存性は非常に高いものであった．一方，東洋においては逆に保存には難がある木片や竹片も使われていた．紙が発明されてからは，その当時は高価でありまた保存にも問題があったが，比較的簡単に記録することができるようになり，一気に記録という概念が広がった．特にグーテンベルクにより活版印刷機が発明されてからは文字や画像による記録の大衆化が始まり，記録物そのものが一般大衆の共有物となり現代に至っている．

　さて，現代は，事象を文章化・数式化した記録物や画像化した記録物である情報をまとめる道具として，パーソナルユースのコンピュータが広範に使われ，大衆化した時代である．したがって，コンピュータにより作成された文書を記録し保存する方法は重要な課題である．特に，コンピュータが発達するに従って作成される文書なども飛躍的に膨大となり，記録する量も大量となっている．そこで，記録装置の大容量化と，記録された情報を高速に読出し，また書込むことが要求されるようになってきている．コンピュータ内では一般的に，事象を2値化して，すなわち2進法である『0』

と『1』により処理されているから，その内容を記録するにも2値化しうる物理現象，例えば，CDにおける凹凸や磁気ディスク・磁気テープにおける磁気が用いられている．

本章では，大容量の情報の書込み・読出しが比較的容易である磁気記録装置のうちハードディスク装置の開発設計について述べる．

4.2 磁気記録の原理

まず，磁気記録について早くから実用に供されたオーディオ磁気テープを例にとってその原理を述べ，理解に供する．音はマイクロフォンを通すことにより，縦軸に電流を横軸に時間をとると図II-4-1の下方のグラフと同じように表される．この電気的な信号を適当に増幅し処理して，同図の磁気ヘッドを構成しているコイル部分に流すことにより軟磁性材料のリングは磁化し，ギャップ部から磁束が漏洩する．この磁束に $\gamma\text{-}Fe_2O_3$ などのような硬磁性微粒子を薄膜として塗布したテープに近づけると，これが半永久的に磁化される．漏洩磁束部分を移動することにより，図II-4-1の磁気テープのように磁化された領域は電流の正負に従って，極性を反転させながら，次々と移っていく．逆に，磁化されたテープにギャップ部を近づけスライドさせることによりコイルに電気が流れ，この電気信号は最初に与えた電気信号と近似的に同じ

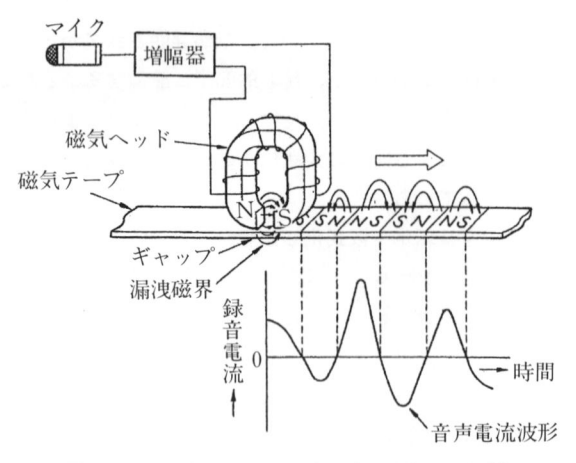

図 II-4-1 磁気テープの磁化と音の記録の原理[1]

第 4 章 磁気記録装置

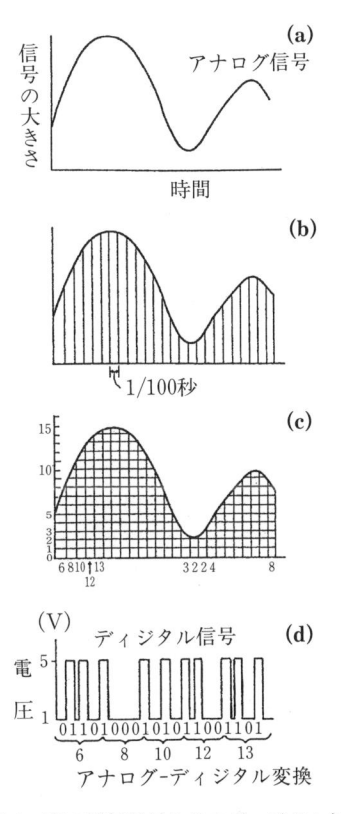

図 II-4-2 音の電気信号とそのディジタル処理[1]

波形のものとなる．これを適当に増幅してスピーカに接続することにより最初に記録した音に近いものが再生される．これらのことは初歩の物理現象としてよく知られていることである．上記のギャップを設けたリングを磁気ヘッド，磁化される硬磁性薄膜を記録媒体と呼んでいる．

　さて，上記の音の記録と再生はアナログ信号によるものであり，実音と再生音に差があり，音質なども良好でないことが多い．そこで，導入されたのが信号のディジタル化である．上述の電気信号を例にとってアナログ信号をディジタル化する手法は次のとおりである[1]．すなわち，図 II-4-2 に示すように，連続的なアナログ信号を，時間軸について，例えば 1/100 秒ごとに切り（同図(b)），その時間内の信号の代表値（例えば平均値でもよい）を数値として表示する．例えば同図(c)のように 0～16

表 II-4-1　10進法と2進法による表示[1]

数	2進表示	数	2進表示
0	……0000	8	……1000
1	……0001	9	……1001
2	……0010	10	……1010
3	……0011	11	……1011
4	……0100	12	……1100
5	……0101	13	……1101
6	……0110	14	……1110
7	……0111	15	……1111

10進法の数と2進表示の関係

の段階に区切ると，最初のアナログ波形は数値の集合体となり，この数値を2値化すなわち2進法により数値化して記録することになる．10進法の数と2進法の数値を示すと表II-4-1のようになる．10進法の12を例にとると，2進法の数値では1100となる．（c）図でディジタル化した数値を，2進法の数値に置き換え，ここで数値0を0ヴォルト，数値1を5ヴォルトとして信号化したのが同図（d）である．このディジタル信号は高さ（振幅）と幅（時間）を持った電気信号である．このようにディジタル化した数値を2値化した電圧として磁気ヘッドに与え，磁気ヘッドのコイルに流れる電流が作るギャップ部の漏洩磁束により磁気記録する．逆に磁気記録されている磁気信号を磁気ヘッドで電気信号として読みとり，数値の集合体をアナログ信号化して最終的に音として再生することになる．

次に，文字のディジタル表示について少し触れておく．アルファベット26文字について考えると，各文字について適当な法則を規定して適用することにより文字を2値化し表示することができる．一般には8（bit）×3＝24の0と1の信号として表示され，例えば，文字a, b, cは

　a：01000001
　b：11000011
　c：01000011

などの2進法の数値として表すことができ[1]，文字情報も容易に数値化された情報となり磁気記録されるに適切な表示状態になる．日本で使われている仮名文字，漢字についても適当な法則を規定することにより，コンピュータ内でも，また記録装置においても同様に処理することが可能である．

また，画像情報であるが，単純化して考えると次のようになる．画像は2次元的な

情報であり，モノクローム化された画像の場合は平面に展開している画像を細分化して，これを画素として，その位置，明度，色度として，それぞれを2値化して記録しうる情報とされる．カラー画像の場合は光の3原色すなわちR，G，Bの色成分画像として取扱い，モノクロ画像と同様の取扱いにより記録しうる情報とされる．

さて，磁気ディスク装置はテープをディスクの円周上に張り付けたようなものであるが，実際は円板上に記録媒体である硬磁性薄膜をスパッタしたものである．用いられる磁気ヘッドはテープに使われるものと同様なもので，これに流れる電気信号とメディアに現れる磁化状況は図II-4-3のようになる．

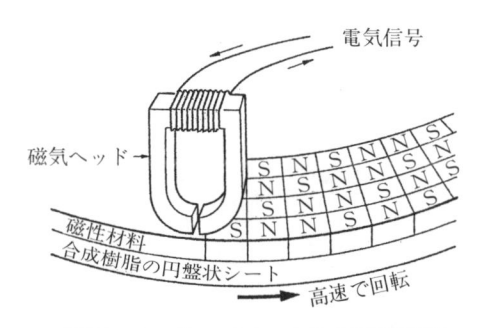

図 II-4-3 ディスク上における磁気記録[1]

4.3 磁気ディスク装置における高密度化・高速化の課題の要約

上述のように，磁気ディスク装置の記録原理は，単純には図II-4-3に表されている．すなわち，基本的な物理量はヘッドのギャップ部分からの漏洩磁束とそれに反応する記録媒体として用いられる磁性粉または磁性体の集合体である．したがって，記録密度を高くするということはギャップを小さくして磁化する領域を小さくすることに帰結される．ギャップを小さくすると漏洩磁束が影響する領域は必然的に小さくなり，それに対応する記録媒体部分も小さくなり，結果的に記録に関与する部分も小さくなり，記録密度は高くなる．また，同時にギャップを小さくして漏洩磁束が影響する領域が小さくなるということは，漏洩磁束がディスク方向に影響する領域も小さくなる．磁気記録を達成するためにはディスクとヘッドのギャップ部分の距離，これを浮上量と呼んでいるが，を小さくしなければならない．すなわち，記録密度を高くするということは，ヘッドのギャップ間隔を小さくし，浮上量を小さくすることであ

る．また，それに対応して小さくなる記録面の領域に磁気的に記録するに充分な磁性粉が含まれていることであり，結果的に磁性粉を小さくしなければならないことになる．次に高速に読み書きするということは，磁気ヘッドのギャップ部がディスク表面を高速に走り，記録面を磁化し，また磁化状況をヘッドの電流として電気信号化することである．同時に高速データ転送のための高速スウィッチング，高速転送技術が必要となる．したがって，高速化における機械的な課題はディスクを高速回転させ，磁気に対するヘッドと記録面の反応を敏感にすることに帰結する．

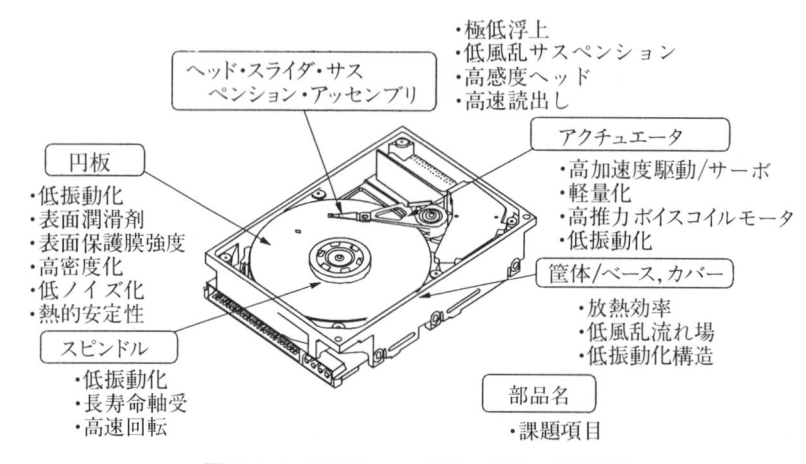

図 II-4-4　磁気ディスク装置の構造と開発課題

ヘッド・スライダ・サスペンション・アッセンブリ
・極低浮上
・低風乱サスペンション
・高感度ヘッド
・高速読出し

アクチュエータ
・高加速度駆動/サーボ
・軽量化
・高推力ボイスコイルモータ
・低振動化

円板
・低振動化
・表面潤滑剤
・表面保護膜強度
・高密度化
・低ノイズ化
・熱的安定性

筐体/ベース，カバー
・放熱効率
・低風乱流れ場
・低振動化構造

スピンドル
・低振動化
・長寿命軸受
・高速回転

部品名
・課題項目

図 II-4-5　磁気ディスク装置内部の外観写真

第4章　磁気記録装置

　実際にこれを磁気ディスク装置おいて達成するために解決しなければならない機械的な課題と構造の概観図を図 II-4-4 に、また、外観写真を図 II-4-5 に示す。基本的な構造は、スピンドルに取付けられた円板、磁気記録された情報を読取るためのヘッドが取付けられたスライダ、スライダが取付けられたサスペンション、これを駆動するためのアクチュエータ、これらの部品と他の各種インタフェースとともに収められる筐体からなっている。

　さて、これらの解決すべき課題をまとめると次のようになる。すなわち、

　（1）円板を回転させるスピンドルでは、低振動化、軸受の長寿命化、高速回転などが課題となる。また、メディア自体の問題としては高密度化のための磁性粉密度の調整を含めたスパッタ技術や、その他、垂直磁気記録化に伴う磁性体膜の製造技術、また、メディアが塗布される円板では、回転に伴う振動の低減、効果的な表面潤滑、メディアを保護するための保護膜とその強度、高密度化、低ノイズ化、熱的安定性などが課題となる。平面度を保つための加工技術も重要な課題である。

　（2）ヘッドが取付けられたスライダとこれを支えるサスペンションを組立てた部品は、極低浮上量の確保、円板の回転に伴い発生する空気流れによるサスペンションの流体起因振動の防止、ヘッドの高感度化、高速読出しなどが課題となる。上記の部品を高速に駆動するためのアクチュエータはサーボ機構を持った高加速度駆動、軽量化、高推力ボイスコイルモータ、高速のシーキング動作とその直後に起こる残留振動などの低減が課題である。極小としたギャップ間隔を含めたヘッド部の加工技術、ディスクの浮上量を一定に保つための技術、またこれに影響する回転系の振動を極力押さえる技術、正確な場所に磁気記録するための位置決め技術など、を挙げることができる。また、予期せぬ風乱などによりヘッドが円板に衝突し記録された情報が損傷することがあるが、このためにもメディア部分の耐衝撃性の確保も重要である。その他、高速化に伴う高速信号転送技術は電気的な課題である。

　（3）これらの部品とインターフェイス類を収納する筐体については、内部で発生する熱の高効率放熱、円板の回転に伴う風乱の低減、低振動化構造が課題となる。

　（4）その他の開発課題として、低価格化、高信頼性、長寿命化（連続書込み・読出し）、低電力消費化、高衝撃抵抗と低騒音化などがあげられる。

4.4 ハードディスク装置の高密度化

　磁気ディスク装置，なかでもハードディスク装置（HDD），や光ディスク装置（ODD）のような記憶装置はパーソナルコンピュータや大型コンピュータシステムに使われている．これらの記憶装置の主な機能は高速で記録し読み出すことである．2010年に蓄積される情報の総量は230 Exa Byte（Exa＝10^{18}）になると予想されており，ハードディスク装置は総情報量の4分の1を担うことになるだろうといわれている．これは大規模なハードディスク装置の開発が地球規模の情報のディジタル蓄積を可能にすることを示している[2]．

　このハードディスク装置の容量と直径の経年的な傾向を図II-4-6に示す[3]．各種サイズのハードディスク装置の容量は年々増大しており，大型ディスクを持つ大容量ハードディスク装置は，より小型で低価格のディスク装置に取って代わられてきた．このダウンサイジング，小型化は，ユーザーにコストメリットをもたらすと同時に，結果的に高面密度（AD）を達成するためのキーテクノロジーである振動の低減，微小化に対して効果があった．小型装置の開発当初は従来の装置に比べて2桁以上も容量が小さいものであった．しかし，コストメリットの効果とその後の急速な大容量化は，使い方の変革とともに従来の大直径を凌ぐものとなった．これらはクリステンセンの言う破壊的技術の端的な例である[4]．

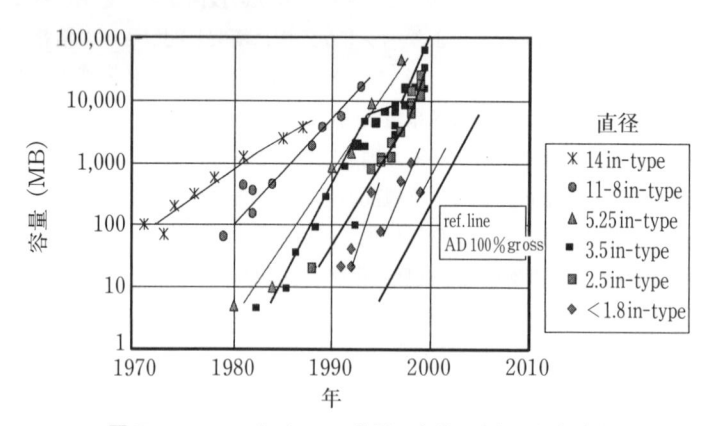

図II-4-6　ハードディスク装置の容量と直径の経年変化

第 4 章 磁気記録装置

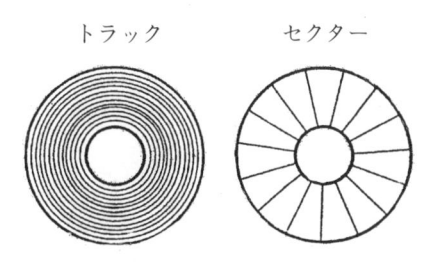

図 II-4-7 磁気ディスクにおけるトラックとセクター

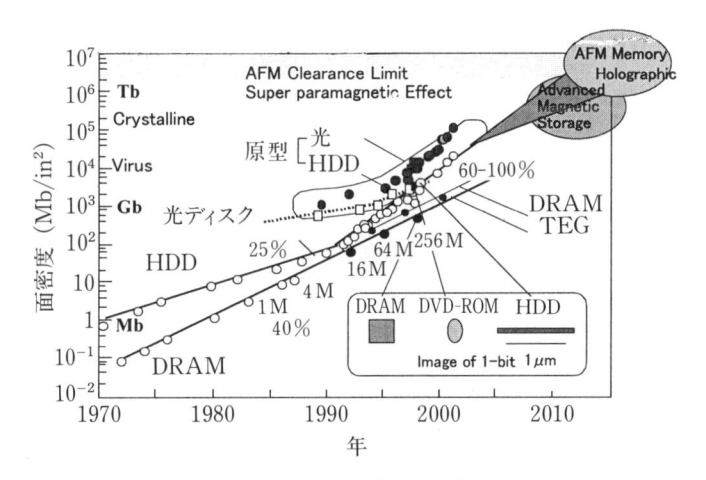

図 II-4-8 面密度の推移[5]

さて，実際にディスク上に磁気記録する場合，情報が記録された場所を，図 II-4-7 に示すようなトラックとセクターにより特定している．記録密度を上げるということは，円周線上の密度（線密度）と半径方向のトラック密度を上げることとなる．一般に高密度化を記述するにあたり，線密度 BPI（bit per inch）とトラック密度 TPI（track per inch），ならびにそれらの積である面密度（Areal Density, AD）が用いられる．面密度の傾向を示したのが図 II-4-8[5] である．1992 年までは年率 25％の成長率であった磁気ディスク装置はこれ以降年率 60％に，そして 1996 年からは 100％に急速に成長してきた．これは，基幹デバイスである読出しヘッドのヨークコイル型から薄膜化（MR ヘッド）や円板の塗布型からスパッタ型への展開のためである．

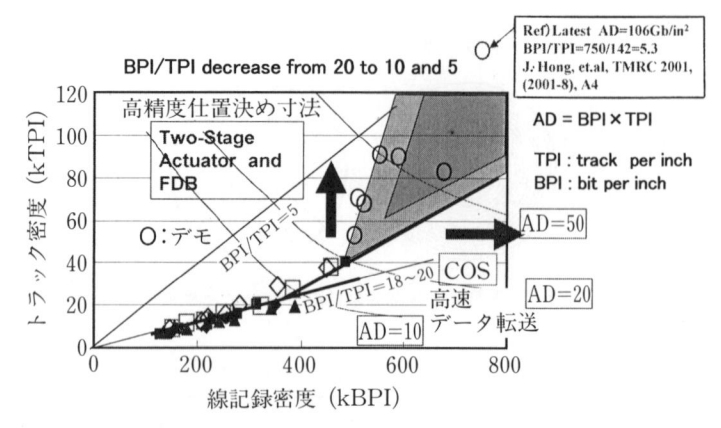

図 II-4-9 線記録密度とトラック密度の関係

次に最近の TPI と BPI の関係を示したのが図 II-4-9[6] である。先に述べたように面密度 AD は AD＝TPI×BPI である。いったい，技術はどの方向に行くのか―がこの図で考察可能となる。すなわち，高 TPI に進むのか，高 BPI に進むのかという観点である。AD が 10 Gb/in^2 のころに AD を実現するためには BPI/TPI 比は 20 であった。10 Gb/in^{2}AD を越えるとそれは漸減して 10 またはそれより小さい値となっており，それらは 100 Gb/in^{2}AD の時代までは高 TPI 路線になることが分かる。この高 TPI を達成するにはヘッドコア幅，すなわち円板の直径方向の加工精度と高精度位置決め技術が重要な課題となり，流体軸受などの回転体の低振動化や 2 段アクチュエータなどの高精度位置決め機構が必要となる。一方，高 BPI を高めるには円板における円周方向の極微細な書込み技術や低浮上化技術と平行して高速データ転送技術が必要である。このような傾向は書込まれた磁性が超常磁性現象（the super-paramagnetic phenomenon）により消失する現象で，これ以上急速に円周方向の高密度化が難しい状況を示唆している。それゆえ，BPI/TPI 比について，2001 年 8 月に発表された研究では 80 Gb/in^{2}AD を超えるには BPI/TPI 比は 5.3 であると報告されている[7]。一方，ヘッドコア幅の加工技術もまた半導体の加工精度を越す勢いで伸びており，これからの開発はこれらのバランスの取れたシステムとして発展するものと考える。

第 4 章　磁気記録装置　　　　　　　　　　　　　211

4.5　ヘッドの位置決めと浮上量[8]

　上述のように，磁気ディスクの高密度化と高速化にあたってはヘッドの位置決め精度と浮上量が機構としての基本的な問題となっている．磁気ディスク装置におけるヘッドとディスクの位置関係を写真で示したのが図 II-4-10 である．また，ヘッドの位置決め精度の動向とその必要な精度を示したのが図 II-4-11 である．この図に見るよ

図 II-4-10　ヘッドとディスクの位置関係

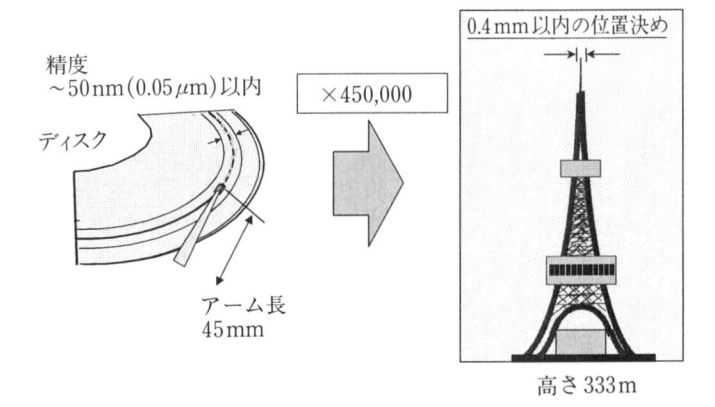

精度
～50 nm (0.05 μm) 以内
ディスク
×450,000
0.4 mm 以内の位置決め
アーム長
45 mm
高さ 333 m

図 II-4-11　ヘッドの位置決め精度[6]

うに，2002年における最新の磁気ディスク装置のトラック密度は55 kTPIを越しており必要な位置決め精度はNRROで約50 nm以下である．これが長さ45 mmのアームの先端にあるヘッドのディスク半径方向に関する変動の許容量となる．これは333 mの東京タワーの先端で0.4 mmのブレに相当する程度のものである．当然この数値は高密度化とともに，小さくなるものである．このことからも，ヘッドの位置決め精度は非常に高いものであることが理解できる．

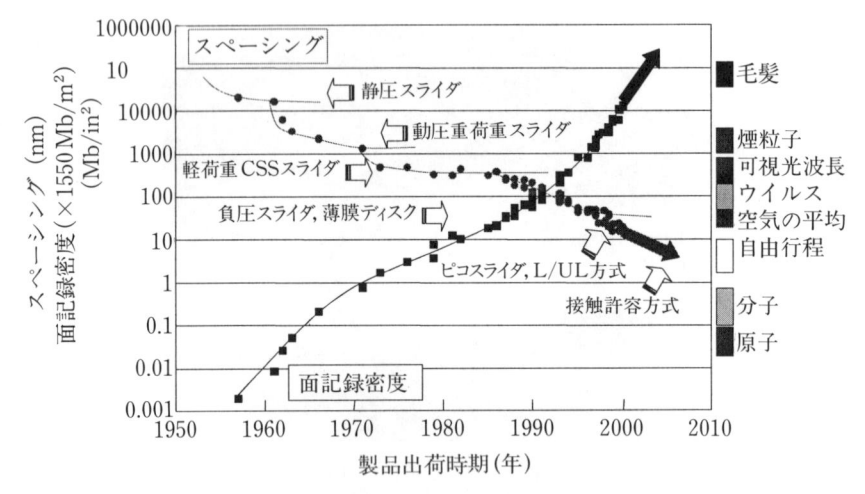

図II-4-12 磁気ディスク装置の出荷時期と面記録密度ならびに浮上量の推移[6]

次にヘッドの浮上量であるが，面記録密度と浮上量を製品の出荷時期に対して示すと図II-4-12のようになる．図から分かるように浮上量は面密度が大きくなるに従い小さくなってきており，1950年代では0.1から0.01 mm程度であったのが，1960年代では1桁小さくなり0.01 mmから1 μm，1970から1980年の中ごろまでは1から0.5 μmと対数的に小さくなってきている．それに伴い，スライダの形式も静圧スライダから動圧スライダ，軽荷重CSSスライダと動作中の浮上量の変化が小さくなるように設計されている．それ以降は，浮上量は0.5 μm以下であり，現在では0.018 μm（18 nm）となっており，スライダはより小さなピコスライダ方式となっている．そして，浮上量は限りなく0に近づき，ヘッドとディスクは接触に近い状態となるだろうと予想されている．図の右側には具体的な物質または比較のできる物理量を示し

第4章　磁気記録装置

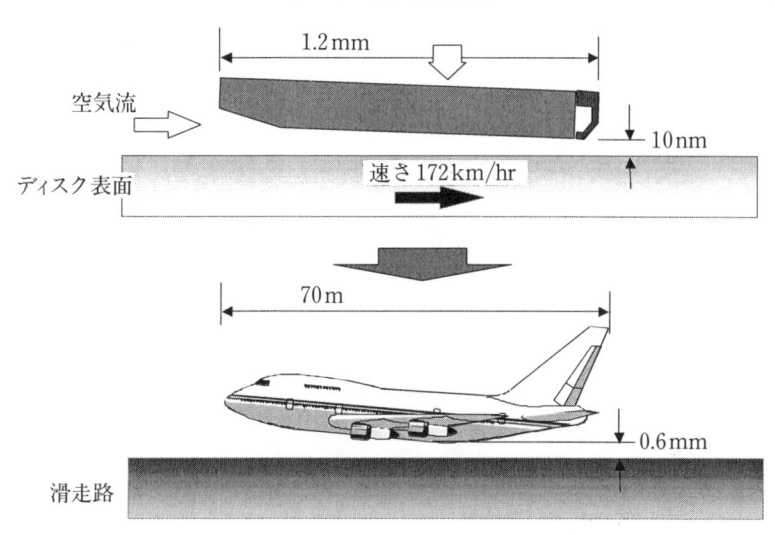

図II-4-13　磁気ヘッドとディスクの関係[6]

ているが，現在の時点で浮上量は空気の自由行程以下となっている．これは，図II-4-13に示すように，現状，磁気ディスク装置では1.2 mmの長さのスライダが18 nmの浮上量で滑走しており，これはジャンボ旅客機にたとえると1.0 mmの地上を滑走していることと同程度になる．先に述べたスライダ先端の位置決めといい，このスライダの滑走状態といい，非常に困難な技術的課題を克服して，実用に供されていることが想像できる．

4.6　スライダの設計上の留意点

（a）ヘッドの位置決め

精度は，図II-4-11に示したように，ヘッドのディスク半径方向のブレの許容量で表すと，50 nm（0.05 μm）程度である．要素考えると現在では1 nmのオーダーの精度が要求されるようになってきている．従来は図II-4-10に示す機構で位置決めメカトロシステム[8]を構成している．この場合，サーボ系の帯域はアクチュエータの固有振動数に制限され約3 kHzが限度となる．しかし，さらに高精度の位置決めをするためには従来のアクチュエータの先端に図II-4-14に示すヘッドスライダを使用

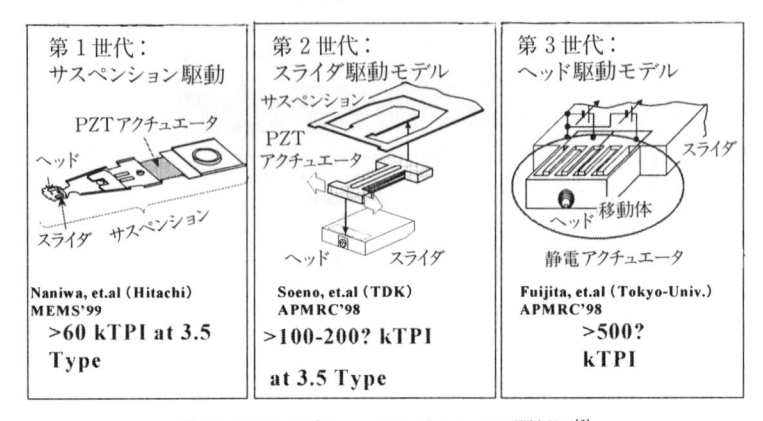

第1世代： サスペンション駆動	第2世代： スライダ駆動モデル	第3世代： ヘッド駆動モデル
Naniwa, et.al (Hitachi) MEMS'99 >60 kTPI at 3.5 Type	Soeno, et.al (TDK) APMRC'98 >100-200? kTPI at 3.5 Type	Fuijita, et.al (Tokyo-Univ.) APMRC'98 >500? kTPI

図 II-4-14　磁気ヘッドとディスクの関係図[6]

することが考えられている．すなわち，サーボ帯域の拡大が可能となる．同図(a)にはサスペンションの先端部にスライダが設けられており，ヘッドはその先端に装着されている．位置決めはピエゾ素子（PZT）により行う方式である．図(b)はスライダそして結果的にヘッドがピエゾ素子のアクチュエータにより直接的に位置が制御される．図(c)は micro electro-mechanical system（MEMS）のプロセスを用いた極微小なヘッドとスライダの組立部品である．これらはヘッド素子に順次近くなり，センサとしてのヘッド位置と駆動点がより一致する構造系（コ・ロケーション系という）と駆動質量がそれにともなってより小さくなる構成とすることで，高精度の位置決めが可能となる．現在その適用時期を待っている状態である．従来型のアクチュエータを高剛性にする開発努力は今でも続けられており，この努力と高 TPI になったときの必要不可欠な状態に至るタイミングが具体的な適用時期であり，そう遠くない時期に磁気ディスク装置に搭載されると考えている．

（b）浮上体としてのヘッド

一方，ヘッドが取付けられたスライダは，図 II-4-12 および図 II-4-13 に示したように，ディスクからナノメータのオーダーの極低浮上状態で滑走している．すなわち，回転するディスクの表面に発生する空気の流れにより，スライダに浮力が発生し，浮上する機構となっているのである．情報の記録と読出しを定常的に行うにはこの浮上状態を常に一定に保たねばならない．そのためには，スライダを支えているサスペンションの適度な剛性とスライダの流体力学的な浮上力すなわちばね力となり，円板の変動に追従力が発生することを利用することになる．

第 4 章 磁気記録装置

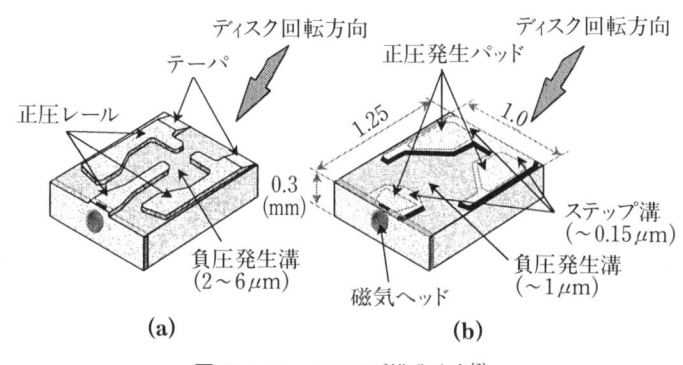

図 II-4-15 スライダ構造改良[6]

さて，上述のようにスライダはサスペンションにより支持されているが，スライダを一定浮上量に保つために，スライダ自体に流体力を発生させて安定させるように設計されている．スライダ自体の大きさは図 II-4-15 に示すように，長さ 1.25 mm，幅 1.0 mm，厚さ 0.3 mm 程度の大きさのものである．流体力を発生させるため，負圧型スライダと呼んでいる従来型のスライダでは図のような 2〜6 μm の溝を設けて残りを正圧レールとしている．2 段ステップ型負圧スライダでは〜1 μm 程度の溝を設けてそのまわりの盛り上がった正圧部分（正圧発生パッドと呼んでいる）を部分的に〜0.15 μm 程度のステップ溝を作り，安定性をより高くしている．ディスクの回転方向に沿って流れる空気流を使って，スライダに負圧を発生させてディスク方向に押しつける力を加える構造とされている．これらについては希薄流体の解析がなされている．同図の下部に負圧による浮上量の低下について示している．これは非常に小さい値であるが，浮上量 18 nm の補正を行うに充分といえるものである．

4.7 スピンドルと軸受構造

先に述べたように，メディア（磁気記録面）をスパッタした円板の面内の振動は，浮上量との関係で，ヘッドと円板表面との間隔が常に一定値を取らない状況を作り出すため，非常に重要な問題である．この円板の振動は円板の回転数による振動の問題とスピンドルの振動に起因する振動に分けて考えられる．前者は比較的に容易に解析できる問題であるが，後者はスピンドル全体の機械的な構造に関係するもので，考慮

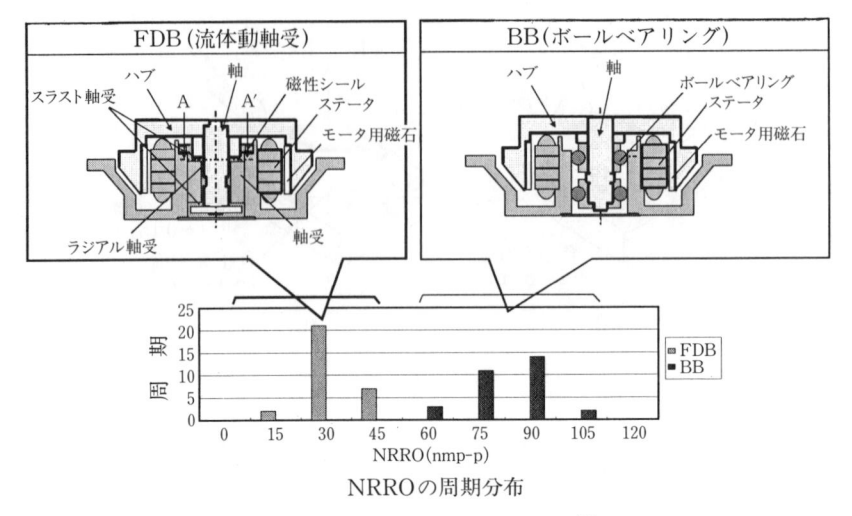

図 II-4-16　スピンドルと軸受構造[9]

しなければならない要因も多い．もう一つ，円板間の流れに起因する円板の振動の励起もあり，これも解析的に応答を予測するのは極めて難しく実験的に設計する手法をとっている．

　図 II-4-16 に，流体動軸受[9]とボールベアリングを用いたもの2種のスピンドルの断面図（前者を Fluid Dynamic Bearing (FDB) タイプ，後者を Ball Bearing (BB) タイプと呼ぶ）とそれぞれに対応した振動値を示す[9]．流体軸受型は Non-Repeatable Ran-Out (NRRO) が平均で半分以下になっていることが分かる．これらの図から，構造的には，モータのステイターの周りを取り囲むようにロータがあり，これがハブに取付けられたものとなっている．これをインハブ型モータといわれ，小型でコンパクトな構成とすることができ，磁気ディスク装置の小型化に大きな寄与をした．このハブは軸に固定され，軸は下端部のスラスト軸受で支えられており，ラジアル軸受としてはすべりまたはボールベアリングにより支持されている．潤滑材として低シロキ酸処理を施した軸受油や磁性流体を用いたものが用いられている．振動特性は軸受により異なるものとなっており，例えば，ボールベアリングでは回転数を上げていくに従い，ボールベアリングのボールの数に起因する共振現象が発生し，振幅が大きくなるが，すべり軸受とした流体軸受では高回転においても振動的には安定したものとなっている．

4.8 まとめ

　磁気ディスク装置の開発設計について，その原理を述べ，高密度化，高速化を行うための基本的な技術課題を取り上げ，それらの開発動向と具体的に設計するための留意点を示し，それぞれの影響因子について解説を行った．なお，この分野は現在も競争の激しい状況にある分野であり，開発は日々精力的に行われている．高速化，低消費電力などここでは取り上げていない多彩な技術課題[10]や具体的な設計の数値や解析結果については記述していない．しかし，構造の動的有限要素法，大規模乱流解析法[11]，実験的モード解析法など最先端のメカトロニクスとその設計手法が多いに開発され実用に供している．

参考文献

[1] 阿部龍三:「物理の世界」(13章), 日本放送出版協会 (1997).
[2] 三浦義正:300 G ビット/(インチ) 2 を射程に入れる HDD 技術のロードマップ, 日経エレクトロニクス (2001), pp. 176-186. および, 三浦正義:情報ストレージが拓く新しい社会, 第5回豊田工業大学学術フロンティア研究会 (2001).
[3] 日本 IDEMA 編集:最新ストレージ用語辞典, 日経 BP 社 (2000), を参考に筆者が情報を追加した.
[4] クレイトン・クリステンセン(玉田俊平太, 伊豆原　弓訳):イノベーションのジレンマ, 増補改訂版, 翔泳社 (2001), 第1章.
[5] 城石芳博:ハードディスク装置の原理と構成, 応用物理, **67**, 12 (1998), pp. 1424-1428. と最近の動向は筆者が追記.
[6] 三枝省三, 中村滋男:磁気ディスク用高精度位置決めのセンシングとアクチュエータ技術, 日本機械学会講習会, No. 01-34 (2001), pp. 25-28. および, 三枝省三:磁気ディスク装置の極限への挑戦, 機械学会講習会 No. 01-64 (2001), pp. 1-15.
[7] Hong, J., Noma, K., Hashimoto, J., Kanai, H. and Kane, J.: Spin-Valve Head with Specularly Reflective Oxide Layer, Digest of The Magnetic Recording Conference 2001 (2001), A 4.
[8] Yamaguchi, T. and Nakagawa, S.: Recent Control Technologies for Fast and Precise Servo System of Hard Disk Drives, 6th International Workshop on Advanced Motion Control, 69/73 (2000).
[9] Matsuoka, K., Obata, S., Kita, H. and Toujou, F.: Development of FDB Spindle Motors for HDD Use, IEEE Transaction on Magnetics, **37**, 2 (2001), pp. 783-788.
[10] Neal Schirle: Mechanical Technologies For Hard Disk Drives, Proc. of International Conference on Micro-mechatronics for Information and Precision Equipment (MIPE '97) (1997), pp. 7-15 (磁気ディスク機構系全般に付いて分かりやすく記述されており, 一読に値する).
[11] Shimizu, H., Tokuyama, M., Imai, S., Nakamura, S. and Sakai, K.: Study of Aerodynamic Characteristics in Hard Disc Drives by Numerical Simulation, IEEE Transaction on Magnetics, **37**, 2 (2001), pp. 831-836.

第II編 ケーススタディ
第5章 半導体装置の構造設計

5.1 はじめに

　半導体は，コンピュータを始めとする各種装置に組込まれ，エレクトロニスク化社会を支えている．半導体装置の進歩は今後もとどまることを知らず，社会に対して大きなインパクトを与えつづけるだろう．すなわち半導体関連産業は，今後も大きな付加価値を生みつづけ，多くの技術者の雇用先となり続けることは確実である．さらに伝統的な機械産業も，各種機械装置に半導体を組込むことにより，装置の高度化を進めている．一つの例が自動車である．現代の自動車産業においては，環境の保全と安全性・利便性向上のためにエレクトロニクス化が推し進められ，これに関連した多くの技術者が必要となってきている．

　半導体装置開発の歴史の初期においては，その開発は主に物理系や電子工学系の研究・技術者によってなされてきた．しかし，その応用分野の広がりとともに，各種のバックグラウンドを有する技術者の協力が不可欠となってきている．中でも機械工学系の素養を身につけた技術者が重要な役割を担うようになってきている[1],[2]．

5.2 半導体装置の構造設計概要

　機械工学系技術の重要性を説明する前に，まず半導体装置構造の概要について図II-5-1を用いて説明する．半導体装置にも様々なものがあるが，コンピュータをイメージしながら説明する．筐体と称する箱の中には，ボードと呼ぶ板が組込まれており，ボードの上には複数のモジュールが組付けられている．モジュールの中には複数の半導体チップ（ペレットまたはダイと呼ぶこともある）が組込まれている．半導体

図II-5-1の各部名称：筐体、ボード、モジュール、半導体チップ

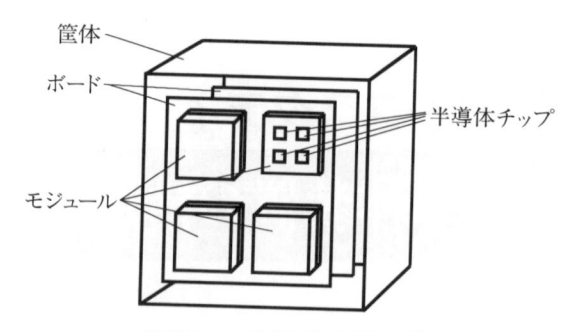

図II-5-1　半導体装置構造の例

　チップは半導体材料（通常はシリコン単結晶，以下Siと記す）でできた数ミリ角の板であり，この表面には，微細な半導体素子が多数形成されている．半導体素子とは，その一つ一つがトランジスタや電気抵抗などの機能をはたす部分のことである．これらの素子の間はチップ表面に形成された微細な配線でつながれている．半導体チップは，モジュール中やボードの上に形成された配線により互いに接続されており，さらにコネクタなどを介して外部の機器に接続される．半導体装置構造を，チップの構造とそれを組込んでいるまわりの部分の構造に分けて考えることが多い．このとき後者を実装構造と呼ぶ．実装構造に用いられる材料は様々であるが，大きく分けて導体と絶縁体がある．導体としては各種金属が，絶縁体としては樹脂，セラミックス，ガラスなどが用いられる．

　半導体装置の製造は半導体単結晶の製造から始まる．半導体単結晶は，半導体材料の高温の融液から種結晶を元に結晶成長させることにより円柱状のインゴットとして作成される．ここで得られたインゴットは，円盤状のウエハにスライスされる．このウエハの表面には素子（および配線）の形成のため薄膜の形成と微細な加工が繰返される．表面に素子が形成されたウエハを碁盤目状に切断することにより，半導体チップが得られる．半導体チップは装置の中に組込まれ，装置として完成される．製造プロセスを半導体チップの製造プロセスとそれを組込んだ装置の製造プロセスに分けて考えたとき，前者を前工程，後者を後工程と呼ぶ．後工程は実装構造の製造プロセスであり，この実装構造に関する技術は広い意味でのパッケージング技術ともいえる（半導体チップはその一個一個を樹脂などで覆ってから装置に組込まれることも多い．このチップ一個一個を覆っている部分が，狭い意味でのパッケージである）．

　半導体装置における設計は，大きく分けて回路設計，構造設計，プロセス設計に分

類できる．回路設計は目的とする機能を実現するための電気回路の設計であり，構造設計はこの回路機能を実現するための物理的な構造の設計であり，プロセス設計はこの構造を実現するための製造プロセスの設計である．半導体装置においては，構造は製造プロセスで制約される面が大きい．例えば，小型・低コスト化の要求から素子のサイズはできるだけ小さく設計する方が望ましいが，このサイズは用いる製造プロセスによって制約される．そこで，構造とプロセスは一体となって設計されることが多い．構造・プロセスの設計には様々な工学の総合的な適用が必要となる．製品の競争力を左右するのは，この部分の設計といえる．

構造・プロセス設計上の主要課題は，小型・低コスト化を図りながら，いかにして要求される電気特性と信頼性（安全性・環境の問題もこれに含める）を確保するかということである．このうちの特に信頼性確保に関連して，機械工学に関わる重要な課題が多数存在する．主要課題を列挙すると次のようになる．

（1）半導体単結晶の製造プロセスでの転位発生防止のための熱応力の低減
（2）半導体素子の形成プロセスでの欠陥発生防止のためのプロセス起因応力の低減
（3）半導体チップ上の微細配線の残留応力による使用時の断線（ストレスマイグレーション）の防止
（4）使用状態におけるチップの発熱による温度上昇の抑制
（5）半導体装置の組立プロセスおよび使用時に生じる熱応力による破壊や劣化の防止
（6）運搬や使用時の振動や衝撃による装置破壊の防止
（7）使用雰囲気による各種構成材料の腐食の防止

上記(1)は，特性の優れた半導体装置を製造するための課題である．素子部に転位が存在すると素子の機能が損なわれてしまうためである．上記(2)，(3)においては，素子加工プロセスで加わる温度変化による熱応力とともに，薄膜が本質的に持っている残留応力である真性応力の考慮が不可欠である．この(1)から(3)までは，素子構造・プロセス（前工程）に関する課題である．これに対して，(4)から(7)は，主に実装構造・プロセス（後工程）に関する課題として分類できる．(4)，(5)の課題については，後で具体的な例を用いて詳しく説明する．

半導体は様々な装置に用いられ，その構造は用途により様々な形態をとるが，すべての半導体装置で必要な最も基本的な構造として半導体チップ実装構造がある．半導体チップ実装構造は，半導体チップを保持し，半導体チップで発生した熱を放散し，

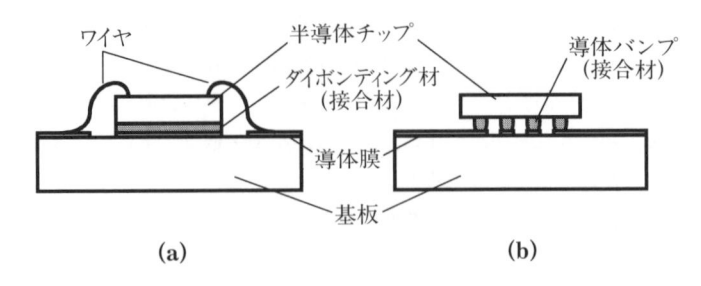

図 II-5-2 半導体チップ実装構造の例
（a）ダイボンディング構造（本章の主対象とする），（b）フリップチップ構造

半導体チップの電極を外に取出す機能を有している．

半導体チップ実装構造の主要なものとしては，大きく分けてダイボンディング構造とフリップチップ構造の2種類がある（図II-5-2参照）．ダイボンディング構造は，チップ裏面全体を接合材で基板に接合した構造である．この構造では，チップの電極を外に取出す機能は，別途チップ表面に接続される導体ワイヤが受け持つことになる．一方，フリップチップ構造はチップ表面に形成された導体バンプを介して，チップを基板に接続する構造である．この構造では，導体バンプがチップを保持する機能とチップの電極を外に取出す機能の両方の機能をはたしている．この構造はチップ実装面積を小さくできるため，装置の小型化を図る上で有利である．一方，ダイボンディング構造は，チップで発生した熱を放散しやすいため，比較的発熱量の大きなチップの実装に適している．以後本章では，主にこの半導体チップ実装構造，特にダイボンディング構造を例にとって説明することとする．ただし，基本的な考え方はフリップチップ構造や他の実装構造にも適用できるものである．

5.3 半導体チップ実装構造の熱応力発生挙動の概観と設計項目

半導体装置においては，製造工程および使用時に生じる温度変化により構成部材に生じる熱応力は複雑な変化挙動を示し，これに伴い様々な問題が生じてくる場合がある．ここでは，この挙動を概観するため，基本的な構造例としてSiチップ-はんだ-銅（Cu）基板の組合せ構造を取り上げ，熱応力がどう加わるか見てみる．この様子を図II-5-3に示す．図では，分かりやすくするため，チップと基板のサイズを同一

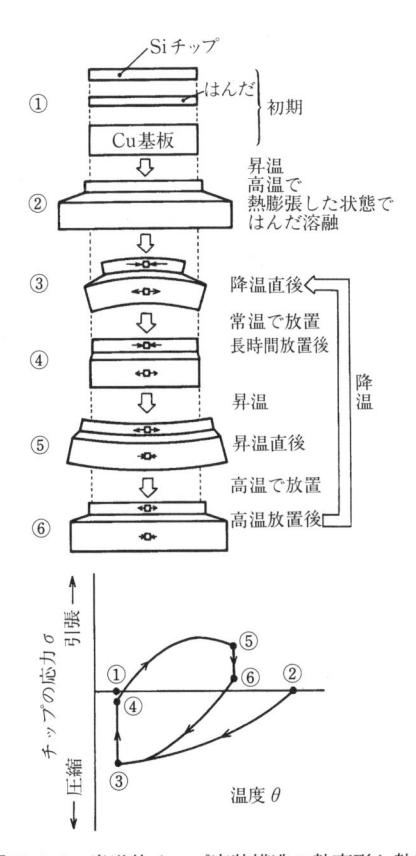

第5章　半導体装置の構造設計　　223

図 II-5-3　半導体チップ実装構造の熱変形と熱応力

にしている．

　まず，各部品を重ね，温度を上げ，はんだを溶かして，チップと基板を接合する（図中①→②）．Cuの熱膨張係数はSiより大きいので，Cu基板がチップよりよけいに伸びた状態で，両者は接合される．接合後常温まで温度を下げると，基板が元の長さに収縮するのに引きずられて，チップは元の長さより短く圧縮される（②→③）．このとき，チップと基板は，はんだ層を介して互いに力を及ぼし合っており，チップに圧縮応力が生じ，基板には引張応力が生じ，全体としては釣合っている．さらに常温で長時間放置すると，はんだ層のずれが徐々に進行するクリープ挙動によって，チップは徐々に元の長さに戻り，チップの圧縮応力も小さくなる（③→④）．

次に，再び温度が上昇する．温度上昇の原因としては，製造プロセスにおける別部品の組付けのための熱処理，さらに製造後の試験や使用時の環境の温度変化や半導体素子自体の自己発熱が挙げられる．このような温度上昇が再び加わると，チップは基板の熱膨張に引きずられて，今度は自由に熱膨張した場合よりも引き伸ばされ，引張応力が生じる（④→⑤）．温度上昇の初期ではチップの応力は，温度変化に比例して増加する弾性挙動を示す．しかし，ある温度に達すると飽和傾向を示し，さらに温度を上げると応力が逆に減少するようになる．これは，チップを接合しているはんだの降伏応力が温度上昇とともに低下し，低い応力で塑性変形が生じるようになり，チップと基板の熱膨張差がはんだ層のずれ変形として吸収されやすくなるためである．

次に，高温で保持すると，はんだのクリープ挙動により，チップの長さは自由に膨張した場合の長さに徐々に近づき，チップの引張応力は小さくなる（⑤→⑥）．この状態から温度を下げると，再びチップに圧縮応力が生じる（⑥→③）．さらに温度の上昇，下降（熱サイクル）を繰返すと，この過程（③→④→⑤→⑥→③）が繰返される．

熱変形が生じやすいのは②→③および⑥→③の過程で，熱変形が大きくなるのは③の段階である．このときのそりが問題となる場合が多い．チップのき裂の原因となる応力としては，多くの場合④→⑤の過程でチップに生じる最大引張応力が重要になる．Siなどの半導体材料は脆性材料であり，引張応力に弱いためである．熱サイクル寿命（接合層にき裂が生じるまでの熱サイクルの繰返し数）を決める主な因子は，熱サイクル（③→④→⑤→⑥→③）により接合層に生じる局所的な変形の変化幅（ひずみ範囲）である．電気特性変化は，③→④→⑤→⑥→③の過程でチップにかかる応力の変化が原因となることがある．その結果，熱サイクルによる特性値のシフトや長時間放置による特性値のドリフトが起こる．

以上の検討から，半導体チップ実装構造の設計を行う上で，次の五つの設計項目について，総合的検討を行うことが重要である．

（1） 放熱特性の向上：チップで発生した熱を逃しやすい構造とし，温度上昇を小さくすること．
（2） 熱変形の低減：製造時や保存時，使用時の温度変化（環境温度変化とチップ発熱による温度変化がある）によって生じるゆがみ（熱変形）を小さくすること．
（3） 部品強度の向上：熱応力によって，構造体中の各種材料に破壊が生じないようにすること．

（4） 接合層寿命の向上：使用時の温度変化の繰返しにより，各種材料間の接合層にき裂を生じ，装置が故障するまでの寿命（熱サイクル寿命）が長い構造とすること．
（5） 電気特性の安定化：チップ上の素子の応力による電気特性変動を小さくすること．

以上の各設計項目に関する解析手法について，次節で説明する．

5.4 各設計項目の解析評価技術

（1） 積層構造の温度解析

半導体装置中の温度分布は，熱伝導の基礎方程式[3]を有限要素法などを用いてマトリクス方程式化して解くことができる．このためには市販のプログラムが各種出ており，手法の詳細についても各種文献がある[4]．ここでは，大電流を制御する比較的発熱量の大きなチップを実装した積層構造における温度分布の解析例を図II-5-4に示す[5]．環境温度の変化による温度上昇に加えて，チップで発生する熱による温度上昇が重なることにより，チップ上面で最高温度が生じることが分かる．チップの信頼

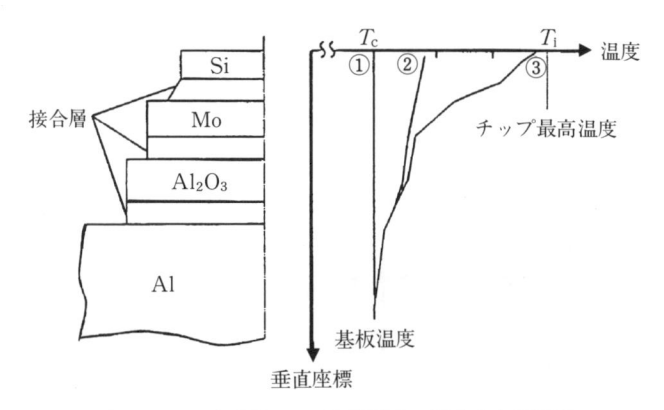

図 II-5-4　半導体チップ実装構造の温度分布解析例
　①環境温度変化による温度分布
　②環境＋定常発熱
　③環境＋定常発熱＋過渡発熱

(2) 積層構造の熱応力解析

半導体装置の熱応力解析も,市販の汎用有限要素法プログラムを用いて解析できる.ここで重要となるのが,入力データの妥当性である.特に接合材としてはんだを用いる場合,前に述べたような非線形挙動を生じるため,これを正確に考慮した材料データの入力が必要となる.

ここでは,構造改良の方向づけに便利な解析解を示す.図II-5-5(a)に示すような線膨張係数の異なる上下の部材を,長さ L,厚さ h の接合層で接合した基本構造に一様な温度変化 $\Delta\theta$ が加わった場合ついて考える.上下の部材を弾性梁として,接合層を横弾性係数 G,降伏応力 τ_Y の弾完全塑性体(図II-5-5(b)参照)としてモデル化する.この場合,温度変化が小さい範囲では接合層は全面弾性状態にあるが,温度変化が大きくなると,接合層端部に塑性領域が生じ,この塑性域は内側に広がってゆくことになる.

中心から水平方向に x(無次元化座標 $\xi = 2x/L$)の位置の接合層に生じるせん断ひずみ γ は,次の式(1),(2),(3)で表される[6].

$$\gamma = (\tau_e/G)\cdot\sinh(\lambda\xi)/\sinh(\lambda) \qquad (\tau_e \leq \tau_Y \text{ のとき}) \qquad (1)$$

$$\gamma = \gamma_0\cdot\zeta\cdot\sinh(\lambda\xi)/\sinh(\lambda\xi_Y) \\ (\tau_e > \tau_Y \text{ で } 0 \leq \xi \leq \xi_Y \text{ のとき}) \qquad (2)$$

$$\gamma = \gamma_0\cdot[\lambda^2\cdot\zeta(\xi^2-\xi_Y^2)/2 + (1-\lambda^2\cdot\zeta)\cdot(\xi-\xi_Y) + \zeta] \\ (\tau_e > \tau_Y \text{ で } \xi_Y < \xi \leq 1 \text{ のとき}) \qquad (3)$$

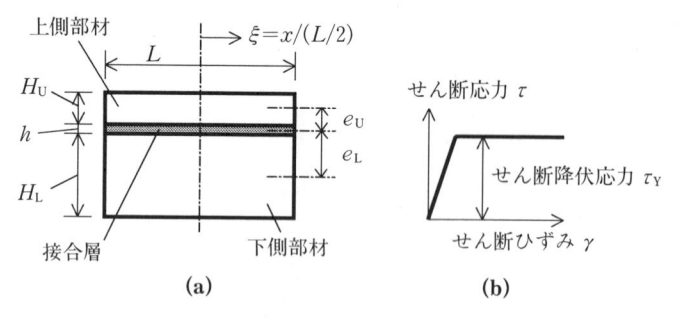

図II-5-5 半導体チップ実装構造の熱応力解析モデル
(a) 構造寸法,(b) 接合層の弾完全塑性挙動

ここで，式(1)は温度変化が小さく接合層が全面弾性状態の場合のひずみである．式(3)は温度変化が大きくなり弾塑性状態になったときの塑性領域のひずみ，式(2)はこのときにまだ弾性領域として残っている部分のひずみである．ここに，τ_eは接合層の弾性変形を仮定したときの最大せん断応力であり，

$$\tau_e = G \cdot \gamma_0 \cdot \tanh(\lambda)/\lambda \tag{4}$$

また，γ_0は接合層のせん断剛性を0と仮定した場合の最大せん断ひずみであり，

$$\gamma_0 = L(\alpha_L - \alpha_U)\Delta\theta/(2h) \tag{5}$$

ここに，Lは接合層の長さ，α_Lとα_Uは接合層の下と上の部材の線膨張係数，$\Delta\theta$は温度変化幅，hは接合層の厚さである．

また，λは被接合部材と接合層のコンプライアンスの比を表す無次元化パラメータであり，

$$\lambda = \sqrt{(S_L + S_U)/S_B} \tag{6}$$

ここに，S_L, S_UとS_Bは下側部材，上側部材と接合層のコンプライアンスであり，

$$S_L = 1/B_L + e_L(e_L + e_U)/(D_L + D_U) \tag{7}$$

$$S_U = 1/B_U + e_U(e_L + e_U)/(D_L + D_U) \tag{8}$$

$$S_B = 4h/[(1-\beta)G \cdot L^2] \tag{9}$$

ここに，βは接合層のボイド面積率，Gは接合層の横弾性係数，B_LとB_Uは下と上の部材の伸び剛性，D_LとD_Uは下と上の部材の曲げ剛性，e_Lとe_Uは接合層の中央面から下と上の部材の中立軸までの間の距離，であり，$B_L = E_L \cdot H_L/(1-\nu_L)$，$B_U = E_U \cdot H_U/(1-\nu_U)$，$D_L = E_L \cdot H_L^3/[12(1-\nu_L)]$，$D_U = E_U \cdot H_U^3/[12(1-\nu_U)]$，$e_L = (H_L + h)/2$，$e_U = (H_U + h)/2$となる．ここに，$E_L$と$E_U$は下と上の部材のヤング率，$\nu_L$と$\nu_U$は下と上の部材のポアソン比である．

式(2)，(3)において，ζは接合層の無次元化せん断降伏応力であり，次式で定義される．

$$\zeta = \tau_Y/(G\gamma_0) \tag{10}$$

また，ξ_Yは弾性領域と塑性領域の境界の座標であり，次の式を数値的に解くことにより求まる．

$$\lambda/\tanh(\lambda\xi_Y) + \lambda^2(1-\xi_Y) = 1/\zeta \tag{11}$$

最大応力は上側部材については，その下面の中心点で生じ，その値σ_Uは

$$\sigma_U = \sigma_{U0}[1 - 1/\cosh(\lambda)] \qquad (\tau_e \leq \tau_Y \text{のとき}) \tag{12}$$

$$\sigma_U = \sigma_{U0}[1 - \lambda\zeta/\sinh(\lambda\xi_Y)] \qquad (\tau_e > \tau_Y \text{のとき}) \tag{13}$$

ここに，σ_{U_0} は接合層を剛としていったときの応力の上限値であり，

$$\sigma_{U_0}=[E_U(\alpha_L-\alpha_U)\Delta\theta/(1-\nu_U)]\cdot S_U/(S_U+S_L) \quad (14)$$

で計算できる．

また，基板に生じるたわみ w は，

$$w=w_0\cdot f_1\cdot f_2 \quad (15)$$

ここに，

$$w_0=L^2(\alpha_L-\alpha_U)\Delta\theta/[8(e_L+e_U)] \quad (16)$$

$$f_1=1/(1+\omega) \quad (17)$$

$$\omega=(D_L+D_U)(1/B_L+1/B_U)/(e_L+e_U)^2 \quad (18)$$

$$f_2=1-[2\cosh(\lambda)-2]/[\lambda^2\cdot\cosh(\lambda)]$$
$$(\tau_e\leq\tau_Y \text{ のとき}) \quad (19)$$

$$f_2=1-2\zeta(\cosh(\lambda\xi_Y)-1)/[\lambda\cdot\sinh(\lambda\xi_Y)]$$
$$-\lambda^2\cdot\zeta(1+3\xi_Y^2-4\xi_Y^3)/3$$
$$-(1-\lambda^2\cdot\zeta)(1-2\xi_Y+\xi_Y^2)-\zeta(1-\xi_Y)$$
$$(\tau_e>\tau_Y \text{ のとき}) \quad (20)$$

となる．ここで，f_1 と f_2 はそれぞれ被接合部材と接合層の剛性の影響を表す係数で，1 より小さな値を取る．したがって，w の値は w_0 の値を超えることはない．式(20)より，降伏応力を小，すなわち ζ を小とすると f_2 が 0 に近づく，すなわちたわみ w が小さくなることが分かる．

接合材がクリープを生じるような材料の場合は，上記の解析解の接合層の降伏応力 τ_Y の値としてクリープを考慮した見かけの降伏応力を用いることにより近似計算が可能となる[7]．はんだについて，この見かけの降伏応力を求めた例を図II-5-6 に示

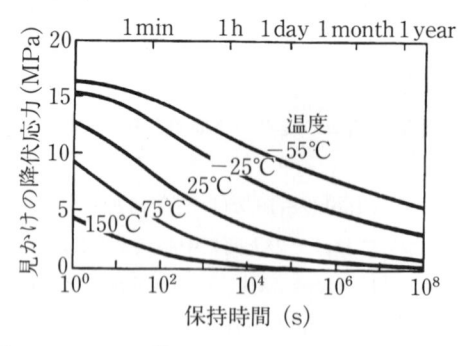

図II-5-6 はんだ材（95 Pb-5 Sn）の見かけの降伏応力

第5章 半導体装置の構造設計

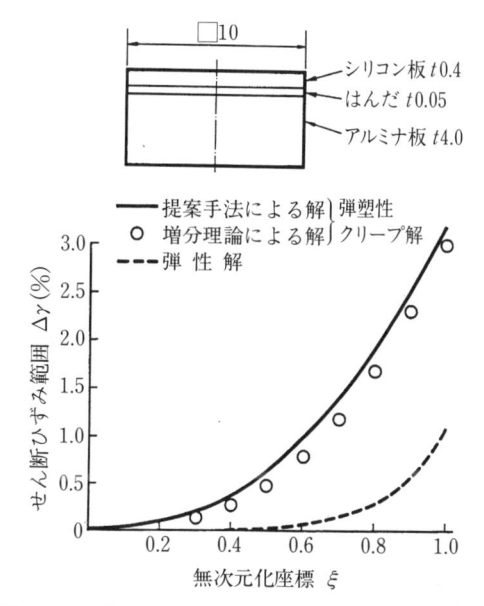

図 II-5-7 半導体チップ実装構造のひずみ分布の解析例

す．図より保持時間（熱サイクルの最高温度または最低温度に保持される時間）が長くなるほど見かけの降伏応力が低下することが分かる．本解析解によるひずみ分布の計算結果をクリープを厳密に考慮した増分理論による結果と比較して図 II-5-7 に示す．図 II-5-7 より両者はよく一致していることが分かる．

（3） 接合層の熱疲労寿命評価

半導体装置に熱サイクルの繰返しが加わると，接合層に繰返しひずみ生じ，これによって接合層の疲労破壊が生じる．疲労寿命は，破壊を生じるまでの負荷（熱サイクル）の繰返し数で表される．疲労寿命の主因子は接合材料に加わるひずみ範囲である．はんだ材の S-N 曲線（ひずみ範囲と寿命の関係）を中空円筒試験片を用いて測定した結果の例を図 II-5-8 に示す[8]．図より，ひずみ範囲を低減することにより，寿命を向上できることが分かる．この S-N 曲線と前節のひずみ解析結果とを突合せることにより，寿命評価が可能となる．

230　第II編　ケーススタディ

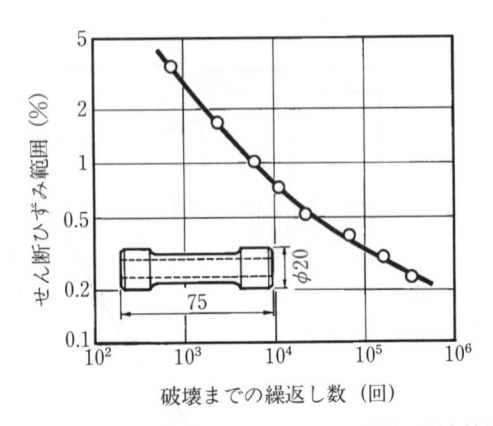

図 II-5-8　はんだ材（95 Pb-5 Sn）の S-N 曲線の測定結果の例

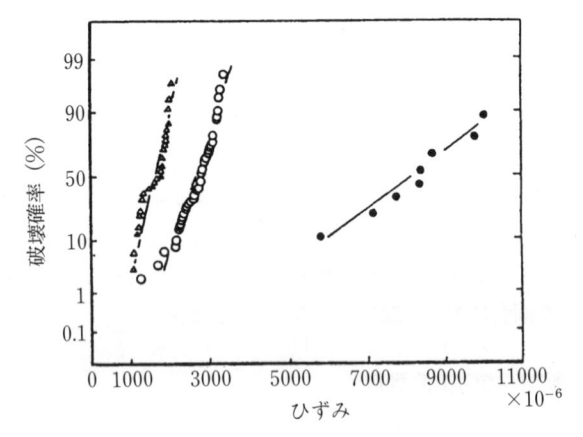

図 II-5-9　半導体チップ材（シリコン単結晶）の強度分布の測定結果の例（△はチップ切断加工にダイヤモンドスクライブ，○はダイシングソーを用いたもの，●はマルチワイヤソーで切断後エッチング）

（4）部品の脆性破壊評価

　チップなどの半導体装置を構成する脆性材料に加わる応力またはひずみがある限界値（強度）を超えると脆性破壊が生じる．チップ構成材料の代表である Si について，強度を測定した結果の例を図 II-5-9 に示す[9]．これは Si チップに曲げ荷重を加え，

破壊を生じたときのひずみを,多数のサンプルについて測定した結果である.横軸にひずみを縦軸に破壊確率をとっている.図より Si の強度には大きなばらつきがあることが分かる.このばらつきの原因は,Si の加工プロセスで表面に生じるミクロなきずのばらつきにある(ミクロなきずによる Si の強度低下の考え方については付録を参照されたい).半導体装置を構成する脆性材料のそれぞれについて,このような図を求めておき,前記(2)で説明したようなの解析により求められる応力と突き合せることにより,部品の脆性破壊の確率が評価できる.

(5) チップ特性変動の評価

半導体材料は応力によりその電気特性が変化する性質を持っている.中でも重要なのが Si において生じるピエゾ抵抗効果(応力により電気抵抗が変化する現象)である.応力の加わる材料中の各点のピエゾ抵抗効果による比抵抗の変化 $\Delta \rho$ は

$$\Delta \rho = \rho_0 \sum \pi_i \sigma_i \tag{21}$$

と表される.ここに,ρ_0 は応力 0 での比抵抗,σ_i は応力の各成分($i=1\sim6$ の各成分がそれぞれ x, y, z 方向の垂直応力と yz, zx, xy 方向のせん断応力に対応),π_i は σ_i に対するピエゾ抵抗係数である.π_i の値は半導体材料の種類,結晶方位,導入される不純物の種類,濃度に依存する.詳細は参考文献[10]を参照されたい.

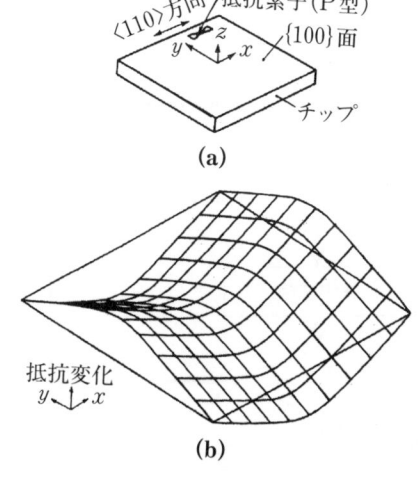

図 II-5-10 半導体チップ上の抵抗素子の抵抗変化分布の解析例
(a) チップ上の抵抗素子配置の例,(b) 抵抗変化分布の計算例

上の式に前記(2)の解析による応力を代入することにより，比抵抗の変化を求めることができる．図II-5-10(a)に示すような抵抗素子の，チップ上の位置と抵抗変化の関係を求めた結果の例を，図II-5-10(b)に示す．図より，素子をチップ上の適正な位置に配置することが，特性安定化の上で重要であることが分かる．

5.5 設計手順

設計手順の概要を図II-5-11を用いて説明する．まず，各設計項目について目標仕様を設定する．次にこの目標仕様に対して，これまでの経験から初期構造案を作成し，この構造案について各設計特性の計算を行う．この結果を目標仕様と比較し，目標仕様を満足しない場合は，構造案に変更を加え，再び計算を行う．目標仕様を満足するまでこの過程を繰返すことにより，適正な装置構造を決定する．そして，決定された構造について，試作試験による確認を行った後に製品化することになる．

図II-5-2(a)に示すようなチップ実装構造を例にとって具体的に考えてみる．まず

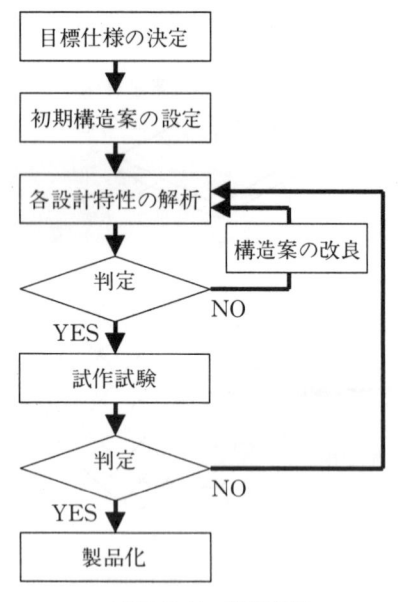

図 II-5-11 設計手順

第5章 半導体装置の構造設計

目標仕様を，放熱性，熱サイクル寿命，部品強度，電気特性安定性について設定し，初期構造案を作成する．

　放熱性については，チップに生じる最高温度の許容値を設定する．この値はチップ信頼性を確保するためのものであり，従来品の市場での実績などから決められている．使用時の最も厳しい負荷が加わってもこの値を超えないように構造を決めることになる．放熱性を向上するためには，チップのサイズ（面積）を大きくして，チップで発生した熱が広がった状態で逃げるようにしてやればよい．ただしチップを大きくすると，装置の大きさも大きくなりやすく，コストも高くなってしまう．そこで，チップの下に熱伝導率の高い金属板を挿入して，ここで熱を広げてから逃す構造を採用する場合もある．

　熱サイクル寿命は，市場での実使用時の寿命の確保が最終目標となる．市場寿命目標は装置の種類によって異なるが，家電品等では10〜15年程度の場合が多い．ただし，市場寿命は市場での使われ方によって大きく変化するものであり，評価が困難である．そこで，市場で目標寿命まで使用された場合の劣化と等価な劣化を生じるような加速試験寿命を目標とする場合が多い．市場に対する加速試験の劣化モードの等価性の確認と劣化量の加速率の評価は，市場回収品と加速試験品の劣化状態を比較することにより行われる．ここで重要となるのがばらつきの考慮である．製品にはばらつきが付き物であり，製品寿命もばらつきを有している．このばらつきの下限寿命[*1]においても，目標寿命をクリアするように設計することになる．

　部品強度に関しては，製造時，保管時，および使用時に加わる最低温度から最高温度の範囲の温度変化が繰返されても，破壊を生じないことが必要となる．

　半導体は応力によって電気特性が変化するため，電気特性安定性を確保するためにはチップに生じる応力を抑える必要がある．電気特性の面から許容できる応力のレベルは，チップに組込まれる素子の種類によって大きく異なる．特にセンサ素子[*2]においては，応力が特性に大きく影響する場合が多いので，チップに生じる応力を非常に小さくするような設計が必要となる．例えば，チップ材料（Si）に線膨張係数の近

[*1] 正確には，ばらつきの分布を把握し，許容故障率を設定して，この許容故障率になるまでの寿命を評価することになる．許容故障率は経験的に設定される場合が多いが，理論的な設定法も提案されている[11]．

[*2] センサ素子は各種物理量を電気信号に変換するための素子である．例えば，流体の圧力を電気信号に変換する圧力センサや，流量を電気信号に変換する流量センサなどが，各種機器の制御のための検出端として広く用いられている．

い材料（低熱膨張ガラス，鉄ニッケル合金など）の板を介してして基板に接合することなどが行われる．

以上のように目標と初期構造案を設定し，これに対して各設計項目に関する解析を前に説明したような手法を用いて行い，この結果を基に構造改良を進め，目標を満足する構造を見出すことになる．

以上チップ実装構造の事例を通じて説明してきた．細かいところでは装置の種類によって，さまざまな手順で設計が進められる．しかし，すべての半導体装置の開発で必ず行われるのが，試行錯誤による設計改良の過程であり，この過程に多大な時間を要するのが常である．この試行錯誤による改良を理論的に行おうとする最適設計手法の研究が行われており，有用な結果が得られた例が報告されている[12],[13]．理論的な最適化により得られた構造案は，設計者が採用構造を決定する際の参考として大変役立つものである．しかし，最終構造の決定は設計者が行うことになる．理論的最適化手法をさらに発展させてコンピュータによる完全な自動設計ができないかという夢も語られている．しかしこれを可能とするためには，その製品に要求されるすべての設計項目に関する特性がもれなく計算できるようになる必要があり，これは当分実現できないと思われる．実際の製品においては様々な設計項目を考慮しなければならない．すべての設計項目をもれなく考慮した設計をいかに効率的に短期間で行うかが開発成功へのキーポイントといえる．

5.6 演　　習

(問1) 図II-5-5(a)のような半導体チップ実装構造において，チップ上面から基板下面までの熱抵抗 R（チップ上面が均一に発熱し，基板下面が一定温度に冷却されていると仮定したときの，チップの単位発熱によるチップ上面の温度上昇）が次の式で表されることを熱伝導の基礎式から導け（伝熱工学のテキスト（例えば参考文献[3]）を調査せよ）．

$$R=(H_U/\lambda_U+h/\lambda+H_L/\lambda_L)/L^2 \tag{22}$$

ここに，H_U, h, H_L はチップ，接合層，基板の厚さ，$\lambda_U, \lambda, \lambda_L$ はチップ，接合層，基板の熱伝導率，L はチップサイズである．ただし，ここでは簡単化のためチップと接合層と基板は，サイズがすべて等しく，一辺の長さが L の正方形とする．

第5章　半導体装置の構造設計

(問2) 異種材料接合層のひずみの式：本文の式(1)を導け．

（ヒント）　まず力の釣合いと変位の適合条件から，接合層のせん断応力 τ とせん断ひずみ γ の分布を支配する方程式が

$$d^2\gamma/dx^2 = [(1-\beta)/h][1/B_L + 1/B_U + (e_L+e_U)^2/(D_L+D_U)] \cdot \tau \qquad (23)$$

となることを導く．この式で，接合層に関する適切な応力-ひずみ関係式と境界条件を与えることにより，本文の式(1)を導く（参考文献[6]）．

(問3) 本文の式(3)において，せん断降伏応力 τ_Y が非常に小さいとすると，せん断ひずみ γ が

$$\gamma = L(\alpha_L - \alpha_U)\Delta\theta \cdot \xi/(2h) \qquad (24)$$

で表されることを導け．

(問4) 熱疲労破壊寿命を支配する因子として，ひずみ範囲以外の因子を調査し，列挙せよ（参考文献[14]）．

(問5) 脆性破壊と延性破壊の違いについて調べ，簡潔に記述せよ（材料力学のテキストを調査せよ）．

(問6) Si がピエゾ抵抗効果を生じるメカニズムについて調査し，簡潔に記述せよ（参考文献[10]）．

(問7) 図II-5-5(a)に示すような半導体チップ実装構造において，熱疲労寿命 N と熱抵抗 R の目標値（N_T と R_T）を満足させながら，チップサイズ L を最小としたい．これを実現するような，はんだ接合層厚さ h とチップサイズ L を求める問題を考える．この問題を最適設計問題として定式化せよ．

（ヒント1）　ここでは，次の簡易式を用いる．

熱サイクルによりはんだ層には，せん断ひずみの繰返しが生じる．このせん断ひずみ範囲 $\Delta\gamma$（ひずみの全振幅）は，次の式で表されるとする．

$$\Delta\gamma = L|\alpha_L - \alpha_U|\Delta\theta/(h\sqrt{2}) \qquad (25)$$

ここに，L はチップサイズ，α_L と α_U は基板とチップの線膨張係数，$\Delta\theta$ は温度変化幅，h は接合層の厚さである．ここでは一辺の長さが L の正方形のチップを考え

る．接合層のひずみは正方形の頂点の位置で最大となるが，この位置ではチップの縦方向と横方向のひずみが重なりあい，最大ひずみがそれぞれの方向のひずみの$\sqrt{2}$倍となることから，式(24)に$\sqrt{2}$をかけ，$\xi=1$とした上の式を用いる．

このひずみの繰返しにより，はんだの疲労破壊が生じるまでの繰返し数すなわち寿命Nは，次式で表されるとする．

$$N = C/\Delta\gamma^n \qquad (26)$$

ここに，Cとnは，はんだの材質によって決まる定数である．

一方，熱抵抗Rは，式(22)で計算できるとする．

(ヒント2) 最適設計問題は，一般に次のように定式化される．

$$g_1(x_1, x_2, \cdots) \leqq c_1 \qquad (27\,\mathrm{a})$$
$$g_2(x_1, x_2, \cdots) \leqq c_2 \qquad (27\,\mathrm{b})$$
$$\vdots \qquad \qquad \vdots$$

のもとで

$$f(x_1, x_2, \cdots) \to \min \qquad (28)$$

となるような，$\{x_1, x_2, \cdots\}$を求める．

ここで，$x_1, x_2, \cdots$は設計者が決めるべき変数であり，設計変数と呼ばれる．式(27 a)，(27 b)…は制約条件，$c_1, c_2, \cdots$は希求値，$f(x_1, x_2, \cdots)$は目的関数と呼ばれる．詳細について最適設計のテキスト（例えば文献[12]）を参照されたい．本問題では，式(27)，(28)を(ヒント1)の式を用いて具体的に表せばよい．

(問8) 上記最適設計問題の最適解の式を求めよ．

(ヒント) 設計変数Lとhを横軸と縦軸にとって制約条件の境界を示す図を描けば，図から最適点がどこにあるか把握できる．

(問9) 上記最適解の式を用いて，

$$\Delta T = 90\,[\mathrm{K}],\ N_\mathrm{T} = 5000\,[\mathrm{cycle}],\ R_\mathrm{T} = 4\,[\mathrm{K/W}],$$
$$\alpha_\mathrm{L} = 18 \times 10^{-6}\,[1/\mathrm{K}],\ \alpha_\mathrm{U} = 3 \times 10^{-6}\,[1/\mathrm{K}],\ C = 0.5,\ n = 2,$$
$$\lambda_\mathrm{U} = 150\,[\mathrm{W/(mK)}],\ \lambda = 26\,[\mathrm{W/(mK)}],\ \lambda_\mathrm{L} = 360\,[\mathrm{W/(mK)}]$$
$$H_\mathrm{U} = 0.3 \times 10^{-3}\,[\mathrm{m}],\ H_\mathrm{L} = 1.5 \times 10^{-3}\,[\mathrm{m}]$$

として，hとLの最適値を計算せよ．

第5章　半導体装置の構造設計

(問10) 上記最適設計問題の定式化において，各種仮定や近似を導入して問題を単純化している．本定式化をさらに改良するとした場合にどのような点が考えられるか，項目に分けて列挙せよ．

5.7 まとめ

　半導体装置における設計は，通常の機械装置の設計に比べ歴史も短く，まだ設計手法が固まっているとはいえない．さらに製品の進化速度が速いため，次々に新しい製品を開発してゆくことが要求される．このような製品の設計においては，すぐに使える設計公式が見当たらない場合も多い．困難な課題にぶつかり四苦八苦する場合もある．しかし逆にこれは前人未到の分野を開拓できるチャンスと捕えることもできる．そしてこのような分野でこそ，付加価値の高い新製品を開発できる可能性が高い．このような新製品を開発してゆくためには，基本原理に立ち返って自ら設計手法を開発していく必要があり，工学基礎科目を充分体得しておくことが要求されるといえるだろう．

付録．シリコンの脆性破壊強度と原子レベルシミュレーション

　シリコンチップの表面にはチップの切断加工などによって初期的にミクロなきず（き裂）が生じている．チップに応力が加わると，このき裂の先端には非常に大きな集中応力が生じる．この集中応力による破壊を，まず破壊力学[15]の考え方で検討してみよう．破壊力学では，このき裂先端近傍の応力場の強さを応力拡大係数 K_I で表す．この K_I がある限界値 K_{IC} に達したときに破壊が生じるとする．ただし，き裂は非常に小さいので，き裂先端のごく近傍を除いた部分の応力は小さな値であり，この応力値はき裂によって影響を受けない．すなわち，本文で示した手法で計算されるような応力 σ（き裂はないと仮定して求めた応力）である．このような条件で，σ を増加させていったときの破壊を生じる限界値すなわち強度 σ_B は，破壊力学の公式より次のように表せる．

$$\sigma_B = K_{IC}/\sqrt{\pi a/Q} \tag{29}$$

ここに，a はき裂の深さ，Q はき裂の形状で決まる定数であり，1のオーダの数値

である．K_{IC} は破壊を生じる応力拡大係数の限界値（破壊靱性値）であり，材料定数と考えられるものである．上の式から，初期き裂深さ a を小さくすることにより，強度 σ_B を向上できることが分かる．

この K_{IC} は，さらに次のように表せる．

$$K_{IC} = \sqrt{EG_C} \tag{30}$$

ここに，E はヤング率，G_C はき裂を単位面積だけ進展させるのに必要なエネルギーである．このエネルギーは原子の結合を切断するのに要するエネルギー（単位面積当たりの値）に対応するものと考えられる．K_{IC} や G_C の値は通常は実験的に求められるが，ここでは原子レベルから計算した例[16]を紹介する．

近年，強度の問題に対して原子レベルのシミュレーションを適用することが注目されている．代表的手法として分子動力学と呼ばれるものがある．これは，原子集団を質点の集合と捕えて，そのニュートンの運動方程式を数値的に解くことにより，機械的性質を含む様々な物性を計算するものである．通常の分子動力学では多数の原子集団の挙動を検討するが，ここでは単純化して図 II-5-12 に示すようなシリコン単結晶（ダイヤモンド構造）の単位構造を考える．この構造に周期境界条件のもとで引張りの変位を与え，原子結合が切断するまでのエネルギーを計算した．エネルギーを単位

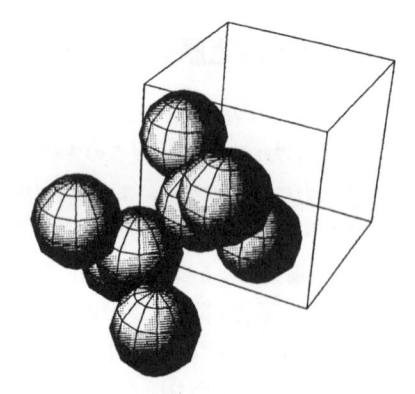

図 II-5-12　シリコンの原子結合切断エネルギーの計算モデル

表 II-5-1　シリコンの原子結合切断エネルギーから計算した破壊靱性値 [MPa$\sqrt{m}$]

本計算	0.548
実測値	0.7〜0.9

第5章 半導体装置の構造設計

面積当たりに換算して式(30)に代入することにより，K_{IC} を計算した結果を表 II-5-1 に示す．表 II-5-1 には実験結果も示してある．計算結果を実験結果と比較すると，この種の計算としては比較的近い値が得られている．

通常の金属では，き裂を進展させるのに要するエネルギーとして，原子結合切断に要するエネルギーに加えてき裂先端近傍に生じる塑性変形によるエネルギー消費（軟鋼などではこちらのエネルギーの方が結合切断のエネルギーより桁違いに大きくなる）を考慮する必要がある．シリコン単結晶の場合は，塑性変形によるエネルギー消費を考慮しなくてもよい．つまり，通常の温度ではほとんど塑性変形を生じない理想的な弾性体として振舞うといえる．これは金属原子が，方向性を持たない結合（金属結合と呼ばれる）により互いに結合しているため，転位の運動を生じやすいのに対して，シリコン原子は強い方向性を持った強固な共有結合により結合しているため，転位の運動を生じ難いためである．この結果，金属では問題にならないような微細なき裂でも，シリコンではその先端には大きな応力の集中が生じ，破壊強度 σ_B が大幅に低下してしまうことになる．しかし，エッチングなどにより表面き裂を除いてやれば強度は大幅に向上し，条件によっては1GPa以上応力に耐える非常に強い材料とできる．さらに，この塑性変形を生じない弾性体としての性質は，力学量をひずみに変換して測定するためのセンサ用の材料として理想的なものである．この性質により，シリコンを用いた高精度の圧力センサ[17]などが実用化されている．

ここでは，原子レベルシミュレーションの比較的単純な事例を紹介したが，より複雑な問題として，半導体チップ表面に形成される薄膜が本質的に持っている残留応力である真性応力の問題[18]や，環境による強度の劣化の問題への適用例[19]などの各種研究が進められている．また，従来の連続体力学では評価の困難な異種材料界面の強度の問題[16]への適用も期待されている．

原子レベルシミュレーション技術は現在は研究段階であり，まだ設計現場で使いこなされる段階には至っていないが，今後，有限要素法などによる連続体力学と組合せて用いることにより，構造設計と材料設計を統合した革新的な新設計を可能とするツールとなることが期待される．

参 考 文 献

[1] 日置 進, 保川彰夫：マイクロ接合体の強度評価；溶接学会誌, **53**, 7 (1984), pp. 43-46.
[2] 白鳥正樹編：日本機械学会研究協力部会 RC-113 分科会成果報告書 (1994).
[3] 小泉睦夫：移動速度論, 昭晃堂 (1971).
[4] Seely, J. H. and Chu, R. C. : Heet Transfer in Microelectronic Equipment ; Marcel Dekker, Inc., New York (1972).
[5] 杉浦 登, 小林良一, 保川彰夫：車載用パワー素子の実装技術, HYBRIDS, **7**, 4 (1992), pp. 26-31.
[6] 保川彰夫：半導体チップ接合構造の熱弾塑性ひずみ簡易解析解, 日本機械学会論文集（A編）, **58**, 552 (1992-8), pp. 1382-1389.
[7] Yasukawa, A. and Sakamoto, T. : Simulation for Designing Semiconductor Packages with High Reliability under Thermal Cycling, Proceedings of 1988 International Symposium on Power Semiconductor Devices (1988), pp. 36-41.
[8] 北野 誠, 保川彰夫, 坂本達事：Pb-Sn 系はんだの低サイクル疲労強度に及ぼす温度, 組成, 接合界面の影響, 日本機械学会日立地方講演会講演論文集 (1984), pp. 19-21.
[9] 松岡祥隆, 高橋幸夫, 島岡 誠, 保川彰夫：半導体圧力センサのシリコン材料強度に関する検討, 計測自動制御学会第 31 回学術講演会予稿集 (1992), pp. 51-52.
[10] Kanda, Y. : Piezoresitance effect of silicon, Sensors and Actuators A, **28** (1991), pp. 83-91.
[11] 岡村弘之, 板垣 浩：強度の統計的取り扱い, 培風館 (1979).
[12] 山川 宏：最適化デザイン, 培風館 (1993).
[13] 保川彰夫：半導体チップ実装構造のファジイ最適設計, 日本機械学会論文集 (1984), pp. 19-21.
[14] Manson, S. S. : Thermal Stress and Low Cycle Fatigue ; MacGraw-Hill Book Company, New York (1969).
[15] 岡村弘之：線形破壊力学入門, 培風館 (1976).
[16] 大塚編, 天城, 大塚, 岡本, 佐通, 曽我, 高橋, 保川著：界面工学, 培風館 (1994).

[17] Yasukawa, A., Shimazoe, M. and Matsuoka, Y.: Simulation of Circular Silicon Pressure sensors with centor Boss for Very Low Pressure Measurement; IEEE Trans. Electron Devices, **37**, 7 (1989), pp. 1295-1302.

[18] 守谷浩志, 岩崎富生, 保川彰夫, 三浦英生：分子動力学を用いた Si 薄膜真性応力と微細構造の解析, 日本機械学会論文集 (A 編), **63**, 613 (1996), pp. 1999-2005.

[19] Yasukawa, A.: Using An Extended Tersoff Interatomic Potential to Analyze The Static-Fatigue Strength of SiO_2 under Atmospheric Influence, JSME International Journal, Series A, **39**, 3 (1996), pp. 313-320.

第Ⅱ編　ケーススタディ
第6章　自動化機器—ロボット

6.1　はじめに

　二十世紀の日本の発展・躍進の原動力の一つは，ロボットに代表される自動化機器の発達に負うところが多い．ここでは特にロボットに焦点を当てて，その基礎から設計までを考えていきたい．しかし，ロボットは広範な技術を含むうえロボット自体が広い概念を持つため，すべてを詳細に解説することは困難である．しかも技術的に未完成の分野も多く，定型的な設計手法が確立しているわけではない．ロボット関連技術の全容を略解したのち，機構を中心にロボットのシステム設計の心を述べることとする．

6.2　ロボットの分類とその構成

6.2.1　分　　　類

　ロボットは多種多様であるので，理解を助けるために種類を分類しておく必要がある．
　ロボットの分類はロボットの①操作方法，②制御方法，③動作機構の特徴，④使用対象などによる分類など，各種考えられる[1]．ここでは①の操作方法により分類してみる．具体的には，自動ロボット，遠隔操作ロボット，知能ロボットの3種に分類する．

　　（1）　自動ロボット
　あらかじめ設定されたプログラムで自動的に動作するタイプで，生産にかかわる産

業用ロボットは一般にこのタイプが多い（図 II-6-1）．プログラムの組換えで，多様な作業に適用できる能力も必要である．人間の腕をかたどったマニピュレータ程度の複雑な機械である必要もあろう．全自動洗濯機など簡単なプログラムで動作するものがあるが，このような単純な機械はロボットとはいわない．

（2） **遠隔操作ロボット**

人間が遠隔で操作するタイプであり，マスタースレーブ型のマニピュレータが代表的実例である（図 II-6-2）[2]．ラジコンカーなども遠隔操作型の機械であるが，たかだか 2 次元平面を移動するだけの単純な機械であるので，ロボットとは呼ばないのが普通である．

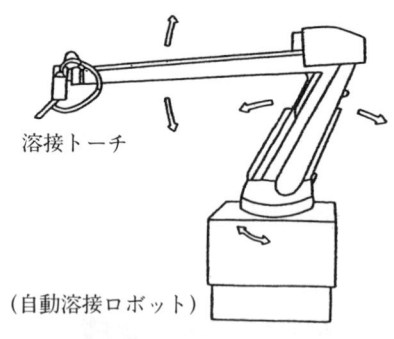

図 II-6-1　自動ロボットの例

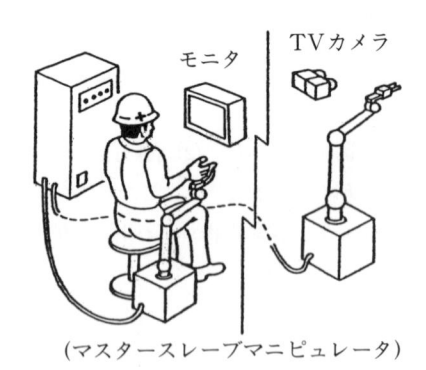

図 II-6-2　遠隔操作ロボットの例

第6章　自動化機器—ロボット　　　　　　　　　　　　　　245

（3）知能ロボット

　ロボット自身が判断できるロボットである．各種の外界センサを持ち，外からの刺激に対して判断し，なんらかのアクションをする機械である．高度な知能ロボットの一例として，自律巡回ロボットの概念を示す（図II-6-3）．ロボットの操作者はロボットに声で「A患者に薬を届けなさい」と指示すると，ロボットは音響センサから声を取り込んで指示を理解し，視覚センサなどを用いて通路をたどり，A患者の所に薬を届けるといった一連の動作ができるとすれば，かなり高度な知能ロボットということができる．

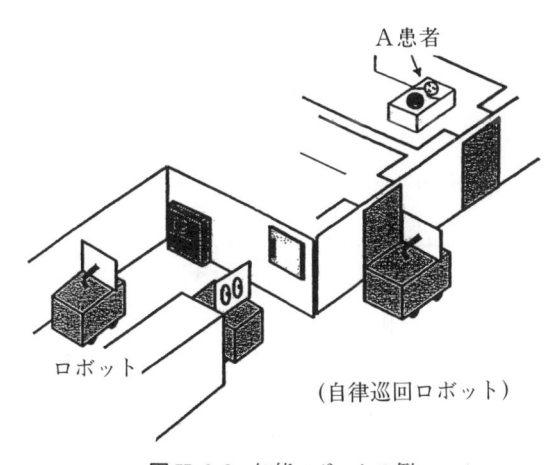

図II-6-3　知能ロボットの例

　なお実際のロボットは，上記の自動型，遠隔操作型，知能型の機能を併せ持つものが多く，いちがいにどの型のロボットと決め付けても意味はない．

6.2.2　構　　成

ロボットの本体は，
①腕のような役割の作業機構や，移動機構などの機構
②機構を動かすアクチュエータ
③ロボット内外の情報を取込む各種のセンサ
④コンピュータなどで構成する制御装置

から構成される．組合されたハードウェアを適切に制御するためには，さらに

　⑤各種のソフトウェア

が必要になる．そして

　⑥動力源

と結びつき，ロボットは初めて動きだす．

　複雑なロボットシステムでは，ロボットの本体以外にも，

　⑦操作室で人間がロボットに命令を与えるための操作卓

　⑧操作卓とロボットの間の情報をやりとりするための通信系

なども必要となる場合が多い．

　これらのハードウェアおよびソフトウェアの適切な融合により，初めてロボットとしての機能が発揮されることになる．ロボットによっては腕を必要としないもの，移動機構を必要としないものなど，目的によって全体構成は多様に変化するが，上記の①～⑧を適宜組合せてロボットは構成される．

　上記の①～⑧を組合せたロボットの基本構成を図 II-6-4 に示す．

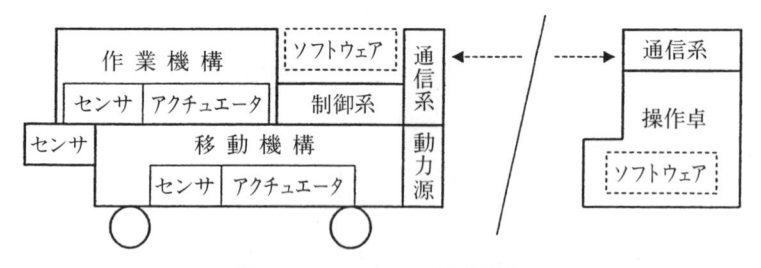

図 II-6-4　ロボットの基本構成

6.3　基本構成要素

　ロボットはシステム機械であり，多くの技術を組合せて初めて成り立つものである．ここでは機構を中心に，ロボットを構成する要素について概説する．

6.3.1　機　　　構

　ロボットを構成する機構には，腕のようになにかの作業を行うための作業機構と，

第6章 自動化機器—ロボット

作業場所に移動するための移動機構の2種類がある．作業機構と移動機構の双方を備えるロボットも，作業機構だけのロボットや移動機構だけのロボットもあり得る．移動機構は作業機構を作業場所に運ぶための機構と考えれば，作業場所が固定されている場合はそこに作業機構を固定しておけばよいので，移動機構は不要となる．逆に巡視点検ロボットのようにテレビカメラが巡視場所を移動できればよいような場合は，特別な作業機構がなくともすむ場合がある．

（1） 作 業 機 構

作業機構は，人の腕に当たる部分（アーム）と手に当たる部分（ハンド）で構成される．アーム部で作業対象物に接近し，作業対象物とはハンド部で接触する．実作業は，ハンドとアームの協調作業になることが多い．

（a） アーム(腕)

一般にアームを使って作業するには，アーム先端が3次元作業空間の任意の位置に到達でき，さらに先端のハンド部が任意の方向に向くことができなければならない．すなわち，位置決めに3自由度，姿勢決めに3自由度，合計6自由度あるアームが基本となる．アームの形状は何通りも考えられるが，主な基本型として直交座標型，円筒座標型，極座標型，多関節型などがある[1]．設計する際には，これらの基本型を参考にロボットが行う作業にもっともふさわしいアーム構成を検討すればよい．ここでは人間の腕に近い構成の6自由度多関節型アームの一例を自由度構成とともに図II-6-5に示す．このアーム例では回転動作と旋回動作で構成されているが，直交座標

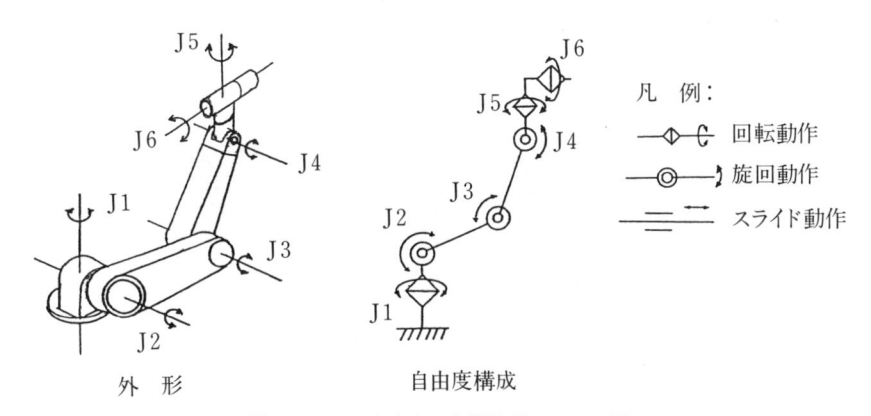

図II-6-5 6自由度の多関節型アームの例

型，円筒座標型，極座標型などの場合，スライド動作も含まれる．

　作業が限定されている場合，自由度を減らしたアームで対応できる場合もある．逆に自由度を増やすことにより，障害物をよけつつ作業を行うといった複雑な動作も可能となるので，対象となる作業を十分吟味してアームの自由度構成を選定しなければならない．また作業内容によっては，これらの基本型とは大幅に異なる特殊なアームがふさわしい可能性もあるので，アームの設計には柔軟な対応を心掛ける必要がある．

　（b）　ハンド（手）

　加工品をつかんだり，工具を持ったり，文字どおり人の手先の役目を果たす部分である．

　対象とするものを主に摩擦力に頼って持つタイプの「はさみ型」と，幾何学的な拘束により捕捉するタイプの「囲い型」が考えられる．四角い箱を持ち上げるには両側からはさみ付けて捕捉する「はさみ型」が必要であるが，丸いボールを持ち上げるには「囲い型」でも可能である．

　はさみ型の場合，対象物とハンド間の摩擦係数により，必要とするはさみ力が変化する．囲い型の場合は基本的には摩擦係数には無関係なはずだが，取扱う作業の内容によっては持ったものがずれるなどの可能性があり，摩擦に頼らなければならない場合が多い．はさみ型にも幾何学的な拘束に頼る場合もあり，実際のハンドには両者の特徴を併せ持つものが多い．いずれにしても対象物，対象作業によりハンド形状を慎重に検討する必要がある．なお，ねじなどでアームに工具類が固定される場合もあり，このようにハンドを必要としない場合もある．

　基本的なハンドの例を図II-6-6[3]に示す．

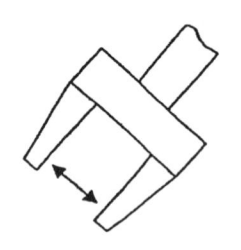

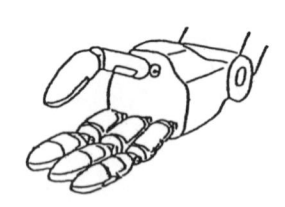

　　　　はさみ型　　　　　　囲い型

図II-6-6　ハンドの例

第6章　自動化機器—ロボット

（2）移動機構

移動機構に関しても多種多様な開発が行われているが，ここでは実用的なロボットに採用しやすい移動機構として，車輪型，クローラ型，脚型に触れておく．

（a）車輪型

幅広く利用されており，走行路が平坦であれば，もっとも便利な移動機構である．しかし凹凸のある不整地や急な走行路では不適である．ただし階段や堰がある通路向けには特殊車輪が開発されており，対応は可能である（図II-6-7）[4]．

（b）クローラ型

ブルドーザなどの土木機械や戦車などに利用され，無限軌道あるいはキャタピラなどとも呼ばれている．不整地走行が容易でしかも階段昇降などが可能であるため，広く使用されている．基本型は左右一対のクローラであるが，用途により左右二対にするなど各種の変形例が見られる（図II-6-8）[5]．操舵は左右のクローラの速度差を用いることが多く，走行面をこすって傷つけるなどの欠点もあるので選択する際には注意を要する．

（c）脚型

人間型，馬型，昆虫型など，すなわち2脚，4脚，6脚の機構が主に研究開発され

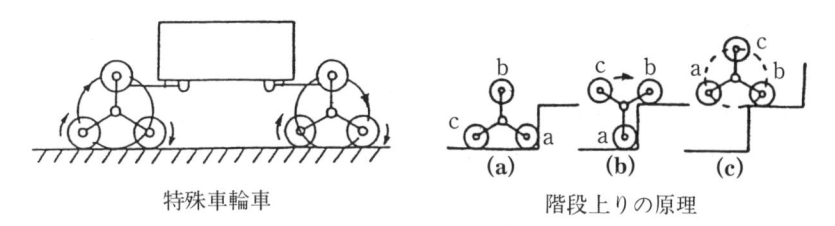

特殊車輪車　　　　　　　　　階段上りの原理

図II-6-7　特殊車輪の例

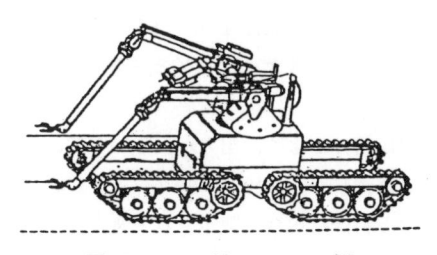

図II-6-8　二対クローラの例

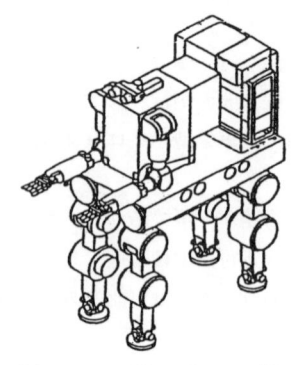

図 II-6-9　4脚ロボットの例

ている．2脚型は，人の生活空間で用いる場合便利となる．なぜなら，人の生活空間は2脚の人間が活動するのに適するようにできているからである．倒れやすいなどの面はあるが，今後研究が進むに従い広く利用される時代がくるであろう．4脚（図II-6-9）[6]，6脚なども不整地移動などには適しており，今後の発展が待たれる機構である．しかしいずれの場合も実用という面ではいまだ課題が多く，一般のロボットに採用するにはもう少し時間が必要であろう．

6.3.2　その他の要素

（1）アクチュエータ

ロボットを動かすには，なんらかの駆動力を発生するもの，すなわちアクチュエータが必要となる．ロボット用アクチュエータとしては，電気アクチュエータ，油圧アクチュエータ，空気圧アクチュエータなどが使用される．

高性能の電気アクチュエータが次々と製品化されてきた昨今，ロボット用のアクチュエータは電気アクチュエータが主流となっている．サーボモータと減速機を組合せて使用するのが標準的であるが，ステッピングモータやダイレクトドライブモータなどの使用例もある．

油圧アクチュエータは応答性がよく，出力が大きいなどの長所があり，産業用ロボットなどに用いられてきた．しかし油圧パワーユニットが必要，保守が面倒などの理由で，最近は大出力用など特殊な場合に限定されてきた．

空気圧アクチュエータは取扱いは簡便であるが，正確な位置制御が難しく，ON-

表 II-6-1 アクチュエータの比較

項　目	電気式	油圧式	空気圧式
操作力	小〜中	大	小
応答性	中	大	小
制御性	位置制御良好 力制御良好	位置制御可 力制御やや難	位置制御難 力制御難
取扱性	容易	油圧ユニット要 保守要	空気圧源要 保守比較的容易
コスト	中	高	低
安全性	防爆注意	火災注意	高圧空気注意

OFF操作のような単純操作用としての利用が主である．低価格，軽量といった長所がある．

　表 II-6-1 に，アクチュエータの簡略比較をまとめて示す．なお特殊例として，温度変化によって動作する形状記憶合金を，ロボットの一部にアクチュエータとして用いることもあり得る[7]．

（2）セ ン サ

　ロボットには制御用センサと観察用センサが必要である．前者はロボット自身を動かすために必要なセンサで，後者はロボットの操作者である人間に情報を提供するための道具である．

　制御用センサには，アームの回転角度などロボット自身の状態を知る内界センサと，外力や周辺状況などの外部環境を知る外界センサがある．センサ情報をもとに動作の内容および量を決め，ロボットを制御する．表 II-6-2 に代表的なセンサをまとめたが，必要に応じてこれらのセンサを選択し，適所に配置する．ロボットの知能化を高めるに従い，より多くのセンサが必要となる．なお同じセンサでも，データ処理の仕方によって多様な目的に適用可能となる．

　遠隔操作型のロボットの場合，操作者にロボット周辺の状況を知らせるために観察用のセンサが必要となる．必ずしもロボットに搭載するとは限らないが，システムとして看過してはならない．また，点検が目的のロボットの場合，観察用のセンサがもっとも重要な機器の一つとなる．テレビカメラ，マイクロフォン，温度計，湿度計，放射線量計，振動計など，多種多様なセンサが考えられる．

表 II-6-2 ロボットに用いるセンサ例

分類	主目的	センサ例
内界センサ	関節角度計測 回転量計測	エンコーダ ポテンショメータ レゾルバ
外界センサ	対象物認知 対象物との距離計測	カメラ 超音波センサ レーザセンサ
	外部からの力の感知	ひずみゲージ マイクロスイッチ
	姿勢	ジャイロ

(3) 制御系

ここでは制御系を制御装置と操作装置を含めたものとして定義する．

操作者からの指示通りにロボット機構を動かすには，センサ信号情報を絶えず取込み，指示された状態になるように，アクチュエータに適当な量のエネルギーを供給し続ける必要がある．このような一連の仕事を受け持つのが制御装置であり，計算機を主体としている．各種のソフトウェアと組合され，複雑かつ知能化された動作が可能となる．

操作者がロボットを動かすには，なんらかの操作装置も必要である．操作装置は，初期データや動作プログラムを入力する機器や，遠隔操縦用の機器などで構成される．

制御系にはロボットに搭載すべきものとロボットとは離れた操作室に設置すべきものがあり，ロボットの基本検討の段階で制御装置と操作装置の設置場所が決まる．

(4) ソフトウェア

ロボットを作るにあたって，ソフトウェアはハードウェアと同等の重要性を持つ．しかし本書では，ハードウェアの設計に重点をおいており，ここでは概要に触れるにとどめる．

ロボットシステムに関係するソフトウェアには，計算機を動かす基本ソフトウェア，機構を動かすソフトウェア，機構の動作をプログラムする教示ソフトウェアといった基本的なソフトウェアと，より高度な機能を付加するためのソフトウェアがあ

る．後者には，視覚センサからの信号を処理して対象物を認識したり対象物までの距離を求めるソフトウェアや，音声情報を処理して言葉を認識したりするソフトウェアなどが多数開発されており，設計に利用できるものもいくつかある．ロボット作業場の臨場感を操作室にもたらしたり，作業シミュレーションができるソフトウェアなども開発されており，これらのソフトウェアを設計に取込むことによりロボットの利便性が高まるので，積極利用を考慮すべきである．

(5) 動　力　源

ロボットを動かすには動力源が必要である．動力源としては電気を使うのが一般的であるが，屋外で使用されるロボット，特に移動型の場合は燃料を用いて内燃機関で動力を得ることもある．しかしそのような場合でも，電気は常に必要とされる．

ロボットに使用される電気の供給源は，商用電源，バッテリ，燃料電池などが考えられる．商用電源の直接利用はケーブルが必要なため，移動型のロボットの場合，動作の拘束に注意が必要となる．バッテリの場合，使用可能時間に留意する必要がある．また使用環境により性能が左右されるので，どんな種類のバッテリを選択するかの検討は重要である．燃料電池はケーブル不要でかつ使用可能時間を比較的長くとれるし，燃料補給も容易である．現状ではサイズや値段にやや問題があるが，乗用車に利用する技術が急速に進んでおり，問題点はいずれ解消されると考えられるので，ロボットへの適用は今後有力となろう．

(6) 操　作　卓

いやしロボットあるいはペットロボットのような自己完結型のロボットは別として，一般にロボットを取扱うには，ロボットを操作する機器・装置が必要となる．そのような機器・装置はロボットシステムの大きさ，複雑さによって規模は異なるが，操作性を高めるために操作卓として整備するのが望ましい．特に他室から遠隔操作するような型のロボットの場合は操作卓が必須であり，操作卓の性能がロボットの性能の死命を制することすらある．ロボットを自在に操る操作装置，操作する際に必要となる作業現場の映像を取込むモニタテレビ装置，ロボットの状態表示装置などは欠かすことができない．作業現場の音情報，温湿度情報などの表示が必要なこともあろうし，立体テレビモニタ，各種のバーチャルリアリティ装置，データ収録装置など，ロボットに託する作業の複雑さに応じて，操作卓も複雑・高級化せざるを得なくなる．

ロボットの作業現場に操作者がいる場合でも，ロボットを操る操作装置は最低限必

要となり，これも簡易操作卓といえよう．プログラムによる自動動作ロボットでも，動作条件の初期設定をする装置が必要であり，操作卓の一種とみなせる．自律的な判断ができる知能ロボットの場合でも，動作条件の初期設定をする装置が必要であり，操作卓が必要となる．

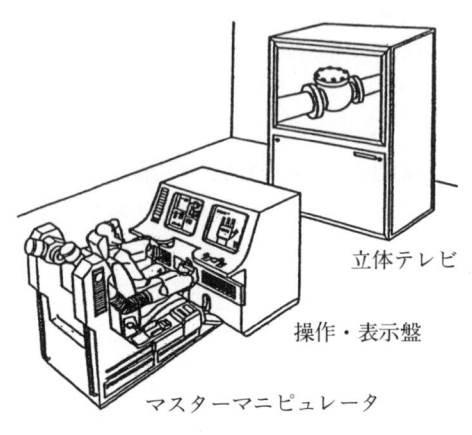

図II-6-10 操作卓の例

操作卓の一例を図 II-6-10 に示す[6]．この図に示すように，操作卓は分離した複数の機器で構成されることも多い．

（7）通 信 系

ロボットと操作卓あるいはロボットとロボット非搭載の制御装置の間には，各種の信号のやりとりが必要となる．信号の種類は制御情報あるいはセンサ情報であり，デジタル信号あるいはアナログ信号でやりとりする．

通信を有線にするかあるいは無線にするかの判断は重要で，作業現場，作業内容・仕様などを吟味して決定する．移動型ロボットの場合は無線にするのが動作上は望ましいが，動力供給との関係も重要で，商用電源をケーブルで用いている場合は無線にしても仕方がない場合が多い．通信にあたってはノイズに対して特に注意する必要がある．ロボット側がノイズを受ければ誤動作の原因となるし，ロボット側が周辺機器にノイズを発する場合もあり，要注意である．

無線通信には電波あるいは光などが使われる．水中では音波の使用も考えられる．最近では，携帯電話システムやインターネットを利用するなどの方法も一部で研究さ

れている[8].

(8) 材　料

　寸法，重量，強度，耐久性，加工性，入手の難易，価格などを考慮して最適材料を選定しなければならない．一般の機械と違いはないが，価格よりも性能を重視する場合は，最先端の材料を採用するなど，思い切った設計を試みるのもよい．ロボットの設計では，特に新規性が重要になる場合が多く，常に新しさを求める姿勢が重要である．ロボットは多種の部品から成立つうえ小型化を要求される場合が多いため，スペース的および重量的に組上げに苦労することが多い．問題解決の鍵の一つが部品の軽量化である．プラスチック複合材料[9]や軽量高強度合金などを用いると大幅な軽量化が図られ，それに伴ってロボットの性能が飛躍的に向上することがある．

6.4　設計の要領

　ロボットの設計内容を技術的に分解してみると，機械的な設計，電気的な設計および制御的な設計をシステム的な設計で束ねていることになる（図II-6-11）．部分的に設計内容を見てみると，特に技術的に変わったことをしているわけではない．強いていうならば，システム的な設計に特徴があるといえよう．なぜならば，ロボットは汎用性に特徴がある機械であるため，一般の専用的な機械よりもより多くのことを想定して設計固めをする必要があるからである．そのような背景のもとに，機械系，電気系，制御系をバランスよくまとめていかなければならない．

　以上のような状況であるが，ロボットを設計していく方法は何通りか考えられよ

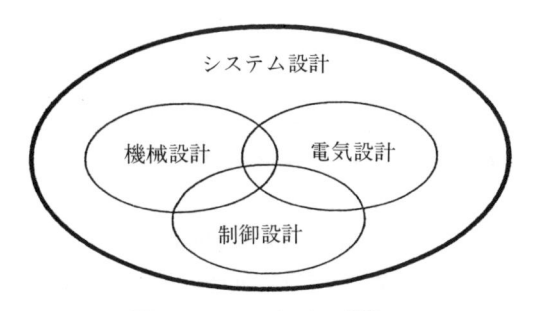

図 II-6-11　ロボットの設計

う．ここでは，概念設計，基本設計，詳細設計と，3段階に設計を詰めていく方法を以下に示した．

6.4.1 概念設計

設計の第1段階として，ロボット適用の対象となる作業内容，作業場，制限条件，要求条件を調査分析し，ロボットシステムの基本となる設計仕様を決定するとともに，システム構成を決定する．どんな種類のロボットでも，概念固めがよくできていないと中途半端なものとなってしまうので，十分検討を行う必要がある．ロボットシステム設計の中心は概念設計にあるといっても過言ではない．

(1) 調　　査

まず最初に，ロボットに要求されている作業内容を明確にしなければならない．物を運ぶ，組立てる，点検する，あるいは人を楽しませるといった抽象的な作業も考えられる．例えば物を運ぶのならば，どのような寸法・形状・重量でどのような性質のものを，どこからどこまでどのように運ぶなどの事項を調査する必要がある．

次にロボットが活躍する作業場に関する十分な調査が必要となる．幾何学的寸法形状，環境・雰囲気，人的環境など，見落としがあってはならない．さきほどの物を運ぶ例では，走行する通路の幅と高さ，曲がり角の状況，床面素材・凹凸状況，温度・湿度・粉塵の有無，人の通行状態などを明確にする必要がある．さらに積み下ろし地点においても，同様の調査が必要となる．

調査結果は設計の基本条件として表にまとめておこう．

(2) 分　　析

調査結果を分析し，ロボットの設計にどのように反映させるかを検討する必要がある．

作業内容に関しては，調査結果を分析して可能な限り数値化しておく．例えば物を移動させるなら，対象物の寸法・形状・重量の最大値を決めなければならない．取扱い上の接触圧力，速度，加速度，姿勢などの制限条件も重要である．例えば卵をつかむ作業を想定すれば，接触圧力の許容最大値は実験で求めておく必要があるし，移動に当たっての急激な加減速も厳禁であり，加・減速度の最大値の把握が必要となる．ビールの入ったジョッキを運ぶなら，水平に保つなどの条件も重要となる．その結果

に基づき，アームやハンドの自由度構成や寸法が確定するので，おろそかにはできない．加工を目的とするのなら，使用工具重量・形状・寸法，作業反力といったものも数値化しておく．数値化が簡単には行えない事項に関しては，定性的表現でもよいから書き留めておき，次の基本設計段階で検討を忘れないようにしておく．

作業場に関しては，調査した幾何学的寸法形状から，ロボットの運動可能な領域を確定させる必要がある．それによってロボットの寸法形状の制限条件が決まってくる．移動型のロボットの場合，床構造や通路構造によって移動方式が大幅に変わることも珍しくない．構造の明確な数値化と同時に，定性的な床状況，走行要求事項なども落ちなく整理分析しておく．環境・雰囲気に関する調査結果は，設計条件にいかに反映させるか検討を加えなければならない．温湿度条件，引火物の存在などは設計に大きな影響を与えるので，設計上の注意事項として整理しておく．人的環境すなわち人との係わりは安全上重要であり，ロボットを設計する際には最重要な事項の一つである．調査結果を十分吟味し，設計仕様に盛り込まねばならない．

(3) 設計仕様の決定

分析結果に基づき，設計の基本的な達成目標となる仕様をまとめる．内容は分析結果そのものである場合も，さらに考察を加味した場合もありうる．仕様は設計するにあたっての憲法のようなものであり，ここでまとめた仕様を満足するように以下の作業は進められる．仕様は可能な限り数値化すべきであり，数値化が困難な場合にのみ定性的な記述となる．設計仕様は表にまとめておくと分かりやすい．

(4) システム構成の決定

設計仕様を満足するために必要となる構成要素を選定する．選定に当たっては可能な限り検討を深め，概念図にまとめ上げる．図は，構成機器の相互のつながりや相対配置位置が明確に分かるように書くべきであるが，当初は決定しがたい場合もあり，そのような場合は設計が進むにつれて適宜修正していけばよい．ここまでの検討が深ければ深いほど，次の基本設計が楽になる．問題点を残したまま先に進めば，必ず振り出しに戻ることになると知るべきである．

6.4.2 基本設計

概念設計段階でまとめた設計の基本条件，基本設計仕様および概念図に基づき，具

体化した形に仕上げる．いうなれば，概念設計で描き上げた夢を現実のものにする過程である．この段階では，主要な外形寸法は求められていなければならない．

（1） 機構の形状寸法の確定

　設計作業の目的は，物作りのできる形にすることである．ロボットの設計でも同様であり，基本となる形状・寸法を最初に決定しなければならない．しかし，基本寸法は多くの条件および構成機器がお互いに複雑に関係するので，すんなりと一方向で決定するわけではなく，行ったり来たりの繰返し作業となるのが常である．主要な形状寸法は機械構成部品により大筋は依存するので，機構部についてしっかりと検討しなければならない．

　機構部の代表は作業機構と移動機構である．作業機構に関しては概念設計段階ですでに自由度構成は確定しているので，長さと太さが決まればよい．長さは作業内容とロボットの作業位置との関係で幾何学的に決まる．しかし太さに関しては，強度計算の結果として定まる．強度計算に関係するものは，作業内容，作業反力，動作速度，材質などであり，簡単には決まらない．計算そのものはロボット特有のものではなく，力学の基礎知識があれば遂行できる．

　移動機構の寸法は条件次第で，簡単に決まる場合も，非常に複雑になる場合もある．移動通路が平坦で，曲がりも緩やかで，しかも十分広い幅が確保されるなら，至って簡単に決めることができる．搭載する機器の形状，重量，配置などに基づき，幅，長さ，高さといった主要寸法を思うままに決めることが可能である．しかし移動通路幅が狭くて，急な曲がり角があり，しかも床面に段差や配管が設置されているとか，階段があるなどといった条件のとき，形状・寸法の決定は非常に複雑になってくる．しかもこのような場合には，強度上，材質選択の問題まで含まれてくることもあり，いっそう複雑となる．いずれにしろ，すべての通路条件を克服できる形状・寸法を地道に求めていくよりない．やり方はケースバイケースで，矛盾のない形状・寸法にたどり着かねばならない．通常の移動ロボットの速度・加速度条件は緩やかな場合が多く，設計上のネックになることは少ないが，階段を昇降するような場合には注意が必要である．

　作業機構にしろ移動機構にしろ，設計条件が厳しくなってくると，それに伴い早い段階で細部まで厳しく詰める必要があり，この段階で詳細設計の部分にまで踏み込むこともある．

（2） 電気・制御系の検討

　機構を実際に動かすのは，アクチュエータ，センサ，制御系，ソフトウェア，動力源，操作卓，通信系といったいわゆる電気・制御系の働きによる．基本設計段階で，これらの骨組みを確定しなければならない．なお，アクチュエータおよび動力源は6.3節で触れたように，それぞれ電動モータ，電力が主流であるのでこの項に含めた．電気・制御系はその重要性にかかわらず，ハードウェアとしては脇役である．ある場合は機構の内部に潜み，ある場合はロボット本体から離れたところに設置されるため，目立たない存在ではある．

　アクチュエータは，機構に要求される速度・加速度，負荷容量などによって要求性能が確定し，さらに機構側からの構造上の制限および使用環境などによって形状・型式が確定する．特殊条件下では，特注品を作る必要も生じる．

　センサは，要求される制御の内容および点検・監視の要求事項から確定する．制御系およびソフトウェアは，要求される制御の内容に従い既製品を選択して構成するか，あるいは新規設計することになる．

　動力源に関しては，ロボットが必要とする電力量から必要電気容量を決めることと，ロボットが据付型か移動型かなどから総合的に判断して電源種類を確定させることが重要である．

　操作卓は電気・制御系が確定すれば自然とその形が固まっていくが，操作員の使いやすさ，見やすさといった人間的な要素を加味して形状・配置を決めなければならない．遠隔操作型のロボットの場合，操作機の形状に関しては操作性を向上させるために開発要素を含むこともある．操作卓は往々にして追加・変更のしわ寄せとなることが多く，設計はすべての機器が確定した後に最終的にまとまるものである．

　通信系は，通信内容の整理を行い，送信量，送信速度，信号方式，送受信環境などを勘案して確定していく．無線を選択する場合は，他の機器への影響を特に注意すると同時に，無線に係わる法律に抵触していないかの確認も必要である．

　上記の検討は，それぞれハードウェアとしての寸法形状が確定して一段落となる．なお，電気製品全般にいえることであるが，引火の恐れのある環境での使用が想定されている場合，電気接点から火花の出たりすることのない防爆仕様を義務付けられるので注意が必要である．

(3) 機器配置の検討

以上の検討で得られた構成要素をまとめて，全体の機器配置を決定する．当然ながら，構成要素の外形寸法・形状が求まっている必要がある．移動機構の上に乗り切らないとか，相互の干渉で作業機構の動作が妨げられるといった事態が発生したら，構成要素のさらなる小型化を図るとか，移動機構をもっと大きくする余地はないかといった調整を進める．重心位置を下げるなどの気配りも重要で，それにより全体の安定度が高まると同時に，耐震性に富む構造となる．

調整が完了した段階で，基本構造図を作成する．

(4) その他の検討

詳細設計に移る前に，さらにいくつかの検討が必要である．

価格と性能・品質とのバランスはどうかの検討は重要である．必要以上に贅沢な材料を使ったり必要以上に性能が高過ぎないか，あるいはその逆の状態ではないかを吟味する．各種の規格，安全基準，法律といったものに抵触していないかといったことも重要である．前出の電波関連法規，消防関連法規のほか，電気設備関連法規などにも注意しよう．

知的所有権の問題も避けて通れない．特にロボットでは新規のアイデアを盛り込むことが多く，特許出願は欠かせないし，他人の特許に抵触していないかのチェックも必須である．

6.4.3 詳細設計

軸受をどうするか，はめあいをどうするか，ねじの選択，配線のしかたといったところまで含め，細部の寸法・形状を決定し，製作図に落とせるまで煮詰める．さらに購入品の型番まで決定し，発注できるようにする．この段階では通常の機械設計となんら変わることはなく，従来の設計手法そのままを用いて完成させればよい．

結果は全体外形図，部分組図としてまとめておく．

6.4.4 設計上の注意点

ロボットシステムに関する概念設計から詳細設計まで一通り概説したが，読んでの

とおり他の機械設計とこれといった大きな違いはない．強いてあげるならば
　①構成要素が多彩で仕様が複雑となり，見かけは小さくとも大きなシステムと同等の気配りが必要
　②新規性を問われることが多く，斬新なアイデアを盛り込むことが重要であると同時に，最新技術の取込みを心掛ける
　③従来の機械類よりも人間に密着した形で使われることが多く，したがって，安全とか使い勝手といった面により注力する必要
といったところであろう．このような事項をわきまえつつ設計に取組めば，よりよいロボットが生まれると考える．

6.5　設　計　演　習

6.5.1　設　　問

　ここでは 6.4 節で取扱った事項を広範に含む複雑なロボットシステムを例にとって演習してみよう．複雑なシステムで演習しておけば，単純なシステムの検討は容易に行えるのは自明である．

　災害対応作業，宇宙作業，化学プラント関連作業，原子力関連作業など，複雑かつ大規模なロボットシステムを必要とする分野は広い．ここでは仮想の化学プラントの遠隔・自動点検ロボットを例として設計演習してみよう．

（1）　点検対象プラントの状況

　点検の対象となる化学プラントを以下のように想定しよう．
　「高温高圧反応を伴う化学物質製造プラントで，6ヵ月にわたる長期連続運転を行っている．事故時には有害で発火性の物質が排出されるので，プラント運転中は密閉隔離されており，人は近付けない．密閉空間は窒素が封入され，火災は起きない」．

（2）　ロボットシステムへの要求内容

　ロボットシステムを設計していくには，なにが要求されているのか明確でなければならない．ロボットシステムへの要求内容を仮定しよう．
　①プラント稼働中に異常が生じていないか，毎日3回の定期的な点検を実施すること

②異常が発見された場合，詳細な点検を実施し，プラントの停止が必要か否か判断するデータを得られること
③プラントは改造しないこと
④ロボットは6ヵ月間メンテナンスフリーであること
⑤作業員に過大な負担が掛からないこと

6.5.2 概念設計

6.4節で学んだ手順で概念設計を進めてみよう．実際に設計を始める段階では，6.5.1項に示した程度の，漠然とした内容しか与えられない場合が多いので，概念設計で「調査・分析」をしっかり行い，設計の方向を見誤らないことが大切である．また概念設計では創造力を十分に発揮して，商品価値の高いアイデアを盛り込むことを心掛けよう．

（1）調査

（a）ロボットに要求されている作業内容を簡潔に整理する

まずは現場におもむき，実状を把握することから始めなければならない．現場の方々の話を聞くことも重要である．そのような手順を踏んだ上で，ロボットに要求されている作業内容を簡潔に整理する．ここでは以下の結論が出たと仮定しよう．

①密閉室内で運転中の化学プラントを定期的に巡回し，配管・機器類からの液体漏洩，配管・機器類の破損，異常音，異常昇温，異常振動などに関して点検する．
②これらの点検は，6ヵ月間，1日3回行うこととする．
③万一異常を発見したら，異常箇所に接近して詳細に点検する．

（b）ロボットが活躍する作業場を明確にする

まず最初に現場確認すると同時に，建家設計図や化学プラント設計図をチェックする．特に注意しなければならないのは，図面と現物との違いである．建家や機器は完成後に改造されていることがあり，図面を鵜呑みにすると痛い目にあうこともある．以上の手順を踏んで，ロボットが活躍する作業場を明確にし，文書化しておく．

①ロボットは幅900 mmで高さ1800 mmの保守通路を移動して点検する．
②通路の床面は摩耗しやすい防水ペイントで塗装されている．
③通路には最小曲がり角度が直角の曲がり角と，方向転換不能の行き止まり箇所が3箇所ある．

第6章 自動化機器―ロボット

表 II-6-3 設計の基本条件

項目	内容
環境条件	室温：最高 30°C 湿度：最高 30% 運転中は窒素雰囲気
点検内容	液体漏洩，破損，異常音 異常温度，異常振動
点検方法	期間：6ヵ月間 　　自動点検：3回/日 　　詳細点検：任意
通路条件	幅 900 mm×高さ 1800 mm 曲がり：最小曲がり角 90° 行き止まり：3箇所 階段：最大勾配 45° 床構造：コンクリート 　　　　　防水塗装 耐荷重：500 kg/m²
その他	・プラント内は人は不在 ・作業員の負担軽減要 　　　……………

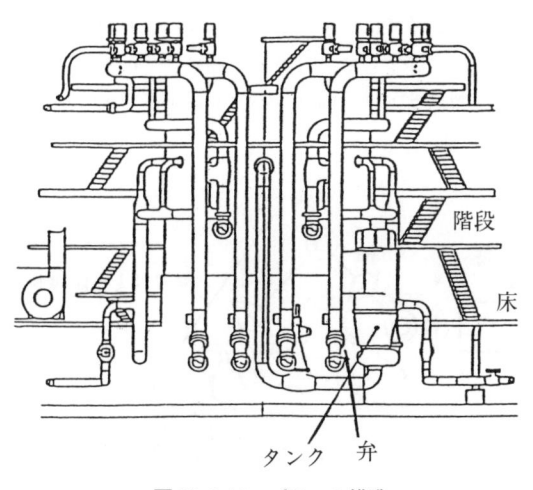

図 II-6-12　プラント構造

④プラント内は多層床構造で，最大勾配45度の階段で結ばれている．
⑤点検対象となる配管・タンク・弁・ポンプなどは通路の外側に複雑に配置されている．
⑥環境条件は，温度30℃，湿度30％，窒素雰囲気となっている．

その他にも気づいたことはすべて記録に残し，調査結果は設計の基本条件として表にまとめておくと便利である（表II-6-3）．また，イメージを明確にするために，現場の図面や写真をそろえておくとよい（図II-6-12）．

（2）分　　析

調査が終われば，結果を逐一分析して，対応を考える．分析には想像力を発揮して，可能な限り多くのことを思い付かなければならない．取り越し苦労と思われるようなことも，臆せず記録しておく．以下に例を示す．

（a）ロボットに要求されている作業内容分析

①ロボットに搭載すべき観察用センサは，テレビカメラ，マイクロフォン，温度計が必要である．温度は遠くから測る必要があり，赤外線温度計がよいと思われる．

②点検対象物は複雑に配置されているので，観察用のセンサは通常の監視カメラのように移動機構上に固定させて2次元動作させる方式では，陰に隠れて観察できない範囲が多くなると思われる．しかも異常発見時には接近して詳細に点検する必要があるので，固定型では要求を満足できない．したがって観察用のセンサは多関節アームの先端に固定して，首を長く伸ばしてのぞき込めるようにすべきである．その際，障害物をよけて回り込むことを考え，センサ操作アームは7自由度とすべきである（図II-6-13）．

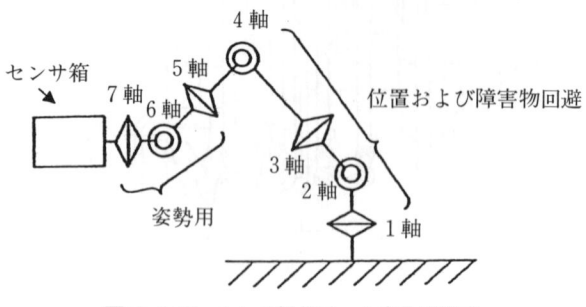

図II-6-13　センサ操作アーム自由度構成

③定期的に同じ点検を繰返すので，自動運転できることが望ましい．点検対象と通路とは複雑な相対位置関係にあると考えられるので，センサ操作アームによる自動点検動作は教示再生方式，いわゆるティーチング・プレーバック方式とすべきである．通路は狭いので，移動機構の自動走行は，連続的な走行ガイドに沿って行う方式とすべきである．
④定期的点検時も点検員は操作卓にいることを要求されるであろうから，点検時間は長時間とならない方策が必要である．したがって移動しながらプラントの概略を点検し，特定の機器に対してのみ停止して点検を行うべきである．
⑤どこで発生するか分からない異常を詳細に点検する必要があるので，移動機構およびセンサ操作アームは遠隔操作できる機能が必要である．操作性を考えれば，移動機構はジョイスティック方式，センサ操作アームはマスターアーム方式の操作機が望ましい．
⑥自動運転，遠隔操作運転両方に便利な操作卓が必要である．
⑦狭い場所で遠隔操作する必要があるので，センサ操作アームと周辺機器との相対位置関係を明確に把握して衝突を未然に防ぐための立体テレビおよび，通路からはみ出ないように移動機構と通路との相対位置関係を確認できるテレビがほしい．

(b) ロボットが活躍する作業場分析
①通路には直角曲がりがあるため，移動機構の旋回半径を小さくすると同時に，移動機構の移動方向長さを短くする必要がある．
②急角度の階段昇降が必要なので，脚式，特殊車輪式などと比較して，クローラ式の移動機構が望ましい．
③階段昇降が必要なので，移動機構の移動方向長さは長い方が望ましい．
④通路に行き止まりがあるので，方向転換は難しく，移動機構は前進・後進時に同等の走行能力を持つ必要がある．
⑤床面を傷つけないためには，走行時に床面を強くこするような移動機構は不適である．
⑥階段付きの多層床構造であるので移動時のトラブル回避の面からケーブルを使わない構成が望ましく，バッテリ給電，無線通信方式とすべきである．

(c) 問題点
分析結果をみると，作業場分析において移動機構に関して前後で矛盾した結論があることが分かる．以下に矛盾を列挙してみる．

① 移動機構の長さは，曲がり角を通過するためには短い必要があるが，階段昇降をするためには長い必要がある．
② 階段を容易に昇降するにはクローラ式が望ましいが，クローラ式は一般に操舵を左右のクローラの速度差で行うので激しく床面を摩耗させる．

（d） 解決案

前記の問題点を解決するために，下記のような機構を設計することとする．
① 移動機構の長さを可変とする機構を考案・設計し，曲がり角通過時には短く，階段昇降時には長くする．
② 操舵機構の付いたクローラを考案・設計し，車輪のように操舵する．

しかしながら，このようなことが可能なのか，当たりを付けておかなければならない．例えばクローラといっても図II-6-14に一例を示すように各種あり，今回の要求を満足するであろうタイプを特定しておく必要がある．大別して一対クローラと二対クローラがあるが，一対クローラでは車長変更機構や操舵機構付設は難しく，二対クローラを選択することになる．

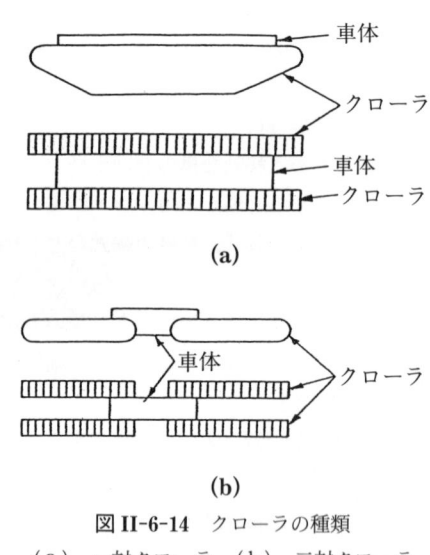

図II-6-14　クローラの種類
（a）一対クローラ，（b）二対クローラ

図II-6-8に示した二対クローラは商品化されているものであるが，階段昇降は図II-6-15(a)に示すような形で円滑に行えるとはいえ，曲がり角走行時には図II-6-15

第6章 自動化機器—ロボット

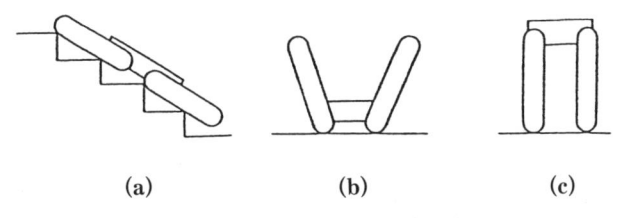

図II-6-15 二対クローラの走行状況
（a） 階段昇降，（b） 曲がり角走行1，（c） 曲がり角走行2

(b)あるいは(c)に示すような形状にして走行しなければならないので難があると言わざるを得ない．すなわち，(b)の場合はロボットの搭載能力が大幅に低下するし，(c)の場合は重心が高くなって不安定になるからである．しかも操舵機構を付設するにも向かない構造である．

以上のような状況から，
　①搭載能力の低下しない車長伸縮
　②車輪のように操舵しやすい形状
の2点を満足するクローラを考案する必要がある．新たな考案こそが設計の醍醐味でもあるわけだが，①を満足するために「前後方向の移動動作で車長が伸縮できる構

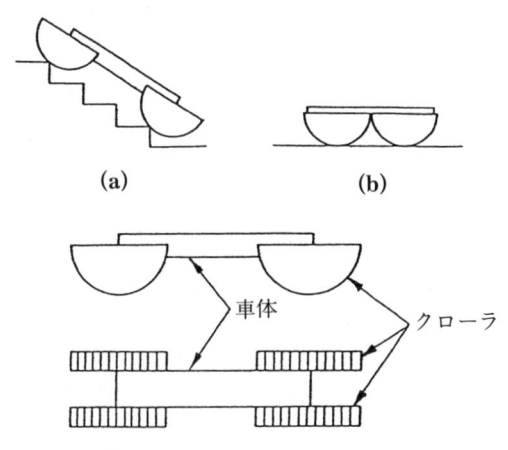

図II-6-16 半円形二対クローラ案
（a） 階段昇降，（b） 曲がり角走行

造」とし，さらに②を満足するために「通常の車輪を半分にしたような形状で，しかも操舵機構が付いたクローラ」を設計することにしよう．この半円形二対クローラ式の案を図 II-6-16 に示す．

本案が本当に実現可能かどうかは概念設計段階では断定できないが，設計者の経験に基づいて判断を下すしかない．基本設計の段階で可否が明確になるが，もしも否であれば，再び概念設計に戻ることになる．

（e） その他の構成要素

以上，主要な機器のいくつかについて検討を加えたが，そのほかにも①操作卓，②バッテリ，③無線，④自動点検などについても適宜検討を加える必要があるが，ここでは検討を省略する．同じ要領で，各自これらの要素について検討を試みるとよい．

表 II-6-4　基本設計仕様

項　　目	仕　　様
センサ操作アーム	自由度：7 自動動作：教示再生方式 遠隔操作：マスターアーム 長さ：点検死角を最小限 速度：人と接触時に安全確保 …………… ……………
移動機構	方式：半円形二対クローラ 　　　車長前後伸縮機構付 　　　前後操舵機構付 自動走行：ガイドによる誘導 遠隔走行：ジョイスティック 速度：走行中点検可能速度 操舵：前進・後進，同等制御 …………… ……………
操作卓	……………
……………	……………
その他	立体テレビ設備要 相対位置確認テレビ設備要 6ヵ月メンテナンスフリー ……………

(3) 概念設計のまとめ

概念設計は，設計仕様とシステム構成を決定することにより終了する．まず最初に，検討結果を基本設計仕様として表にまとめておく（表II-6-4）．分析作業では順不同に思いつくまま列挙してあり，表に整理しておかないとあとで重要な事項を見落とすことにもなりかねない．

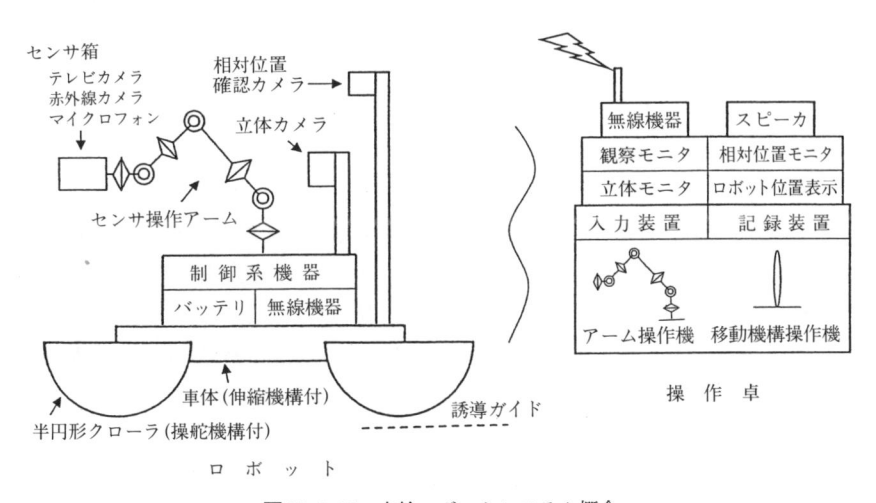

図 II-6-17 点検ロボットシステム概念

次に，検討したシステム構成および概念を図としてまとめておく．そうすることにより全体イメージが明確になり，次の作業である基本設計に取組みやすくなる（図II-6-17）．概念図には構成要素としてなにが必要かを分かりやすく表示し，図で表現できない部分は注釈の語を付加しておく．

以上で概念設計は終了する．しかしながら基本設計で矛盾が生じれば，再び概念設計を見直すことになる．

6.5.3　基本設計

基本設計では概念設計で決定した事項すなわち，表II-6-3および表II-6-4に基づき，基本となる数値および形状・配置を確定させる．基本となる数値とは，機器の外

形寸法，動作速度，重量などであり，それらの結果に基づき，詳細設計は行われる．ここでは①移動機構，②センサ操作アーム，③電気・制御系に分けて検討を進めよう．

（1）移動機構

（a）形状寸法の検討

　最初に移動機構の外形寸法を決める．移動機構の寸法を決める第1の鍵は，ロボットの通る通路幅と，直角の曲がり角の存在である．そして移動機構で代表されるロボットの床面投影形状，操舵機構の構造・性能，曲がり時の走行制御方法などが寸法に影響を与える因子である．しかし，階段昇降，搭載機器の形状寸法なども移動機構の形状を決めるための第2，第3の鍵となる．したがって一つ一つの鍵を当たって，すべてを満足するいわばマスターキー的外形寸法を決めなければならない．

　まずは第1の鍵，すなわち曲がり角通過から当たってみよう．床面投影形状は長方形が基本であろう．曲がり角での走行干渉は，どのような操舵制御をするか，移動制御の精度をどの程度に想定するかなどの問題にも関係してくることに注意しなければならない．ここでは，前後ともに操舵機構が付加され，前進・後進時同等の操舵能力を持つ移動機構が，一例として幅 D の直角曲がり通路を図Ⅱ-6-18のように通過していくと考えてみる．

　右方から直進してコーナー部に入った移動機構は，前後の操舵機構を調節して90度回転して曲がりきり，上方に向かう．この移動機構は，走行性能上前進・後進同等

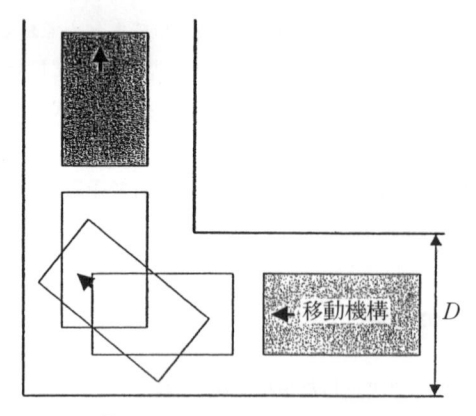

図Ⅱ-6-18　曲がり角移動状況

の操舵能力を持つので，万一上方が行き止まりになっていて後進でこの曲がり角を上方から進入して曲がる場合も，同じ軌跡をとって通過できるはずである．

このとき，通過可能な長方形形状，すなわち車幅と車長の関係をグラフ化して範囲として示しておこう（図II-6-19）．図II-6-19に示す理想範囲限界とは，走行時に車の左右方向の制御誤差がないとした理想の場合の最大値である．実際の移動機構の幅は制御誤差の2倍分狭くする必要があり，図の斜線部分の範囲にある車幅・車長の組合せが角部を通過できる寸法となる．このように領域で求めておくと，第2，第3の鍵を当たるとき，便利となる．

次に第2の鍵，階段昇降を考えてみよう．階段昇降時に車長が短いと転落のおそれ

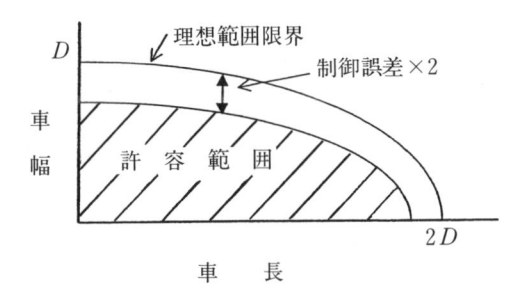

図II-6-19 直角路通過可能な車幅と車長の関係

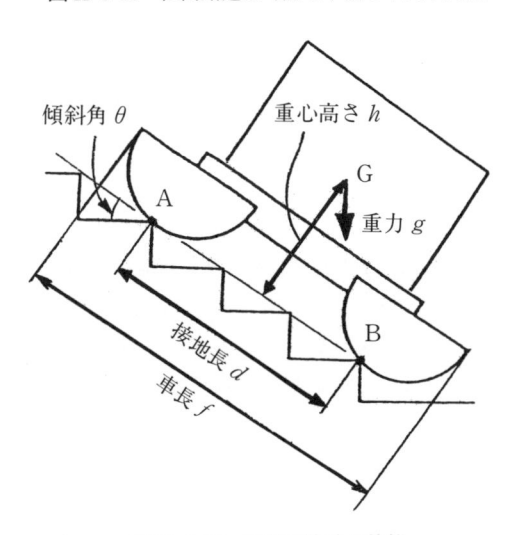

図II-6-20 階段昇降時の状態

がある．図II-6-20に傾斜角 θ の階段を昇降するときの状態を示す．転落するか否かはB点回りのモーメントチェックで判断がつくが，移動速度が速ければその影響も加味しなければならない．しかし全体重量や重心位置などは簡単には定まらないので，取りあえずは当たりを付けることが先決であり，静解析で実施して煮詰まってきてから速度の影響を加味するなどの工夫が必要であろう．転落しにくくするには移動機構の階段接地長 d を長くするか，ロボット全体の重心位置を調整するしかない．なおこれらの検討は，階段昇降時に移動機構が滑落しないことが基本条件であり，クローラ表面と階段とのかみあいの検討も重要となる．

階段昇降の検討のなかでは，クローラの形状の検討も同時に進めることになる．円クローラは平底のクローラと比較して，同じ車長 f に対して相対的に接地長 d が小さくなるので不利である．円クローラにした理由は通常の車輪のように操舵しやすいように，接地を線接触とするためである．したがって，接地が線接触になるという特徴を生かしたまま円クローラの接地長 d を伸ばすためには，クローラ底面を長楕円にするべきである．クローラ形状は図II-6-21に示すような底面が長楕円の一部となる複合型形状とすることにしよう．

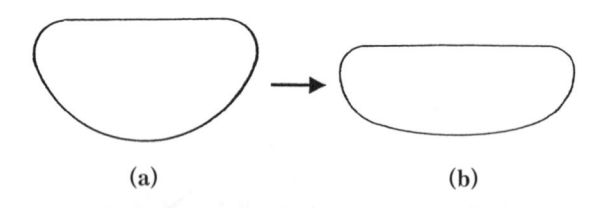

図II-6-21　クローラ形状の検討
（a）円クローラ，（b）楕円複合形状クローラ

第3の鍵は搭載機器配置であるが，搭載すべき機器の形状・寸法が決定した後に検討することになる．搭載機器の小型化を含めて搭載可能になるまで，繰返し調整していく．

以上のように，寸法・形状を決めるには多くの条件および構成機器がお互いに複雑に関係するので，すんなりと一方向で決定するわけではなく，行ったり来たりの繰返し作業となるのが常である．

（b）部分構造の検討

いま進めている移動機構設計の目玉的存在は車体伸縮機構とクローラ操舵機構である．どちらも標準的な設計例があるわけではないので，自力で考案していく必要があ

第6章　自動化機器―ロボット　　　　　273

る．
　車体伸縮機構に対する設計条件は，
　①移動機構の搭載能力を減少させないように，前後方向に伸縮させる
　②必要伸縮量は，「階段昇降時の車長－曲がり角走行時の車長」
の2点である．
　前後方向に伸縮させる方法は，ナット・ねじ方式，ラック・ピニオン方式，シリンダ方式など各種あるが，ここでは部品点数が少なくてすむナット・ねじ方式を採用しよう．図II-6-22に示すように，クローラに大型のナットを固定させ，ナットに組合された太いねじの先端に減速機を介してモータを配置させる．

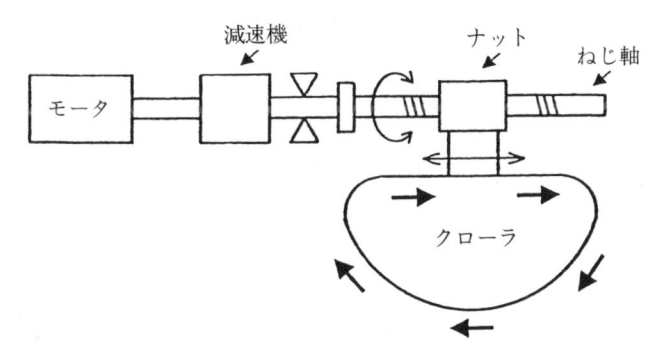

図 II-6-22　車体伸縮機構概念

　移動機構上に固定したモータを回転させれば，クローラ・床間に摩擦抵抗がなければクローラは前後に移動する．しかし実際はクローラ・床間に摩擦抵抗があるため，簡単には動かない．したがって伸縮方向に円滑に進むように，クローラを伸縮機構動作に同期させて回転させる．太いねじは②の条件を満足させる長さとする．
　クローラ操舵機構に関しても，各自，独自の機構を考案してみよう．
　（c）　その他の検討
　細部を詰めなければならないことは山ほど残っている．まず強度検討をしなければならない．移動機構は階段昇降時に一番厳しい荷重条件となるので，その時の条件でチェックしておこう．強度計算するには材質を確定させねばならないが，価格もにらみ合せて選定する．
　駆動系についても検討が必要である．基本設計仕様では，移動機構の速度は「走行中点検が可能な速度」となっているので，10 m/分以下の速度とすべきである．しか

し駆動系に関しても階段上り時にもっとも負荷が掛かるので，45度の階段上りに必要な動力を計算してモータを選定しよう．

走行を制御するためには各種のセンサが必要になる．移動に関わる各種モータの回転，操舵角，車体伸縮長さなど，落ちなく拾っていかなければならない．

（2） センサ操作アーム

（a） 形状寸法の検討

概念設計で決めた作業機構の自由度および自由度構成をもとに，アームの長さ，太さ，動作範囲を決めていく．

アームの長さは，点検上必要とする長さ，移動機構に搭載可能な長さ，アームが重くなりすぎない長さなどを相対的に考慮して決めていく．しかし基本となるのは点検上必要とする長さであり，点検現場で逐一当たる必要がある．最近では，プラント設計図が3次元コンピュータグラフィック表示可能な形で保存されていることが多いので，現場に行かなくともある程度の予測は机上で可能であろう．現場確認時には，アームの動作角度も同時に決まっていく．以上のように，現場あるいは各種データの確認に基づき，長さおよび各軸の動作角度範囲が定まる．

アームの太さは，主に強度計算により定まる．アームに加わる荷重は，アーム先端のセンサ箱の重量，アーム自身の重量，それに動作時の加速度に基づく力などである．

（b） その他の検討

アーム太さに関わる問題でもあるが，アームの動作速度に関する検討は重要である．今回の設計例のような点検用のアームの場合，速さよりも安全性が要求される．アームを動作しながら点検する場合もあり，速すぎてはかえって不都合を生じる．しかも狭い場所でアームを動作させるため，アームと他の機器との衝突の恐れもあり，速すぎれば危険である．調整時の人との接触も考えられる．かといって，2メートル程度のアーム先端速度だけで全体の仕様を決めてしまえば，アーム根元近傍の動作速度は極めて遅くなり，使い勝手の悪いアームとなろう．アームをたたんだ状態ではアーム根元は速く，伸ばした状態では遅く動作するようにコントロールするとか，制御系と連携した設計が重要となってくる．

形状・寸法，動作角度，速度，制御法など大筋が決まれば，それにふさわしいモータやセンサの選定し，形状を決定して図に描き下ろす（図II-6-23）．

第6章 自動化機器―ロボット

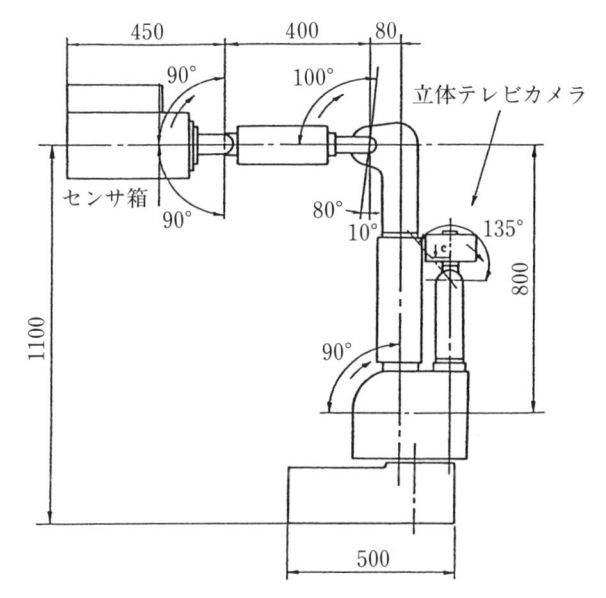

図 II-6-23 センサ操作アーム

(3) 電気・制御系の検討

(a) 自動点検

ロボットは毎日3回,自動点検に出動する．そのため移動機構は概念設計で決定したように連続式ガイドに導かれて自動走行する．連続式ガイドは各種あるが,白線あるいは電線によるガイドなどが確実である．設置の容易さを考慮し,白線ガイドを視覚センサでスキャンする方法を選択しよう．センサ操作アームの自動操作・点検は,概念設計で決定したように教示再生方式で現場において点検動作をティーチングさせ,ロボットの現在位置情報とリンクさせて自動操作しよう．

(b) 遠隔操作

ロボットは異常状態を発見すると,異常部位に接近して詳細点検しなければならない．まず最初に,移動機構をジョイスティックで遠隔操縦して目的地まで走らせる．狭い通路で周辺と干渉せずにうまく走るには,概念設計で決めたように通路とロボット間の相対位置を知ることのできるテレビカメラを用いながらの操作となる．相対位置確認テレビカメラの視野の検討を行い,適正な画像が得られるようにカメラの画角,配置高さを決定しなければならない．

目的地に到着すれば，マスターアームを用いて立体テレビを見ながらセンサ操作アームを操るが，①立体テレビの視野，画角，高さの検討および②操作性の優れたマスターアームの形式，寸法を決めなければならない．ものをつかむといった複雑な作業をするわけではないので，扱いやすい小型なものがふさわしい（図Ⅱ-6-24）．

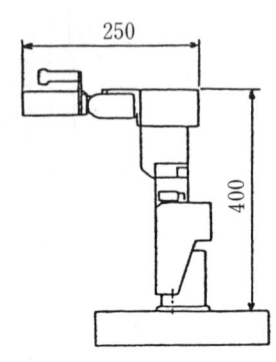

図Ⅱ-6-24 マスターアーム

（c） 操作卓

操作卓は，テレビモニタや操作機をどのように配置すべきかといった検討が主となる．モニタなどの画面数の最適化は難しい問題だが，ここでは最大限多く見積もってみよう．ロボット搭載テレビカメラからの画像を表示するために，点検用，立体テレビ用，相対位置確認用の3台がまず必要となる．次にロボットの位置，姿勢，状態をそれぞれ表示するCRTを3台用意しよう．最後に点検対象となっているプラント状態を表示するCRTを用意する．以上の7画面を，見やすさを考慮して配置する．内容を整理して共通利用を図るなど，4～5画面にすることも可能であろう．操作室の広さ，予算などを考慮して判断しよう．次に，操作のしやすさを考慮して，ジョイスティック，マスターアームを配置しよう．そのほか，各種の記録装置，制御装置，通信装置などを周辺に収めれば一段落である（図Ⅱ-6-25）．

（d） その他の検討

検討しなければならない事項は山積みであるが，そのうちのいくつかに触れておこう．

ロボットはプラント室に置かれたまま6ヵ月間メンテナンスフリーであるので，給電の問題は重要である．階段のある多層床構造のプラントであるので，概念設計で給電ケーブル牽引方式を捨ててバッテリ搭載型としたが，バッテリの充電が必要とな

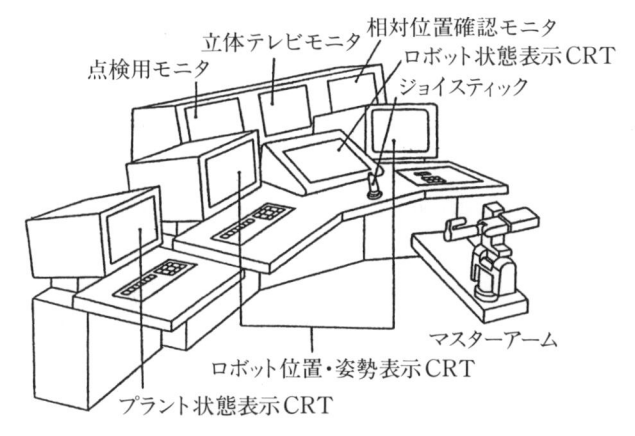

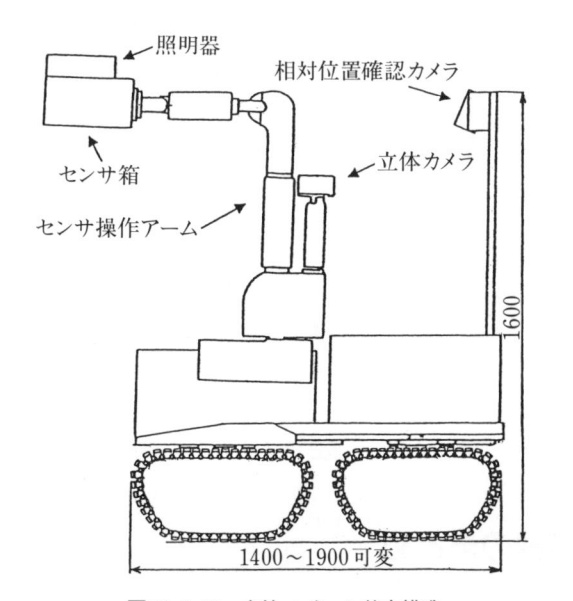

第6章　自動化機器—ロボット　　　277

図 II-6-25　操作卓

図 II-6-26　点検ロボット基本構造

る．自動充電はコンセントを用いる方法や非接触で行う方法があるが，いずれにしても遠隔操作あるいは自動で充電できる設備を設計しておかなければならない．
　無線通信設備に関しては，多層床構造のプラントを考えればプラント側に複数の送

受信装置を設ける必要があり，その検討も重要となる．

点検現場には照明はあるが，陰になる部分もあるので照明器をロボットに搭載する必要がある．

（4） 機器配置の検討

基本検討結果に基づいて得られた関連機器を，ロボットの移動機構上に配置して図面化する（図II-6-26）．

配置に当たっては，機器間の相互干渉，重量バランス，重心位置などに配慮する．使い勝手の考慮も重要である．例えばアームを遠隔操作するときに使用する立体テレビカメラは，アームの根元回転部に配置しておくと，見たい方向に自然と向くようになるので便利である．スペースが足らずにうまく搭載できない場合は，搭載機器の小型化を検討するとともに，制御系機器，バッテリ，通信機器などの電気品を分割配置するなどの工夫が必要である．どうしても搭載不能の場合は，移動機構の見直しもあり得る．

6.5.4 詳細設計

基本設計で決まった形状を，細部にわたって検討を詰め，詳細な寸法を確定していく．6.4.3で述べたように，軸受をどうするか，はめあいをどうするか，ねじの選択，配線のしかたといったところまで，細部の寸法・形状を決定し，製作図に落とせるまで煮詰める．さらに購入品の型番まで決定し，発注できるようにする．この段階では通常の機械設計となんら変わることはなく，従来の設計手法そのままを用いて完成させればよい．

結果は全体外形図（図II-6-27），部分組図としてまとめておく．

6.5.5 演習のまとめ

ロボットのシステム設計の概要について概説した．設計の最後に，システムの全体イメージを図化しておくとよい（図II-6-28）[10]．

実際に商品化するには，ここで概略触れた以外に，さらに多くの検討が必要となる．例えば地震時の対応，すなわち階段昇降時に転落しないか，万一転落した場合，他の機器を壊さないかなどといった検討も必要になろう．あるいは価格を下げるため

第 6 章　自動化機器—ロボット

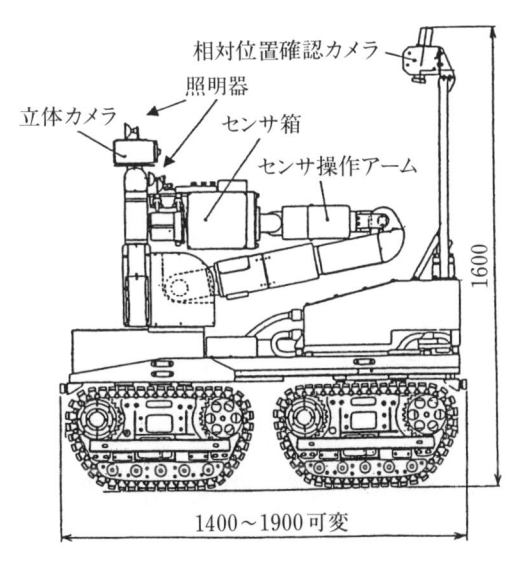

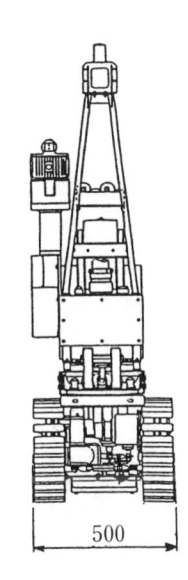

図 II-6-27　点検ロボット外形図

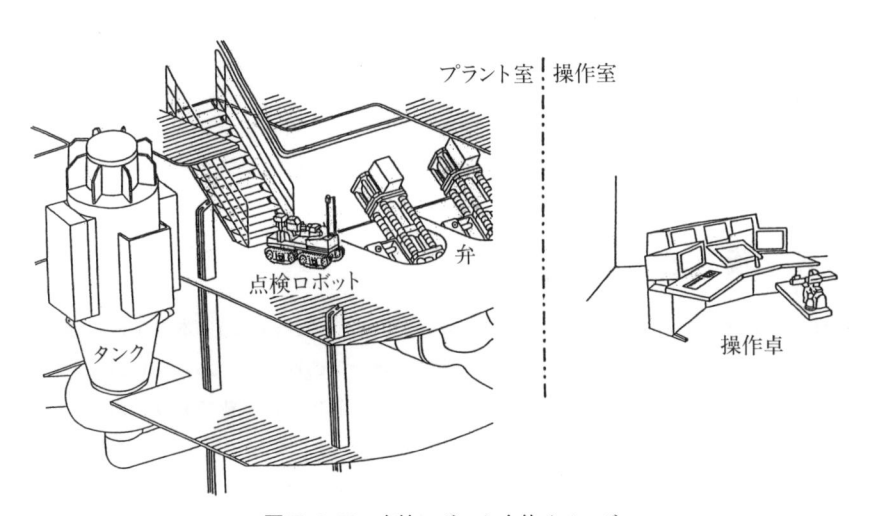

図 II-6-28　点検ロボット全体イメージ

に部品点数を減らす工夫，既製品を可能な限り用いる努力などの検討も重要になる．ロボットのような常に新規のアイデアを含む設計の場合，特許出願はすませたか，他の特許に抵触しないかなどの検討，要求仕様通りの性能が得られたかの確証試験なども重要で，場合によっては改良を余儀なくされることもあり得る．

今回の仮想設計では，ロボットシステムの要求内容に「プラントは改造しないこと」とあるため，ロボット側ですべての条件を克服するよう試みた．しかし実際は，プラントを一部改造することも念頭に置いて検討するほうが，全体として調和のとれた経済的なシステムになる可能性があることを付記しておく．

今回の設計演習ではシステム設計に終始したが，ロボットはシステム商品であり，設計するのにいかにやるべきことが多いかを感じとってもらえれば幸いである．したがって，これらの設計を細部まで一人で行うのは至難の業であり，通常は複数人でチームを組んで分担設計していく．

なお，アーム，移動機構，制御など，それぞれの細部の設計検討に興味のある方は，関連の参考書が多数出版されているので参考にされたい[11],[12]．

6.5.6 自習課題

下記のロボットシステムの仮想設計をやってみよう
　①大地震発生時に活躍するロボットシステム
　②火星表面を探査するためのロボットシステム
　③深海に大量に存在するマンガン団塊を回収するロボットシステム

6.6　まとめ

ロボットは夢をふんだんに盛り込める分野である．これからの日本の生きる道の一つは，斬新なアイデアの盛り込まれた高性能ロボットの商品化である．ロボットは細部の設計ももちろん重要だが，斬新な概念固めはそれ以上に重要であり，概念が固まれば設計の半ばがすんだといっても過言ではない．21世紀はシステム化の時代でもあり，壮大なロボットシステムの設計に挑戦してもらいたい．

参考文献

[1] 機械工学便覧エンジニアリング編C4メカトロニクス, 日本機械学会 (1996).
[2] 飯倉省一, 他：リモートマニピュレータ, 東芝レビュー, **40**, 3 (1985).
[3] 岡野秀晴, 他：極限作業ロボット, 火力原子力発電, **44**, 436 (1993).
[4] 岡野秀晴：原子力施設内ロボット開発の現状, 原産セミナー「原子力用ロボット開発の現状と将来」, 日本原子力産業会議 (1986).
[5] Wisman, C., et al.: Design and Application of Remote Manipulator Systems, Proceeding of 6th International Conference on Remote Technology (1978).
[6] Okano, H.: Large Scale Projects In Advanced Robotics, Italy-Japan Joint Workshop on Advanced Robotics (1990).
[7] 大方一三, 他：形状記憶材料, 日本ロボット学会誌, **13**, 2 (1995).
[8] 光石 衛：21世紀のロボティックス医療への期待, 日本ロボット学会誌, **18**, 1 (2000).
[9] 坂本 昭：先進複合材料, 日本ロボット学会誌, **18**, 1 (2000).
[10] 岡野秀晴, 他：人工知能応用監視点検ロボットの開発, 日本機械学会シンポジウム「動力・エネルギー技術の最前線」(1989).
[11] 有本 卓：ロボットの力学と制御, 朝倉書店 (1999).
[12] 尾崎紀男：自動車工学, 森北出版 (1994).

第Ⅱ編　ケーススタディ
第7章　マイクロマシン

7.1　はじめに

　機械のこれまでの発展においては，産業革命以後"より大きく，より速く，より強く"といわれ，力の機械技術が発展し，製鉄，交通，石油，自動車などの技術革新により大量生産，効率向上などが追求された．その後，エレクトロニクスと融合してメカトロニクス化へと変革し，1980年代から90年代前半には，"軽薄短小"といわれた時代が到来し，エレクトロニクスが主導で，小型であるがゆえにポータブルで，かつ機能が十分備わっている機器が登場してきた．そして，近年，機械技術が中心となって，マイクロ化，集積化による機械技術の革新がなされ始め，微細で複雑な作業を行うことができる"マイクロマシン"という概念が登場してきた．

　マイクロマシンとは日本で生まれた言葉（概念）で，まだ若い技術であり，機械工学，電子・電気工学，医用工学など多様な分野が重なった典型的な学際領域の技術といえる．したがって，マイクロマシンに対しての明確な定義はなく，各研究者，技術者間で共通の概念が確立されているとは言い難い．イメージとして，およそ数mmから1μmの微小な機能部品，例えばアクチュエータ，各種機構，センサ，電子回路などが高密度に集積化されて，自ら高度な機能を果たす微小機械をマイクロマシンと呼んでいる．また，MEMS（Micro Electro Mechanical Systems）とも呼ばれている．マイクロマシンは，"動く小さなロボット"という概念を持つこともあるが，マイクロ化および集積化を本質として「従来の機械ではできなかったことができる」新しい概念の機械を意味している．

7.2 マイクロマシンの特徴

マイクロマシンは，次のような特徴を基本とした微小な機械である．

(1) マイクロ化による性能，機能の向上

一般的に微小な機械は大きな力は出せず，移動量も小さいため大きな仕事をさせるのには適さない．しかし，微小であるがゆえに，高応答性，高感度，高速移動などの特徴が現れ，例えば，微小な位置決めや微少な量のコントロールには適している．また，分析や合成の化学プロセスでは，マイクロ化により飛躍的な高速化，試料や廃液の極小化などが期待される．

(2) 微小機械要素の集積化による新たな機能の発現

複雑な機構をマイクロ化するのは困難であるが，単純な微小機械要素を多数個集積化することでシステム全体として見れば複雑な機能が実現でき，新たな機能が発現できる．その典型的な例として，テキサスインスツルメンツ社（米国）が開発したDMD (Digital Micromirror Device) がある[1]．これは，半導体アドレス回路上に可動のマイクロミラーを多数集積化し，電気/機械/光学機能を1個のチップ上で発現できる反射型光変調器である．また，圧電あるいは静電駆動のアクチュエータと微小なノズルを多数集積したインクジェットプリンタヘッド[2]も集積化マイクロマシンの例といえよう．

7.3 マイクロマシン技術

マイクロマシンが設計，製作され各種産業機器へ応用されるためには，機械工学のみならず，電気，電子，化学，物理，材料，バイオなど非常に広範囲な技術分野にまで及ぶ．図II-7-1にマイクロマシン技術とその応用を示す[3]．マイクロマシン技術は，基盤技術，機能デバイス化技術，システム化技術に大別され，それぞれには多くの要素技術が含まれている．シリコン，ポリマー，形状記憶合金などマイクロマシンゆえにその機能を発揮する材料技術，微細，かつ3次元的な形状を作る加工技術，ま

第7章　マイクロマシン

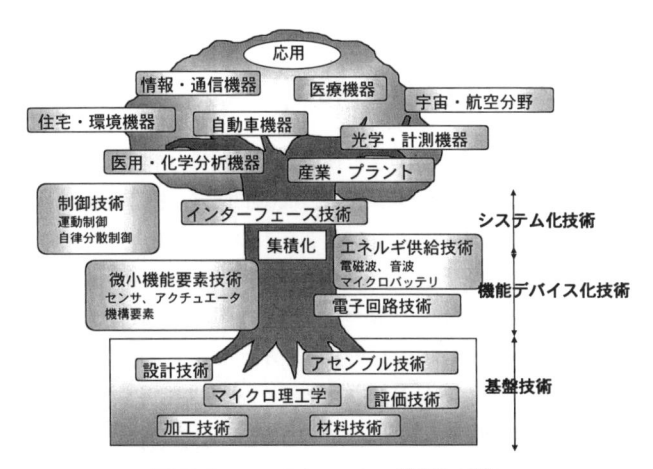

図II-7-1　マイクロマシン技術と応用

た微小化に伴って顕著に現れてくる物理現象を基礎的，学問的に解明するマイクロ理工学など多くの基礎基盤技術が重要である．また，高機能なマイクロマシンを実現させるために，微細部品に各種機能を付与する機能デバイス化技術や電子回路技術なども重要である．例えば，微小デバイスの駆動に対しては，静電，電磁，圧電，熱膨張，磁歪などの原理を利用したアクチュエータ技術が必要となる．マイクロマシンにエネルギーを与えるには，微細ワイヤ線，薄膜配線，あるいは光ファイバーなどを介して電気や熱を送る技術やワイヤレスでエネルギーを供給する場合は磁気，気体，超音波などを利用する技術，あるいは超小型電池技術が不可欠となる．さらに，このような機能デバイスを単に組合せただけではシステムとしては動かず，複雑で高機能な働きをさせるためには，電子回路やセンサを集積化するとともに，自律分散制御や多数の要素を協調制御する技術も必要である．なお，このように微小・集積化，システム化されたマイクロマシンも単独で使われることは非常に希で，図II-7-1に示す応用製品においてはマイクロマシンと従来の機械との組合せで全体システムを構成することが多い．したがって，従来の機械とマイクロマシンとの整合性をとる技術も必要となる．

7.4 マイクロマシンの設計

　従来の機械では，流体力学，熱力学，振動力学，材料力学などの力学，加工学，材料学などの学術，各種シミュレータ，材料の機械的性質，物理定数などのデータベースなどの豊富な知識ベースの基に設計がなされる．しかしながら，マイクロマシンでは，現在はまだ定型的な設計方法が確立したとは言い難く，マクロな場合とは異なる難しさがある．例えば，マクロな世界では問題にならない表面間力，流体の粘性，分子運動などを考慮する必要があり，いわゆるマイクロ理工学に基づいた設計が必要である．また，部品寸法が材料の結晶粒寸法に近くなり，等方性や均質性が失われたりして，バルク材とは物性値が異なる場合があるため，材料特性についても十分考慮に入れた設計をすべきである．以下，マイクロマシンの設計において考慮すべき事項について述べる．

7.4.1　マイクロ理工学

　マイクロマシンを実現させるには，従来のマクロなものを相似的に極限にまでマイクロ化しようとする試みと，マクロでは実現できない原理や構造を考案して微小化，集積化を図ろうとする二通りのアプローチがある．いずれのアプローチにおいても，機械の寸法をマイクロメータ（以下 μm）のオーダにまでマイクロ化していくと，例えば，重力や慣性力はそれぞれ寸法の3乗および4乗に比例して小さくなる．一方，粘性力や表面間力は寸法の2乗に比例して小さくなる．そのため，通常の大きさではほとんど問題にならなかった物理量の影響が急速に増してくる．したがって，従来サイズの機械を幾何学的に縮小したマイクロマシンができても，必ずしも仕様通りに動くとは限らない．例えば，マイクロ流路において高い管路抵抗が発生し，流動が困難であったり，急速な熱伝達のために流路内で沸騰を起こしたりして，期待どおりの性能が得られない場合がある．一方，従来の機械では利用されなかった物理現象を積極的に活用して新機能を発現することも可能である．したがって，マイクロ化した場合に顕著になる物理現象を把握しておくことはマイクロマシンの設計においては重要である．表II-7-1 に各種物理量における寸法効果を示す．以下，微小化に伴う物理量の変化に関して記述する．

第7章　マイクロマシン

表 II-7-1　各物理量における寸法効果

物理量	関係式	スケールファクタ	備考
長　さ（寸法）	L	L	
表面積（S）	$\propto L^2$	L^2	
体　積（V）	$\propto L^3$	L^3	
質　量（m）	ρV	L^3	ρ：密度
重　力（F_g）	mg	L^3	g：重力加速度
弾性力（F_e）	$ES\dfrac{\Delta L}{L}$	L^2	E：ヤング率
慣性力（F_i）	$m\dfrac{d^2 x}{dt^2}$	L^4	x：変位 t：時間
圧　力（F_p）	SP	L^2	S：面積 P：圧力
粘性力（T_t）	$\mu\dfrac{S}{d}\dfrac{dx}{dt}$	L^2	μ：粘性係数 d：間隔
固有振動数（ω）	$(k/m)^{1/2}$	$1/L$	k：ばね定数 m：質量
レイノルズ数（Re） （慣性力/粘性力）	$\rho LU/\mu$	L^2	ρ：密度 U：流速 μ：粘性係数
表面間力（F_s）	σl	L^2	σ：表面張力，l：長さ
熱伝導（Q_c）	$\lambda\delta TA/d$	L	δT：温度差 λ：熱伝導率 A：断面積（$\propto L^2$）
熱伝達（Q_t）	$h\delta TS$	L^2	h：熱伝導率，S：表面積
熱放射（Q_r）	$CT^4 S$	L^2	C：定数，S：表面積
静電力（F_{es}）	$(\varepsilon/2)SE^2$	L^0	ε：誘電率，E：電界
電磁力（F_m）	$(\mu/2)SH^2$	L^2	μ：誘磁率，H：磁界

（1）　梁の剛性

　最も簡単な要素形状として片持梁を想定し，マイクロ化による剛性への影響についてみる．幅 b，高さ h の矩形断面を有する長さ l の梁の先端に集中荷重 W が作用する場合，梁先端の変位 δ は次式で与えられる．

$$\delta = 4Wl^3/Ebh^3 \qquad (1)$$

ここで，E はヤング率．同じ荷重 W が作用する状態で梁形状を相似的に k 倍変化させた場合は，変位 δ は k に比例しマクロな世界との対応がつけやすい．

(2) 表面間力

マイクロマシンを構成する部品の表面間に働く主な作用力としてはファンデルワールス力と静電力が挙げられる．

表面間距離 r において働くファンデルワールス力 $F(r)$ を生み出す相互作用ポテンシャル $w(r)$ は，次式で示される．

$$w(r) = -A/r^n + B/r^m \qquad (2)$$

また，ファンデルワールス力 $F(r)$ は次式で表され，二つの表面の最接近状態では斥力として働き，r の増加につれて引力に変わり，極大値を示し，その先は減少していく．

$$F(r) = -\partial w/\partial r \qquad (3)$$

一方，表面間距離 r において働く静電力 F は次式で表される．

$$F = S(\varepsilon/2)(V/r)^2 = a[L^2]/[L^2] = a[L^0] \qquad (4)$$
$$a = \varepsilon V^2/2$$

静電力は表面（電極）間の電圧 V の2乗と表面積 S に比例し，表面間距離 r の2乗に反比例する．また，表面間に存在する物質の誘電率 ε にも比例する．これらの表面間力は幾何学的に相似ならば一定となる．したがって，物品の寸法が大きいときは重量に支配されほとんど無視できるが，μm のオーダの寸法ではこれらの力が支配的となる．すなわち，寸法 L が小さくなると，面積/体積比が大きくなり，体積力に対

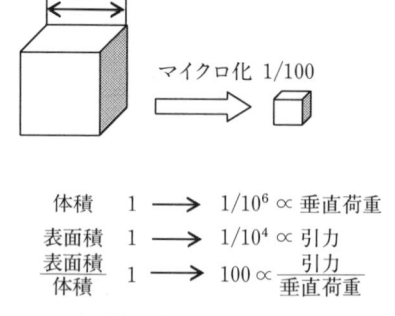

図 II-7-2　表面間に作用する引力と垂直荷重の比較

して表面間力の影響が顕著となる．図II-7-2は，粉体粒子の大きさと表面間力/重力の関係を示している．マイクロマシンの部品寸法に相当する粉体粒子の直径が，μmのオーダとなると，表面間力が重力よりも大きくなることが分かる．このように，機械部品をマイクロ化すると重力（体積力）に匹敵するような表面間力の影響が現れ，後で述べるトライボロジ特性にも大きな影響を及ぼす．したがって，マイクロマシンの設計では，表面間力による影響を考慮した構造，あるいはこれを積極的に利用した構造にすることが必要である．

(3) 表面張力とぬれ性

液体や固体表面の分子は内部分子との分子間力で引きつけられ，これが表面積を小さくしようとする力（表面張力）を生じる．この表面張力は物質および温度によって異なった値を示す．この力は物体の周囲の長さに比例する力である．重力は寸法の3乗に比例するので，物体が小さくなればなるほど表面張力の影響は無視できなくなる．

一方，固体表面上の液滴のぬれ性を定量的に表す物理量として接触角が使われる．これは図II-7-3に示すように，固体と液体が接する点における液体表面の接線が固体表面となす角度で，液体を含む方の角度で定義される．接触角が大きいほど液体をはじく表面（撥水表面）である．この接触角は固体と液体の表面張力および固体と液体間の界面張力の釣合いによって決まり，次式のYoung-Dupreの式で示される．

$$\gamma_{SL} + \gamma_L \cdot \cos\theta = \gamma_S \tag{5}$$

ここで，γ_S：固体表面の表面張力，γ_L：液体の表面張力，γ_{SL}：固体と液体との界面張力である．

微小流路においては，液体の流路抵抗のうち壁面のぬれ性が大きな影響を示す．流路の壁面に対して液体接触角が90度以上の撥水性を持っていれば流れを抑制して，

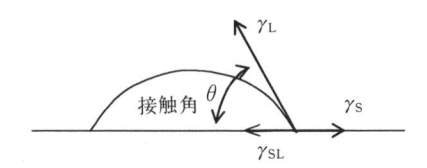

図 II-7-3 固体表面のぬれ

γ_S：固体表面の表面張力，γ_L：液体の表面張力，γ_{SL}：固体と液体との界面張力

シール機能を持たせることができる．

（4）粘性力

従来の機械の場合，粘性による抵抗力は振動を減衰させるために積極的に利用されてきた．しかしながら，機械の大きさが小さくなると状況は大きく異なる．流体中で運動する物体に働く力は，物体の寸法 L，流体の速度 U，流体の密度 ρ，粘性係数 μ とすると，流体の加速度変化に起因する慣性力の項と，流体の粘性に起因する粘性力はそれぞれ $\rho L^2 U^2$，$\mu L U$ に比例する．慣性力と粘性力との比がレイノルズ数 Re であり次式となる．

$$Re = \rho L U / \mu \quad (6)$$

レイノルズ数が大きければ粘性力は無視でき，レイノルズ数が小さければ粘性力だけを考慮すればよい．ここで，流体中の微細部品の運動について考えてみる．図II-7-4に林ら[4]によってまとめられたレイノルズ数と物体の大きさの関係を示す．物体の長さ L および速度 U，水および空気の動粘度 $\nu = \mu / \rho$ よりレイノルズ数が計算できる．自然界および人工物ともほぼ同じ直線上にのっており，物の長さが短くなるとレイノルズ数は小さくなって粘性力の影響を強く受けていることになる．物体の長さが 1 mm より短くなるとレイノルズ数は 1 以下，すなわち，粘性力が顕著に大きくなる領域となり，サブミリから μm のオーダの機能部品は粘性が支配的になる．したがっ

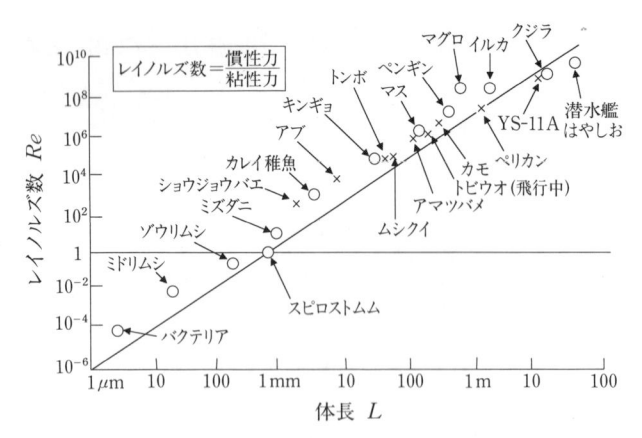

図 II-7-4　生物と人工物のレイノルズ数と体長の関係
（○は泳ぐもの，×は飛ぶもの．いずれも最高速で動いた場合）

て，この粘性抵抗を利用するとマイクロマシン構造の振動を抑制でき，ダンピング機構の形成が可能となる．

次に粘性力と流量制御との関連について見ると，マイクロ化により相対的に圧力損失が大きくなるので，温度による粘度変化が流量の変化に大きく影響する．また，マイクロ化により流路や流体の温度の時間変化が急速に大きくなるので，流路内を流れる流体の流量制御を熱により行うことが有利となってくる．ただし，微細管の冷却の場合は，冷却に伴い水の粘性力が増加しさらに冷却が進行すると水温が0°C以下の過冷却状態となる．したがって，過冷却状態の水から氷核が発生し凍結が開始し，細管内径が減少するためさらに圧力損失が増加し，最終的に閉塞することもある．

（5） 弾性力と固有振動数

ばね定数 k は ES/L で与えられる．ここで，E は材料のヤング率，S は断面積，L はばねの長さである．したがって，ばね定数 k は寸法 L に比例する．ここで，このばねが重力によって変形する場合，ばねに働く力 F_g は寸法の3乗に比例するので，変形量 F_g/k は寸法 L の2乗に比例する．したがって，マイクロ化すれば変形量は小さくなり，重力に対してばねの剛性は高くなる．幾何学的に相似な力学的振動系の固有振動数は $(k/m)^{1/2}$ で与えられるので，固有振動数は寸法 L の -1 乗に比例する．すなわち，マイクロマシンの固有振動数は通常の機械に比べて大きくなる．

（6） 伝 熱 性

物体の寸法が小さくなれば当然，熱応答も早くなり熱平衡に達するまでの時間は短くなる．また，温度分布もほぼ一様とみなせる場合が多い．熱伝導に関しては2乗のオーダで相対的に大きくなり寸法効果が顕著となる．次に微小立方体での熱の出入による温度の時間変化は，伝導熱量のみを考慮すると，

$$a = T/t = K/\rho c \tag{7}$$

K：熱伝導度，c：比熱，ρ：密度

となり，a（温度伝導率）は寸法によらない物質固有の量であるから，スケールファクタは L^{-2} となり，温度の時間変化もマイクロ化により急速に大きくなる．

（7） トライボロジ

マイクロマシンでは，接触面の抵抗力が無視できなくなり，効率が非常に悪かったり，回転しない場合もある．従来の大きさの機械の摺動部には，摩耗・摩擦対策とし

て潤滑油を供給する．しかし，マイクロマシンにおいては，潤滑油の分子の大きさが摺動部の隙間の量に近い値となることがあり，一般的な潤滑油ではその粘性力がマイクロマシンの機構部品の運動にとっての障害となり使用できない場合もある．相対運動する2面間の摩擦係数は，接触面の縮小に伴って増大する．また，微小接触面では，垂直荷重の減少によっても摩擦係数は増大する．これは，接触面間に働くファンデルワールス力や静電力などによる垂直力が加算されるためである．ここで，接触面間に働く力（引力）と垂直荷重とを足し合せた荷重を外力として摩擦力を除算し，摩擦係数を計算すると図II-7-5の黒四角プロット（■）で示すように一定値となりクーロンの摩擦法則がほぼ成り立つ[5]．このように，荷重が小さく，摺動面が広い場合は摩擦力が顕著に影響することになる．そこで，効率向上あるいは円滑な動きをさせるためには表面間の引力を小さくすることが必要となる．その方法の一つに，接触面積を小さくすることがあげられる．例えば，平滑なシリコン表面にエッチングでμmのオーダの微細な深い溝を格子状に形成することにより接触面積を小さくすると表面間引力は減少し，結果として摩擦力が減少する．

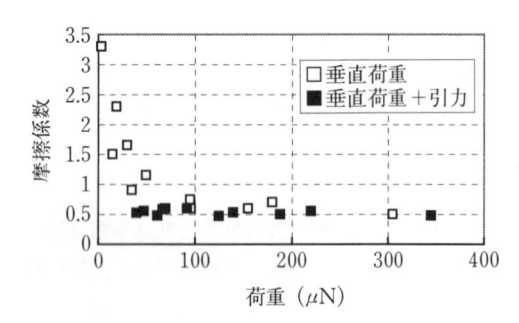

図II-7-5　垂直荷重と摩擦係数の関係（表面間引力の考慮の有無による摩擦係数の相違）

7.4.2　シミュレーション

　マイクロマシンの開発においても，できる限り試作を減らして開発の効率を図る上で応力解析，構造解析，電磁界解析，熱解析，振動解析，流体解析などが行われている．すなわち，マイクロマシンの動作や性能などを予想することができるシミュレーション技術が必要である．一般的にはマクロ用に開発されたシミュレーションツールが用いられているが，マイクロマシン用に開発されたCADツールやプロセス加工の

モデリングツールも使われている．また，電界と応力，熱と応力といった連成問題を扱うツールも開発されている．

シミュレーションに用いる物性値としては多くの場合マクロな機械での値が適用されている．シミュレーションの対象となるモデルの大きさが1mm前後の物ではマクロとは異なった挙動が現れにくいため，シミュレーション結果と実測値は定量的に一致するという報告が多い．しかし，微細，微量のため実験が困難で実測値が得られず，解析結果との比較ができない場合もある．対象とする物が小さくなればなるほど従来の解析ツールを適用できなくなることも予想される．したがって，微小なスケールで温度や振動，応力，流速などを正確に計測する技術もマイクロマシンの設計には必要な技術である．

7.4.3　材料データベース

マイクロマシンでは，従来のマクロな機械ではほとんど使用されない材料，例えば単結晶シリコンやその化合物，薄膜材料などが使われる．したがって，マイクロマシンの設計，シミュレーションにおいては，それらの材料物性値が必要である．しかし，これらマイクロマシン材料の物性データは少なくマクロの値を用いることが多い．公表されたデータとして，単結晶シリコンに関するデータが非常に多く，また多結晶シリコン，酸化シリコン，窒化シリコン，各種金属薄膜などもあるが，データの絶対値を見ると文献ごとにかなりの違いがある．これは，バルク材と異なって，マイクロマシン用材料では，その材料の製法（蒸着，スパッタ，焼結，メッキなど）によってその組成や構造が異なるからである．また，膜厚が非常に薄くなった場合も結晶粒界および表面の影響が現れバルク材とは違った値となる．微細片や薄膜材の物性を測定，評価する方法も標準化されていないため，研究機関間でも物性値は異なってくる．したがって，マイクロマシン用の材料に関しては，普遍的に使えるデータベースはまだ構築されておらず，研究者，設計者自身が評価しなければならないのが現状である．

7.5　マイクロマシン要素デバイスの設計演習

次にいくつかのマイクロマシン要素デバイスの設計例を示す．

(1) 微量液の攪拌，混合デバイス

医療応用分野では，試薬の微量化に対するニーズがある．試薬とサンプルの混合量の微量化に伴う物理現象について検討せよ．

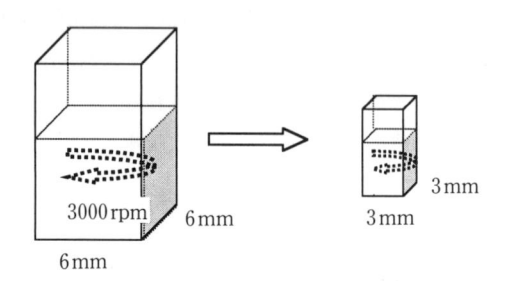

図 II-7-6 混合量の微量化に伴う物理現象

ここで，反応容器サイズは図 II-7-6 に示すように 6 mm 四方から 3 mm 四方に小さくする．なお，試薬とサンプルの混合のための攪拌は容器下部にあるマグネットスターラ（回転数：3000 rpm）で行うものとする．流体の表面張力 $\sigma = 7.4 \times 10^{-3}$ kg/m と仮定して計算のこと．

(ヒント)　スターラにより流体はかき回されて回転し始め，遠心力と重力が働き液面中央部はくぼむ．容器は小さいので壁面からの粘性力の影響も無視できない．また，液面には表面張力も作用する．したがって，容器内では，重力，粘性力，遠心力（慣性力），表面張力が関わる．マイクロ化により重力と遠心力の影響は弱まるが，粘性力，表面張力の影響は顕著となる．容器の代表寸法を L，回転数を ω，密度を ρ，表面張力を σ とすると，遠心力 F_C および表面張力 F_S はそれぞれ次のように表せる．

$$F_C = \rho L^4 \omega^2 \tag{8}$$

$$F_S = \sigma L \tag{9}$$

したがって，遠心力と表面張力の比 q は

$$q = F_C / F_S = \rho L^3 \omega^2 / \sigma \tag{10}$$

ここで，回転数 $\omega = 3000$ rpm および表面張力 $\sigma = 7.4 \times 10^{-3}$ kg/m を代入すると，6 mm の容器では $q = 3.4$ 程度となり遠心力と表面張力とは拮抗した状態であるが，3 mm の容器では $q = 0.4$ 程度となり表面張力の影響が支配的になる．すなわち，水面の周囲は容器の材質によって定まるある接触角をもって交わる．このような状態では

遠心力だけでは十分な攪拌は困難となる．したがって，濃度勾配による分子の拡散を利用したり，超音波振動を利用した攪拌方法などを検討する必要がある．

（2） 片持梁群を利用した多機能センサ

複数の片持梁構造を用いることで温度および加速度を同時に検出できるマイクロデバイスを考案せよ．片持梁はシリコンとアルミニウムとのバイメタル構造とし，厚さと長さを考慮して温度および加速度に応じた梁のたわみを発生させる．

シリコンの線膨張係数：2.33×10^{-6}/K，ヤング率：1.3×10^{11} N/m²
アルミニウムの線膨張係数：23.7×10^{-6}/K，ヤング率：6.83×10^{10} N/m²

幅 W
長さ L
厚さ h
たわみ δ
$\delta=\delta_a+\delta_t$

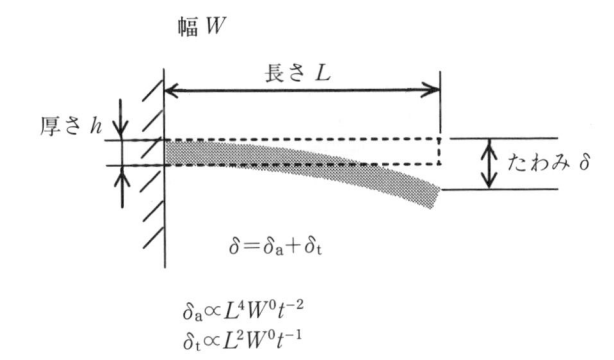

$\delta_a \propto L^4 W^0 t^{-2}$
$\delta_t \propto L^2 W^0 t^{-1}$

図 II-7-7　加速度および温度の検出原理

（ヒント）　図II-7-7に加速度および温度を検出する概念図を示す．

一定加速度 a を受けたときのたわみ δ_a，温度変化 ΔT によるたわみを δ_t とすると，実際の梁のたわみ $\delta=\delta_a+\delta_t$ となる．

長さ l_1 と l_2 の梁で生じる各々のたわみ δ_1 と δ_2 は次式で表される．

$$\delta_1 = C_1 l_1^4 a + C_2 l_1^2 \Delta T \tag{11}$$

$$\delta_2 = C_1 l_2^4 a + C_2 l_2^2 \Delta T \tag{12}$$

ここで，C_1 と C_2 は，梁の厚さと密度とヤング率からなる係数．

上式を連立させ，加速度 a と温度 ΔT について解くと，

$$a = (l_2^2 \delta_1 - l_1^2 \delta_2) / \{C_1 l_1^2 l_2^2 (l_1^2 - l_2^2)\} \tag{13}$$

$$\Delta T = (l_2^4 \delta_1 - l_1^4 \delta_2) / \{C_2 l_1^2 l_2^2 (l_2^2 - l_1^2)\} \tag{14}$$

式(13)と式(14)から，長さの異なる片持梁群を利用することで加速度と温度を分離することができる．

（3） 撥水処理によるシール

微小管路に水が存在する断面図を図II-7-8に示す．管内面壁は撥水処理されており，その表面と水との接触角を170°，同図の左側の気体に対して右側に存在する水のほうが圧力が高く，ΔP だけの差圧 0.1 気圧（1.01×10^4 Pa）があるとする．管の内径何 μm までシールが可能であるかを計算せよ．ここで，水の表面張力 γ_L は 72 mN/m とする．

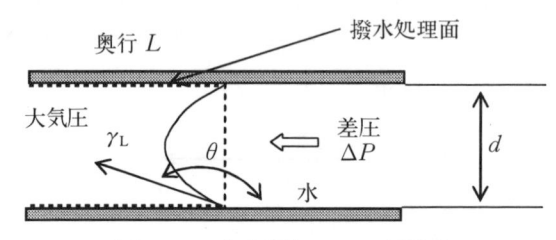

図II-7-8 微小管路のシール部断面

（ヒント） 表面張力 γ_L の水は壁面に対しての接触角を θ とすると，力の釣合いから，シールできる圧力と接触角 θ の関係は次式で表される．

$$-\pi d \cdot \gamma_L \cos\theta \geqq \Delta P \cdot \pi \cdot (d/2)^2 \tag{15}$$
$$(90° \leqq \cos\theta \leqq 180°)$$
$$\Delta P \leqq -(4\gamma_L/d)\cdot \cos\theta \tag{16}$$

ここで，水の表面張力 γ_L：72 mN/m，ΔP：0.1 気圧（1.01×10^4 Pa），接触角 θ：170°を代入して d を求めると，27 μm の内径の管路までシールできる計算となる．

（4） 静電ステッピングモータ

静電ステッピングモータは，対向した一対の電極列（固定電極 a, b, c, … と固定電極 a', b', c', …）から成っている．それぞれの電極列は，電極のピッチ間隔が異なっており，互いに正対する電極は周期的に位置している．これらの電極のうちで，まず電極 a に電圧を印加して電極 a および a' を正対させ，次に，電極 b に電圧を印加して電極 b および b' が正対する状態とし，以後，順次電極を切り替えて電圧を印加し，静電力で駆動するものである．図II-7-9に駆動原理を示す．電極幅および長さはそれぞれ W および l とする．また，図II-7-10 は考案した静電アクチュエータの鳥瞰図を示す．両側に n 個の可動電極が形成された1個の可動子と各可動電極に対向し

第7章　マイクロマシン

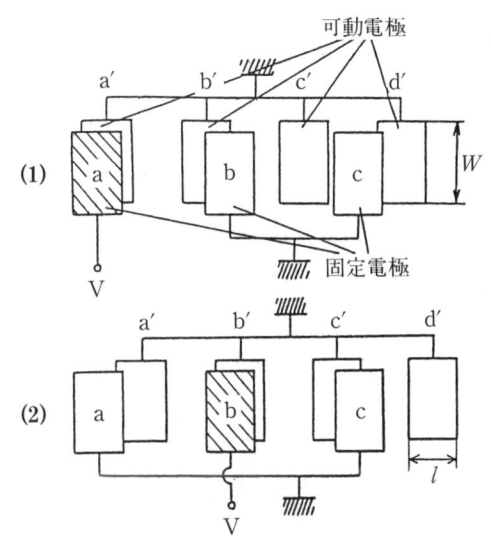

図 II-7-9　静電ステッピングモータ原理図

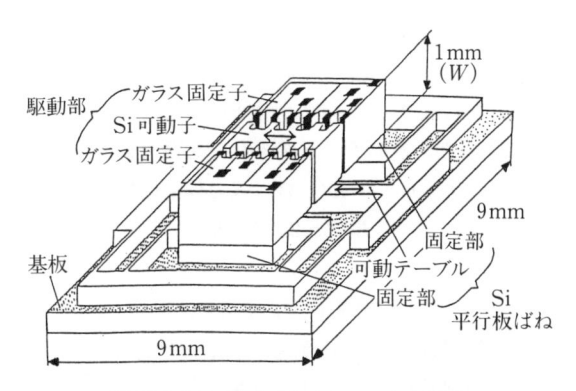

図 II-7-10　静電アクチュエータの構造

た固定電極が形成された2個の固定子からなっている．これらの可動子および固定子はシリコンで作られた平行板ばね（可動テーブル）上に固定（接合）されている．図II-7-11は電圧印加による変位前後の状態を示している．本ステッピングモータの駆動力 F が1 mN 以上および最大変位 Y_{max} が100 μm 以上となるよう本アクチュエータを設計（電極幅，板ばね幅，板ばね厚さ，対向電極間ギャップ，印加電圧）せよ．

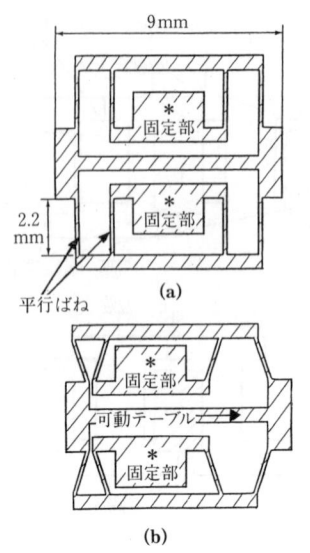

図 II-7-11 シリコン平行板ばね

誘電率 ε : 8.85×10^{-12} F/m

ヤング率 E(Si) : 1.9×10^{11} N/m²

(ヒント) 駆動力は，平行板コンデンサの平行板電極が正対位置から動いたときのコンデンサに蓄えられているエネルギー E の変化量の微分値から求められる．平行板コンデンサに蓄えられるエネルギー E(J)は次式で与えられる．

$$E = (\varepsilon/2d)V^2 Wl \tag{17}$$

ここで，E：コンデンサに蓄えられているエネルギー(J)，ε：誘電率 (F/m)，d：対向電極間ギャップ(m)，V：印加電圧(V) である．

このコンデンサの電極が長さ l 方向に距離 D(m)だけ動いたとすると，その時のエネルギー変化量 ΔE (J)は(17)式より次式で表される．

$$\Delta E = (\varepsilon/2d)V^2 WD \tag{18}$$

これより，電極1組当たりに働く力 F_s (N)は次式となる．

$$F_s = (\varepsilon/2d)V^2 W \tag{19}$$

本アクチュエータでは，複数の電極を同時に電圧を印加するので，n 組の場合の駆動力 F (N)は次式となる．

$$F = (\varepsilon/2d)V^2 Wn \tag{20}$$

ただし，ここでの駆動力 F は変位 $Y=0$ のときのものであり，実際に外へ取り出せる力は，この駆動力から平行板ばねを変形させるための力を引いたものとなる．

平行板ばね部は，変位によりたわむ．これは，長さ $2L$ の両端固定梁の中央に1点集中荷重 $2F$ が働いたものと考える．この場合の梁のたわみ Y は次式で与えられる．

$$Y=FL^3/12EI \tag{21}$$

ここで，F：荷重（駆動力）（N），E：ヤング率(N/m²)，I：断面2次モーメント(m⁴) である．

実際のアクチュエータの変位については，
- 2枚の板ばねが1組の平行ばねを構成している（変位は2倍になる）．
- 一つのアクチュエータに4組の平行ばね板が使われている（変位は1/4倍になる）．
- シリコン可動子の両面がステッピングモータとなっている（駆動力2倍）．

以上のことを考慮すると，(21)式よりアクチュエータの各部の寸法と駆動力に対する最大変位 Y_{max} は次式で与えられる．

$$Y_{max}=FL^3/Ebh^3 \tag{22}$$

ここで，b：板ばねの幅(m)，h：板ばねの厚さ(m)，断面2次モーメント：$I=bh^3/12$(m⁴) である．

以下，上記(20)式および(21)式を基本に，原理上および加工上の制約を考慮して，具体的に各数値を算出し，設計諸元を決めていくことになる．

(5) 圧電駆動型マイクロポンプ

図II-7-12に対象とするマイクロポンプの構造（断面図）を示す．ポンプ全体のサイズが 10 mm 角で 50 μl/s 以上の吐出し流量が目標仕様である．同図に示すように，本ポンプは，4枚のシリコン基板と1枚の板状圧電素子の積層構造体で，二つの逆止弁（A，B），吸引，吐出しノズルおよび圧電駆動のダイアフラムアクチュエータ（サイズは 8 mm 角）から構成される．各シリコン基板および圧電素子は信頼性高く接合されている．本ポンプでの流体の吸引はポンプチャンバの容積が増える方向にダイアフラムを変形させることで，チャンバ内の圧力を外部より下げて入口の逆止弁Bを開くことで行う．一方，流体の吐出しは，チャンバ容積が小さくなる方向にダイアフラムを変形させることで圧力を外部より上昇させて出口の逆止弁Aを押し開くことで行う．

本ポンプでは，ダイアフラムを数千（Hz）で駆動しても締切性が維持できること

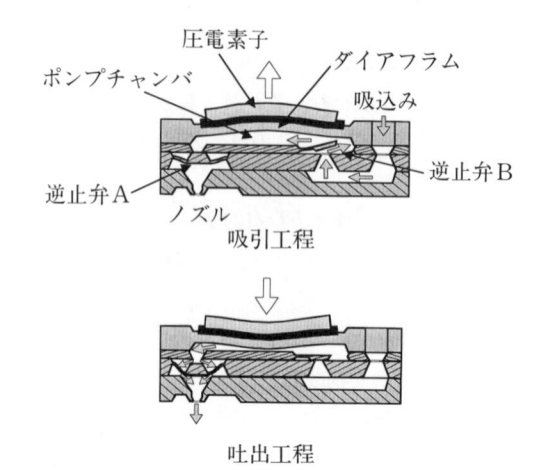

図II-7-12　圧電駆動型マイクロポンプの構造と原理（断面図）

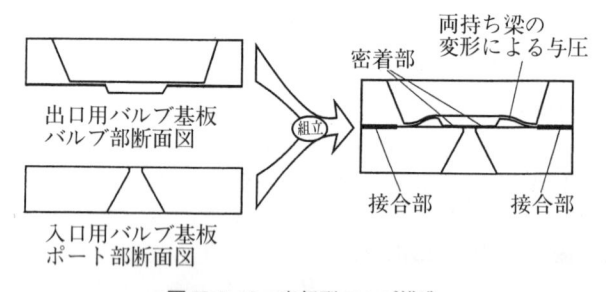

図II-7-13　突起型バルブ構造

がポイントとなる．そこで梁の厚さhの関数として，次の2点を特徴とした締切性のよい逆止弁Bの設計をせよ．

　1) 高周波駆動に追従可能な高剛性で流体抵抗の小さい両持梁を用いたバルブ支持．
　2) 与圧を与えることにより締切性を向上させるための突起型バルブ（図II-7-13に示す）のバルブ突起部は4本の梁で支持されている．

　なお，ポンプ全体の大きさを考慮して，ここではバルブおよび梁寸法は次の値とした．

　　突起バルブの寸法：幅 1.3×1.3 mm，厚さ 0.035 mm
　　梁の寸法：長さ 1.2 mm，幅 0.1 mm，厚さ h mm

一本の梁幅は流体抵抗をできる限り少なくするため 100 μm とした．また，シリコンのヤング率および密度は次の通りである．

E：1.29×10^{11} Pa, ρ：2.33×10^3 kg/m³．

3) バルブに加わる圧力差は 20000 Pa として計算せよ．

(ヒント) 両持梁の設計で重要なことは，バルブの固有振動数およびバルブのリフト量である．

バルブの固有振動数 ω はレイリー法から次式で与えられる．

$$\omega=\{k/(M+0.5m)\}^{1/2}$$
$$k=(192\times E\times I)/L^3 \quad (k：ばね定数) \tag{23}$$

ここで，M および m：それぞれバルブおよび梁の質量，E：シリコンのヤング率，I：梁の断面2次モーメント（$=b\times h^3/12$, b：梁幅，h：梁厚さ）である．

次にバルブのリフト量については，バルブのばね定数 k とバルブに加わる力から算出できる．ここで，バルブに加わる力をポート部（面積 A）での圧力差 ΔP だけとすると，バルブのリフト量 δ は，

$$\delta=(A\times\Delta P)/k \tag{24}$$

となる．ここで，梁の長さは両持梁なので，1.2×2(mm)，梁幅は2本の梁なので，100×2(μm) となる．また，4本の梁で支持されているバルブ突起部は 1.3 mm 角の正方形とした．そして，ノズル出口サイズを 0.5 mm 角とした場合，50 μl/s 以上を流せる圧力差は 20000 Pa と設定した．以上のような値での，バルブの固有振動数 ω およびリフト量 δ と梁厚さ h との関係を図 II-7-14 に示す．ここで，梁厚さ h のみを

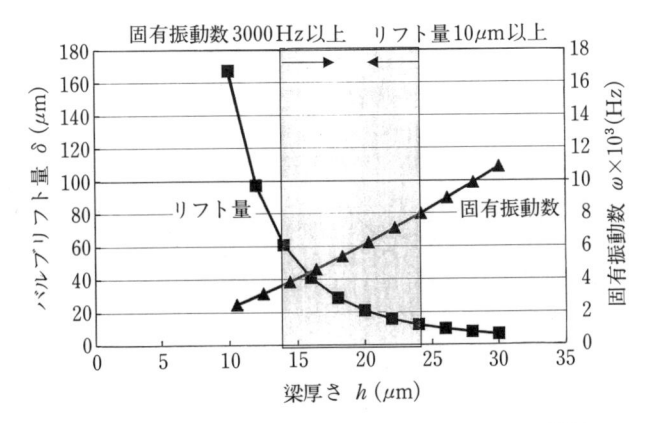

図 II-7-14 固有振動数およびリフト量と梁厚さとの関係

パラメータとしたのは，加工時のエッチング量で容易に変更することが可能なためである．

（マイクロマシンの設計では，常に加工のことも考慮して設計することも重要である．）図II-7-14から，バルブの固有振動数とリフト量の梁厚さに対する変化は反対であることが分かる．一方，バルブの固有振動数は，液体による付加質量効果で低下する懸念がある．したがって，バルブの固有振動数は高い方が望ましく，ここでは，3000 Hz以上とした．そうすると，リフト量を10 μm以上では梁厚さhは14から28 μmが適正サイズということになる．この結果より，設計値としては，中心値20 μmを梁厚さとするのがよいであろう．

次に，この梁を用いてバルブに与圧を与える方法について検討する．構造上，バルブ突起部を支えている4本の梁の変形で与圧を与えることになる．本ポンプの使用条件からバルブに加わる水圧は最大20000 Paであることから，与圧としてその5倍の100000 Paを与えることとした．これより，バルブの突き出し量は(24)式を用いて14 μmと計算される．

参 考 文 献

[1] 帰山敏之:ディジタルマイクロミラーデバイス,精密工学会誌 **65**, 5 (1999), pp. 669-672.
[2] Kamisuki, S., Fujii, M., et al. : A High Resolution, Electrostatically-Driven Commercial Inkjet Head IEEE MEMS, Proc. of MEMS '00 (2000), pp. 793-798.
[3] μM フロンティア研究会マイクロマシンセンタ監修:マイクロマシン革命,日刊工業新聞社 (1999), p.60.
[4] 林,竹島:マイクロメカニズム用走行機構の探索,精密機械 春講演論文集 (1984), p.737.
[5] 安藤,石川,北原:微小接触面の摩擦と凝着力—凝着力が摩擦力に及ぼす影響,トライボロジスト, **39**, 9 (1994), pp. 814-820.

第Ⅱ編 ケーススタディ
第8章 コンピュータ援用設計およびエンジニアリング

8.1 CADとCAE

　設計とは目標とする機能，信頼性，コストを満足する形状や構成を作り出すプロセスのことである．従来は，まず設計のためのデータベース，各種規格を用い主要諸元を決定し，図面化する．その後，形状をもとに試作品を作り，機能などが仕様を満足しているかどうかを試験する．仕様を満足していなければ，もう一度図面に戻り修正し，試作/試験を行う．これを何回か繰返し仕様を満足する形を決定するという方法をとっていた．

　しかし，この方法では，最終的に目標にあった形状が見つかったとしても，時間がかかりすぎ，商品として発売するタイミングに合わない場合が出てくる．最近の商品開発では，このタイミングが最も重要となってきている．また何度も試作/試験を繰返すということは，工数も多くかかり設計効率という点でも問題があった．そこで近年のコンピュータの発達に伴い，コンピュータ上で形状を作るCAD（Computer Aided Design）とその形状をもとにやはりコンピュータ上で性能，信頼性を評価するCAE（Computer Aided Engineering）をベースとした新しい方法が発達してきた．これが，CAD/CAE設計である．

　CADは，形状設計におけるコンピュータ利用という意味で用いられ，またCAEは，評価を各ソフトを用いてのコンピュータシミュレーションの意味で用いられることが多い．図Ⅱ-8-1には設計におけるCADとCAEの関係を示す．CADについての概説書はたくさんあるのでそちらを参照されたい[1]~[3]．本章では，CAEの実践的教育の観点から新しい技術の紹介およびCAE事例を以下に述べる．

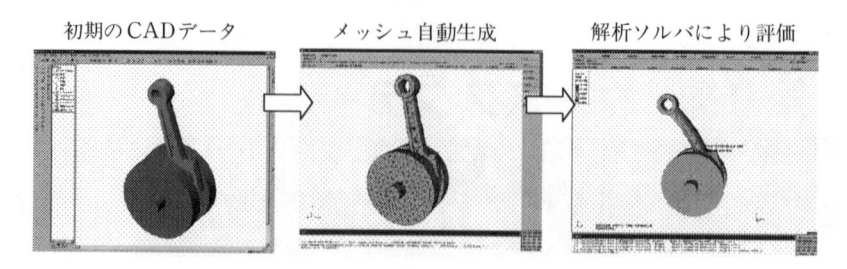

図 II-8-1　CAD/CAE 連携設計プロセス例

8.2　CAE 実行の概要

本節では，CAE を実行するための必要事項を述べる．まず，CAE の実行フローを説明する．その後 CAE を実行する上でもっとも重要なメッシュ生成方法と，計算結果の評価の仕方を概説する．一方，CAE で幅広く用いられている解析用ソフトについても触れることにする．

8.2.1　CAE 実行フロー

CAE は，図 II-8-2 に示す手順で実行する．まず 3 次元 CAD システムでコンピュータ上に作成された形状モデルに対して，プリプロセッサで数値計算を行うためのメッシュ生成を行う．メッシュ生成については，以前は手作業で行ってきたが，最近はコンピュータによって，自動で行えるようになってきている．しかし，いくつかのプロセスで作成者の判断を必要としており，対話型処理を行うにしても，かなり時間がかかっている．また，メッシュには品質があり，メッシュの張り方によって精度が変わってくるため，熟練作業としての側面もある．この部分については，8.2.2 で述べる．

次に，これらのメッシュに対して各種解析プログラムを用いコンピュータシミュレーションを行う．この場合，計算に必要な物性値の他，境界条件・初期値の設定，繰返し計算の回数，非定常計算のための Δt など，数値計算上の情報を与えなければならない．これは問題によって異なるため，各ソフトごとに実習などで経験し理解する必要がある．表 II-8-1 には，CAE に用いられる主な解析プログラムの分類を示す．

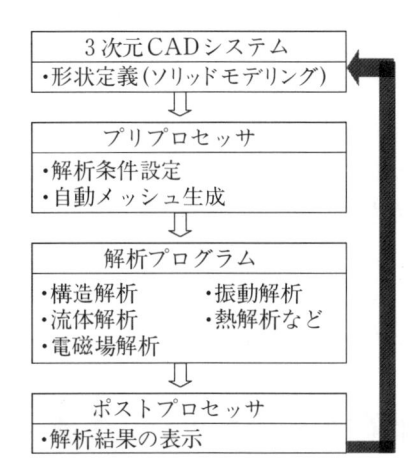

第8章 コンピュータ援用設計およびエンジニアリング

```
┌─────────────────────────┐
│  3次元CADシステム         │←──┐
│ ・形状定義(ソリッドモデリング) │   │
└─────────────┬───────────┘   │
              ↓                │
┌─────────────────────────┐   │
│  プリプロセッサ           │   │
│ ・解析条件設定             │   │
│ ・自動メッシュ生成         │   │
└─────────────┬───────────┘   │
              ↓                │
┌─────────────────────────┐   │
│  解析プログラム           │   │
│ ・構造解析  ・振動解析     │   │
│ ・流体解析  ・熱解析など   │   │
│ ・電磁場解析               │   │
└─────────────┬───────────┘   │
              ↓                │
┌─────────────────────────┐   │
│  ポストプロセッサ         │───┘
│ ・解析結果の表示           │
└─────────────────────────┘
```

図 II-8-2　CAE のシステム構成と処理フロー

表 II-8-1　CAE で用いられる解析の種類

構造・振動	線形応力解析	弾塑性解析	接触解析	大変形解析
	振動固有値解析	動的応答解析		
熱・流体	ポテンシャル解析	定常乱流解析	非定常乱流解析	乱流直接解析
	熱伝導解析	燃焼解析		
電磁場	静磁場解析	渦電流解析	動磁場解析	電磁場解析
音場・騒音	音場解析			
機構・制御	キネマティック解析	多体系動力学解析	弾性多体系解析	
		制御系逆運動解析		
材料	モンテカルロ法	分子動力学	分子起動法	

　計算が終了したら，次は結果の表示である．これも以前は結果を読み取って，手作業でグラフ化したが，現在ではポストプロセッサによりコンピュータで処理してくれるようになった．この部分はかなり発達しており，グラフの他にアニメーションを含

め結果をビジュアルに表現する手法がたくさんある．しかし，計算結果が正しいのか，結果から何が読み取れるのか，これはあくまで設計者の判断によるものである．この部分は，CAEの中でもっとも重要なところで，一般解はなく，設計者一人一人の結果を分析する能力を高めなければならない．CAEシステムとしてはこれをいかにサポートするかが，今後の課題であろう．本書ではその一端を8.2.3で述べる．

なお，結果が求められた後，最近では最適化手法を用いて形状を変更し，CAD/CAEを繰返し最適形状を求めるシステムが出てきている．この部分は何を最適化するのか，その目的や対象範囲をはっきりさせる必要があり，難しさはあるものの，部品レベルから今後大いに発達するものと思われる．

8.2.2　計算実行のためのメッシュ生成

構造，熱流体，電磁場などの連続体力学分野の数値解析には，差分法や有限要素法が広く用いられている．これらの手法を用いて数値解析を行う場合，接点や要素ごとに値を求めるために計算対象領域をメッシュ分割する必要がある．しかし，3次元の場合メッシュ分割には多大な作業が必要となり，CAEを設計に活用する上で障害となっている．この問題を解決するために，さまざまな自動メッシュ生成手法が提案されている．

（1）　メッシュ自動生成技術（2次元自動メッシュ生成）

2次元自動メッシュ生成法は，三角形要素を生成する方法と四角形要素を生成する方法に分けられる．三角形要素を生成する方法としては，
　①メッシュ生成領域に配置された接点群を結んで三角形要素を生成するデローニ法，
　②境界から内部に向かって三角形要素を逐次的に生成するフロント法，
がある．また，四角形要素を自動生成する方法としては
　③境界から内部に向かって四角形要素を逐次的に生成するペービング法，
　④対象領域を二つに分割する処理を再帰的に繰返し四角形要素を生成するトライクワメッシュ法，
がある．これらの手法は，3次元表面のシェル要素自動生成や3次元ソリッドの自動メッシュ生成時におけるソリッド表面の分割にも利用されている．

（2） メッシュ自動生成技術（3次元自動メッシュ生成）

3次元ソリッドの自動メッシュ生成法は，2次元の場合と同様に四面体要素を生成する方法と六面体要素を生成する方法に分けられる．四面体要素の自動生成法は，2次元の三角形要素自動生成法を拡張したものであり，

① メッシュ生成空間に配置された接点群を結んで四面体要素を生成するデローニ法，

② 三角形分割された境界面から内部に向かって四面体要素を逐次的に生成するフロント法

などがある．一般に四面体要素の場合は複雑な形状でも分割でき，メッシュの疎密も制御できるため実用的に十分成熟した段階にあるといえる．図II-8-3には，デローニ法を用いて四面体要素を自動生成した例を示す[4]．

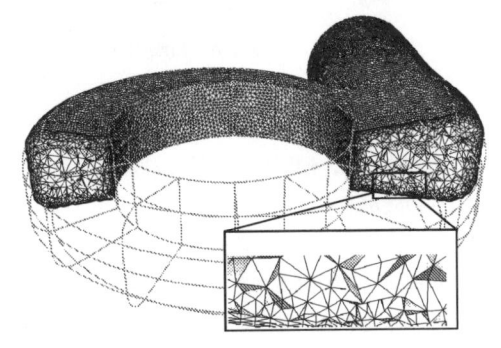

図 II-8-3 四面体要素を自動生成した例（ポンプケーシング）

一方，六面体要素の自動生成法はまだ開発段階にある．

バウンダリフィット写像法の中で，マップドメッシュ法が最も広く用いられている．この方法は，対象の形状モデルから六面体のサブボリュームで構成されるパートモデルを対話的に作成し，サブボリュームに対して格子状に細分割することにより，形状モデル全体を六面体分割するものである．しかし，この方法では対象形状を六面体のサブボリュームに分割する作業に多くの時間がかかることが問題になっていた．最近サブボリュームへの分割数を最小限に抑える方法が開発された．この手法は，図II-8-4に示すように，3次元ソリッドモデルから，形状の位相構造を近似した認識モデルを生成し，その認識モデルに直交格子を割り当てた写像モデルを生成し，最後に

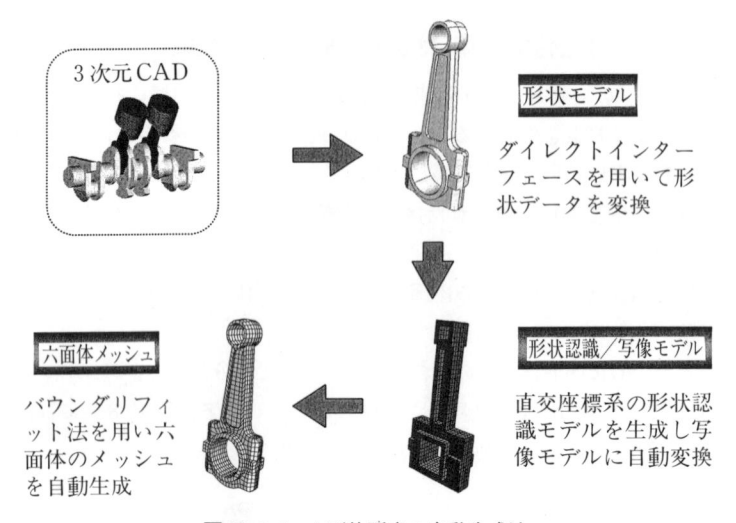

図 II-8-4　六面体要素の自動生成法

バウンダリフィット関数を用いて写像モデルの直交格子を3次元ソリッドモデルに写像する方法である．この方法には，規則的に配置されたひずみの少ない六面体要素が高速に生成できるという特徴がある[5]~[8]．

　六面体要素は四面体要素に比べほとんどの解析プログラムで利用できる．また，不規則な四面体要素よりも規則的に配置された六面体要素の方が解析結果を評価しやすいという理由により，六面体要素の自動生成に対するユーザの期待が高い．しかし，一方ではメッシュ生成から解析計算までを一貫して自動的に処理できるCAEシステムに対する期待も大きい．完全自動化を目指したシステムには，複雑な形状にも完全に対応できる四面体要素の自動生成法が使われている．いずれは四面体要素自動生成システムに対抗して，メッシュ生成の知識データベースをうまく使った六面体要素自動生成システムが出てくるであろう．

8.2.3　計算結果の評価

　本節では，特に構造解析に絞って計算結果の評価方法を述べる．

（1） 結果の妥当性評価

構造解析の基本は材料力学である．CAE は材料力学を知らなくても要求されるデータを入力すれば答えが出てくるシステムである．しかし出てきた答えが妥当なものかどうかを判断するには材料力学を知っている必要がある．

CAE による解析に取り掛かる前に，材料力学でおよその解が求められないか考えることが大切である．例えば図 II-8-5 に示すベルジャーに外圧が作用する問題で，中央部における変形と応力を求める場合を考える．ベルジャーを胴部と天板に分けて考えると，天板は図 II-8-6 に示すような外周固定の円板に近似することができる．このように単純な形状に置き換えられれば材料力学で変形 δ と応力 σ を計算することができるようになる．

$$\delta = \frac{12(1-\nu^2)pa^4}{64Eh^3} = \frac{12(1-0.3^2)0.1 \times 135^4}{64 \times 73000 \times 25^3} = 5 \times 10^{-3} \,(\text{mm})$$

$$\sigma = \frac{3(1+\nu)pa^2}{8h^2} = \frac{3(1+0.3)0.1 \times 135^2}{8 \times 25^2} = 1.4 \,(\text{MPa})$$

CAE で解析すると変位が 0.012 mm，応力が 2.8 MPa となり倍半分ほどの差があるが，胴部の変形があるため実際には天板の外周が固定条件にならないことを考慮すると，CAE の結果がほぼ妥当な値であることが分かる．

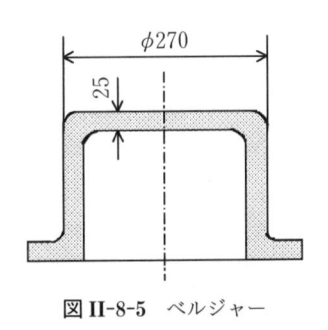

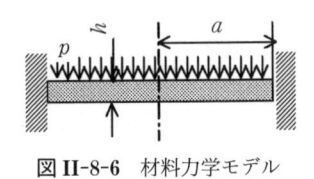

図 II-8-5　ベルジャー

図 II-8-6　材料力学モデル

このようにCAEの解析結果が妥当か否かを判断するには材料力学の知識が不可欠で，CAE解析に先立って材料力学によるおよその解を求めておけば解析結果を正しく評価することができる．

（2） ポストプロセッサとは

FEMの解析によって解析プログラム（ソルバ）が出力するデータには次のようなものがある．

①節点の変位

x, y, z の各方向の変位（梁，トラス，シェル要素ではさらに回転変位もある）．

②要素の応力

応力は要素内の特定の位置（一般に積分点と呼ばれ，1要素内に4点から多い場合は数十点ある）における値が出力される．応力としては x, y, z 方向応力と xy, yz, zx 面のせん断応力の6成分がある．

以上は線形解析の場合で，ひずみは応力から一義的に決まるので出力しない場合もある．非線形解析ではその他に弾塑性解析ならひずみ，接触解析なら接触面圧などが出力される．

一方，ポストプロセッサはソルバの出力をユーザが必要とするデータに変換し，等高線やグラフなどで表示する機能を持つ．変位については特に説明を要しないが，応力の表示に関してはいくつか知っておくべきポイントがある．

（a） 要素の応力と節点の応力

ポストプロセッサは等高線やグラフを描くために，まず最初に要素内の積分点で出力された応力を要素の頂点の節点における応力として換算するのが一般的である．この換算の方法も色々あるが，通常はその節点を共有しているすべての要素の応力を平均した値をその節点の応力とする．もちろん積分点が複数ある場合は要素の中でその節点に最も近い積分点の応力を平均する．そのため異なる材料の接合部など，本来は境界の両側で不連続な応力分布になるべきはずなのに，平均されて連続的な分布として表示される可能性がある．

（b） 応力成分と主応力

主応力は $\sigma_1, \sigma_2, \sigma_3$ の3個あり，要素内の6個の応力成分から計算される．図II-8-7は円筒の熱応力の分布を示すが，どの位置でも接線応力 σ_θ，半径応力 σ_r，軸応力 σ_z，が主応力になる．しかし主応力は一般に $\sigma_1 > \sigma_2 > \sigma_3$ として定められるので，どれが σ_1, σ_2 または σ_3 になるかは位置によって変わるのである．図II-8-8に主応力の

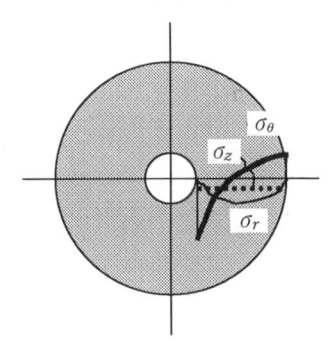

図 II-8-7　円板の熱応力分布

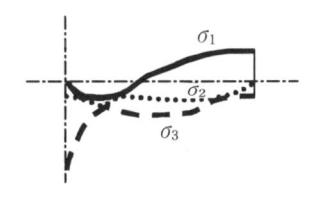

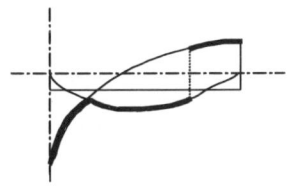

図 II-8-8　主応力分布　　　　図 II-8-9　最大主応力分布

分布を示す．
（c）最大主応力
　最大主応力は一般的な定義ではないが $\sigma_1, \sigma_2, \sigma_3$ の内で絶対値が最大のものをいう．したがって図 II-8-8 の主応力分布から最大主応力分布を求めると図 II-8-9 のように不連続な分布になることがある．
（d）シェル要素の応力
　シェル要素の場合は特に注意が必要である．シェル要素ではソルバは一般的に図 II-8-10 に示すように板の中央面における面内の直交する二つの方向の応力（厚さ方向応力はない）と三つのせん断応力の五つの応力成分と，それらの曲げ応力成分を出力する．一方ポストプロセッサは一般に板の中央面，板の表面および裏面の 3 種類の応力分布を表示する．表面，裏面の応力は中央面の応力に曲げ応力成分を重ね合せたものになる．そのため曲げが作用するシェルの場合は表面，裏面の応力を表示させる必要がある．また，表面，裏面は単に視線の方向から決められるわけではなく，その要素を定義する際に節点番号を並べた順序に従って決められる．一般的には図 II-8-

314   第II編　ケーススタディ

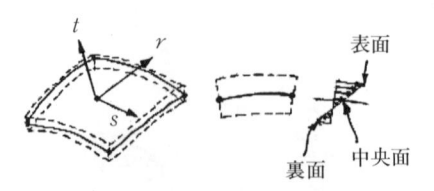

図 II-8-10　シェル要素の応力成分

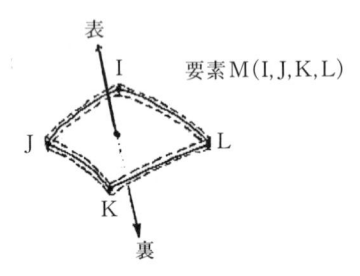

図 II-8-11　シェル要素の表面，裏面の定義

11に示すように節点番号を反時計回りに並べたときに手前側が表面となる．そのため連続している要素は同じ回り方で節点番号を並べないと，実際の板の面の両側が混在して表示されてしまう．

（3）　応力と強度の関係

材料の強度は材料の素性と使われる環境によって決まる．もちろんばらつきは存在する．一方，応力は構造と荷重によって決まる．それでは応力が材料の強度の限界になれば破壊するかというと，ことはそれほど単純ではない．まず破壊にもいろいろな形態があり，それによって破壊の条件（強度の限界）も異なる．また，応力も一様に分布していることは少なく，応力勾配があったり，多軸応力状態であったりする．

①　破壊の法則

破壊現象を支配する法則を理解しなければ，正しい強度設計はできない．応力やひずみは少なくとも弾性学の範囲では普遍的な理論に基づいた物理量として求められる．しかし破壊の法則は数学や物理学のような普遍的な原理ではなく，経験的，実験的なものである．したがって応力は方法さえ分かれば誰がやっても正しい値を知るこ

とが可能であるが，それが破壊に対してどれだけ寄与するかを評価するには，かなりの経験が必要になる．

【破壊の基準となる物理量と破壊現象との関係】

（a）応　　力
最も一般的な基準で，ほとんどの破壊現象が応力と関係づけられている．

（b）ひ　ず　み
主に低サイクル疲労のような塑性領域での破壊現象はひずみと関係づけられている．

（c）エネルギー
き裂の進行，脆性破壊などはひずみエネルギーの解放と関係づけられている．

② 応力の種類と破壊との関係

有限要素法で応力を計算すると，いろいろな応力が求められる．基本的には3個の垂直応力成分と3個のせん断応力成分の合計6個の成分がある．一方，材料の強度データはほとんどの場合単純な一方向の応力だけを負荷して求められる．このようにして求められた強度データと6個の応力成分との関係については次の三つの経験則が有力である．

（a）最大せん断応力則（Trescaの条件）

主応力を$\sigma_1, \sigma_2, \sigma_3$としその大きさの順序を$\sigma_1 > \sigma_2 > \sigma_3$とする．一方向の引張負荷による降伏強度を$\sigma_S$とすると，$\sigma_1, \sigma_2, \sigma_3$による降伏は次の条件で起きる．

$$\sigma_1 - \sigma_3 = \sigma_S$$

6個の応力成分で表すと

$$(\sigma_{max} - \sigma_{min}) + 2\tau = \sigma_S$$

ただし$\sigma_{max}, \sigma_{min}$は垂直応力成分の最大値と最小値，$\tau$はその面のせん断応力である．

（b）せん断ひずみエネルギー則（Misesの条件）

$$(\sigma_1 - \sigma_2)^2 + (\sigma_2 - \sigma_3)^2 + (\sigma_3 - \sigma_1)^2 = 2\sigma_S^2$$

6個の応力成分で表すと

$$(\sigma_x - \sigma_y)^2 + (\sigma_y - \sigma_z)^2 + (\sigma_z - \sigma_x)^2 + 6(\tau_{xy}^2 + \tau_{yz}^2 + \tau_{zx}^2) = 2\sigma_S^2$$

以上は材料の降伏の条件として広く認められた経験則である．どちらが実際の降伏現象とよく合うかは，材料や応力の条件により異なる．ただし，両者の差は最大でも15%でしかない．

（c）最大主応力則

$$\sigma_1 = \sigma_S$$

この条件はセラミックスや鋳鉄のような脆性材料の破断に対して適用されることがあるが，一般の延性材料では合わない．

以上三つの条件は降伏または脆性破壊挙動を支配する破壊の法則として提案されたものである．疲労やクリープなどの破壊については応力が降伏応力以下の場合が多いが，上記（a），（b）または（c）を適用してもそれほど間違ってはいない．

（2）項で述べたようにポストプロセッサではソルバの出力をユーザが必要とするデータに変換してくれる．上記三つの経験則に対応する応力はそれぞれ Tresca 相当応力 σ_{tr}，Mises 相当応力 σ_{ms} および最大主応力 σ_{max} で，変換は下記の式によって行われる．

(a) Tresca 相当応力　　　$\sigma_{tr} = \sigma_1 - \sigma_3$

(b) Mises 相当応力　　　$\sigma_{ms} = \dfrac{1}{\sqrt{2}}\sqrt{(\sigma_1-\sigma_2)^2+(\sigma_2-\sigma_3)^2+(\sigma_3-\sigma_1)^2}$

(c) 最大主応力　　　　　$\sigma_{max} = \sigma_1$

③ 応力の分布と破壊の関係

上の三つの相当応力についても，構造のある1点の応力が条件を満たすときに破損に到るかというと必ずしもそうではない．これは物の破損という現象がある有限な領域の物理的条件によって起きるためと考えられる．よく知られている現象では回転曲げ疲労強度が引張圧縮疲労強度よりも高い値を示すが，これは引張圧縮では断面全体が一様な応力 σ であるのに対し，回転曲げでは表面の応力が σ でも内部はそれより低いことによると考えられる．

④ 公称応力と詳細応力

有限要素法が普及して詳細応力が求められるようになった．強度設計で公称応力と詳細応力を混同すると，おかしな設計になる．公称応力による設計は主に実績ベースの設計で使われる．あるいは構造の部分モデル（溶接継手など）の強度が公称応力で求められている場合などにも適用される．詳細応力が求められたとき，これに対応する強度データはどれを適用すればよいのかわからないことがある．一例をあげると切欠底の応力をFEMで詳細に計算し，それを平滑材の疲労強度と比較して評価すると，切欠が鋭い場合は余裕のありすぎる設計になることがある．これは疲労強度が表面の応力だけでなく，内部に向かう応力勾配の影響も受けるためである．このような

場合の一般的な原則はないが，上記の応力成分と応力勾配を考慮して設計することになる．

8.3 CAE 事例

8.3.1 流体解析—TFLOWSOLVER—

流体を解析するソフトは数多くあるが，ここでは一つの例として四面体要素を用いた新しい解析コード（TFLOWSOLVER）について説明する．その後，他のソフトを使って解析した事例を述べる．

（1） 解析の基礎

TFLOWSOLVER は複雑な流路の中の詳細な流れを調べたり，装置内または，装置まわりを丸ごと計算するなど，大規模乱流解析を行うために開発されたものである[9]．そのためいくつかの特徴を有している．その一つは，四面体要素を用いていることである．実機問題を解析する場合もっとも難しいのは，高品質なメッシュをいかに速く作るかである．本コードでは，四面体要素を用いて自動でしかも速いメッシュ生成を実現し，高品質メッシュについては，アダプティブメッシュの手法や，壁近傍の境界層を正確に捕えるための規則的な層状四面体メッシュ（layered mesh）との組合せ法などの工夫が施されている．その他，並列コンピュータ性能を充分引き出すための技術も盛り込まれている．

基礎方程式：

次に，本コードで用いられている基礎式を説明する．温度場を考慮した非圧縮粘性流の支配方程式は，ナビエ-ストークスの式，連続の式，エネルギー式で与えられ，テンソル記号を用い総和規約に従うと次のようになる．

$$\dot{U}_i + U_j U_{i,j} = -P_{,j}/\rho + \nu(U_{i,j} + U_{j,i})_{,j} + g_i \beta(T - T_\text{ref}) \qquad (1)$$

$$U_{i,i} = 0 \qquad (2)$$

$$\dot{T} + (U_j T)_{,j} = \alpha T_{,jj} \qquad (3)$$

乱流現象を高精度に再現し正確に予測するには，何らかの乱流モデルを使用した解析が不可欠である．本コードでは，スマゴリンスキー・モデルを用いた LES 解析を行っている．以下にその定式化について記す．なお，以下の式においては，浮力項を省略してある．

式(1),(2)にグリッドスケールのフィルタ平均操作を施すと次の2式が得られる．

$$\dot{\bar{U}}_i + \bar{U}_j \bar{U}_{i,j} = -\bar{P}_{,i}/\rho + \{\nu(\bar{U}_{i,j} + \bar{U}_{j,i}) - \overline{U'_i U'_j}\}_{,j} \quad (4)$$

$$\bar{U}_{i,i} = 0 \quad (5)$$

ここに，$\bar{U}_i$, $\bar{P}$ はそれぞれ，グリッドスケール流速の x_i 軸方向成分，グリッドスケールの圧力を表す．$-\overline{U'_i U'_j}$ はサブグリッドスケールの乱流応力（レイノルズ応力）であり，本解析ではスマゴリンスキー・モデルにより定式化する．

$$-\overline{U'_i U'_j} = \nu_{SGS}(\bar{U}_{i,j} + \bar{U}_{j,i}) - \frac{1}{3}\delta_{ij}\overline{U'_k U'_k} \quad (6)$$

$$\nu_{SGS} = (C\varDelta)^2 (2\bar{S}_{ij}\bar{S}_{ij})^{0.5} \,;\, \bar{S}_{ij} = \frac{1}{2}(\bar{U}_{i,j} + \bar{U}_{j,i}) \quad (7)$$

ただし，

$$\delta_{ij} = \begin{cases} 1 & (i=j) \\ 0 & (i \neq j) \end{cases} \quad (8)$$

ここに，ν_{SGS} は SGS (subgrid scale) 乱流粘性係数で，$\varDelta$ は要素の代表寸法であり，本解析では $\varDelta$ を各要素の体積の3乗根として計算した．また，C は乱流モデル定数であり 0.15 とした．式(6)を式(4)に代入すると，次式が得られる．

$$\dot{\bar{U}}_i + \bar{U}_j \bar{U}_{i,j} = -\bar{P}_{,i}/\rho + (\nu + \nu_{SGS})(\bar{U}_{i,j} + \bar{U}_{j,i})_{,j} \quad (9)$$

ν_{SGS} は壁面からの距離に比例して減衰させる必要がある．減衰の方法については文献[10]を参照されたい．境界層内に十分な解像度のメッシュを使用できる場合は ν_{SGS} に対する減衰が効くが，実用的には必ずしもそのようなメッシュを用いた解析を行うことはできないため，減衰が効かず過度な粘性力が加わり，壁面近傍の流速を過小評価してしまう恐れがある．特に，壁面における流体のせん断力や熱伝達率を精度よく求めるには，壁面近傍の流速の解析精度が大きな影響を及ぼす．そこで，本解析では，壁面上に節点を有するすべての要素において ν_{SGS} を0とし，壁面上で過度な粘性力が加わらないようにして解析を行っている．

なお，温度場に関する乱流モデルも様々提案されているが，本コードにおいては次式で表される温度場0方程式モデルを用いた．

$$\dot{T} + (U_j T)_{,j} = (\alpha + \alpha_{SGS}) T_{,jj} \quad (10)$$

$$\alpha_{SGS} = \nu_{SGS}/Pr_{SGS} \quad (11)$$

ここで，α_{SGS} は SGS 温度拡散係数，Pr_{SGS} は SGS 乱流プラントル数を表す．本解析では Pr_{SGS} として 0.4 を用いている．

(2) TFLOWSOLVER による計算事例

メッシュ生成手法:

LES により乱流を高精度に再現するには，壁近傍にメッシュを集中する必要があるため，ここでは，壁近傍に層状に生成した規則的な四面体メッシュと，それ以外の領域の不規則な四面体メッシュとを組合せたメッシュ生成を行った．

図 II-8-12 にそのような不規則-層状接続メッシュ生成の概観を示す．簡単のため，図は2次元の三角形メッシュとした．図に示すように，壁面から層状に規則的なメッシュが生成されており，その後，デローニ法で生成された不規則なメッシュが接続されている．層状メッシュ部分のメッシュ生成パラメータとしては，第1メッシュ幅 h，層数 n，層状部拡大率 a の三つがある．壁面の法線方向の要素厚さは，壁面上に位置する第1メッシュにおいて h，2層目で ha，3層目で ha^2 と，徐々に拡大していく．不規則メッシュ部分のメッシュ生成パラメータについても，最小要素寸法 $\varDelta_{min}$，最大要素寸法 $\varDelta_{max}$，不規則部拡大率 b の三つがある．最小要素寸法 $\varDelta_{min}$ は，壁面の接線方向の壁面上の要素サイズを表す．不規則メッシュの領域においては，要素サイズは，最小要素寸法から不規則部拡大率 b で壁面から離れるに従って拡大していく．拡大は，要素サイズが最大要素寸法 $\varDelta_{max}$ になるまで続き，その後は，平均的な要素サイズが $\varDelta_{max}$ の均一なメッシュとなる．なお，本研究では，ラプラス・スムージングと呼ばれる節点の座標を平均化する手法を適用してメッシュの品質改善を行っている．

計算結果と検討:

ここでは，ベンチマーク問題として一般に用いられる，3次元立方キャビティ内の

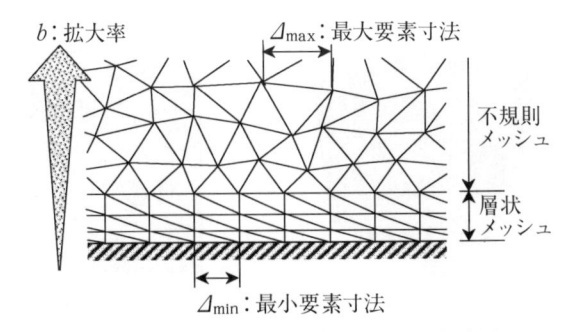

図 II-8-12 不規則-層状接続メッシュの概念図

自然対流問題を対象として，本コードの温度場解析に対する精度検証を行った結果について記す．

図II-8-13に解析モデルと境界条件および初期条件を示す．計算は無次元化して行った．解析領域については，図に示すように，1辺の長さ L が1の立方体とし，温度に関する境界条件は，高温壁面で $T_h=1.5$，低温壁面で $T_c=0.5$，その他の壁面は断熱壁とした．流速に関してはすべての壁面で $U_i=0$ とし，初期温度 $T=1.0$，初期流速 $U_i=0$ とした．作動流体は空気で，プラントル数は $Pr=0.71$ である．図II-8-14にメッシュ図を，表II-8-2にメッシュ生成パラメータを示す．図II-8-14(a)はメッシュ全体の概観図を，(b)は中央断面図を表している．節点数は36,746で要素数は206,943である．表II-8-2に示すように，層状メッシュ部の第1メッシュ幅は0.001，層数は5として，高レイリー数の流れに対応できるようにした．

図II-8-14に示したメッシュを用いて，$Ra=PrGr$ で定義されるレイリー数が 10^3

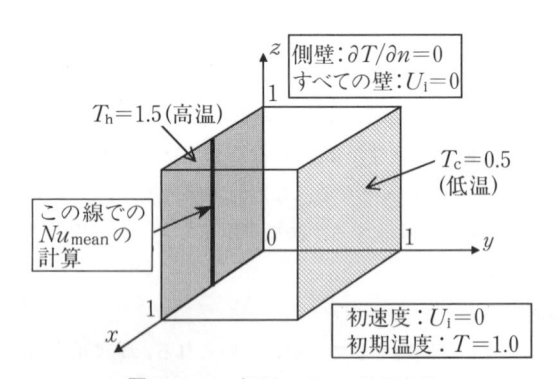

図II-8-13 解析モデルと境界条件

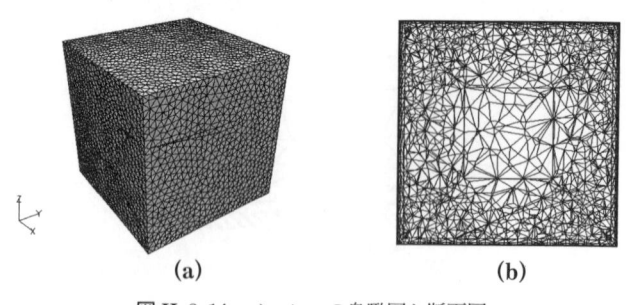

図II-8-14 メッシュの鳥瞰図と断面図

第 8 章　コンピュータ援用設計およびエンジニアリング　　　321

表 II-8-2　メッシュ生成パラメータ

h	n	a	$\Delta_{\min}$	$\Delta_{\max}$	b
0.001	5	2.0	0.04	0.1	1.3

表 II-8-3　レイリー数の時間増分

Ra	10^3	10^4	10^5	10^6	10^7	10^8	10^9	10^{10}
Δt	10	5	2	1	0.5	0.2	0.1	0.05

～10^{10} の解析を行った．

ただし，Gr はグラフホフ数を表し $Gr=g\beta(T_\mathrm{h}-T_\mathrm{c})L^3/\nu^2$ で定義した．各ケースの時間刻みの無次元値 Δt の値を表 II-8-3 に示す．自然対流解析の場合，強制対流のように代表流速をあらかじめ定義することができないため，ここで用いた Δt は，粗メッシュによる解析から事前に決定した．本問題の 2 次元解析の例としては De Vahl Davis[11]，Le Quere[12] などが，3 次元解析としては山崎ら[13] などが挙げられるが，計算された最大のレイリー数としては 10^8 程度までで，それ以上のレイリー数に対する解析は報告されていない．これは，De Vahl Davis が報告しているようにレイリー数が 2×10^8 から流れの非定常性が生じ，解析が困難になるためと考えられる．

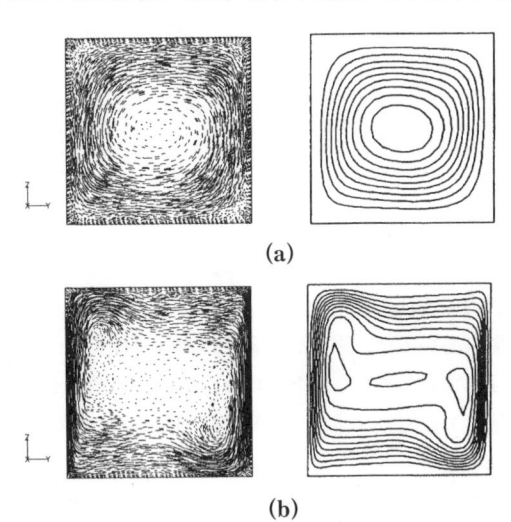

図 II-8-15　本書の解法による連続ベクトル（左）と De Vahl Davis の解析結果（右）
　　　　　（a）　$Ra=10^4$，（b）　$Ra=10^6$

(a)

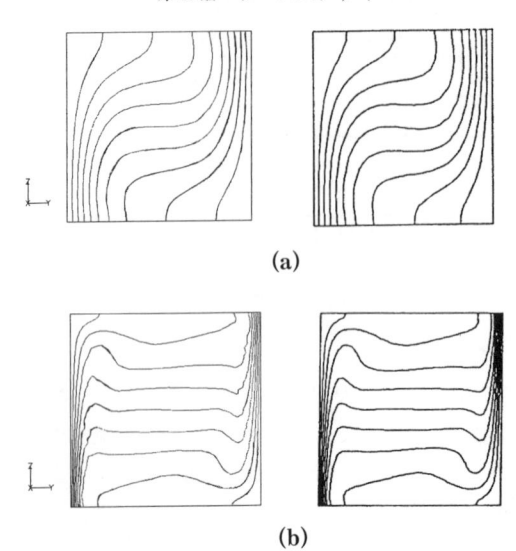

(b)

図 II-8-16 本書の解法による温度分布(左)と De Vahl Davis の解析結果(右)
（a） $Ra=10^4$，（b） $Ra=10^6$

図 II-8-15，図 II-8-16 に $Ra=10^4, 10^6$ の中央断面内の流速ベクトルと，温度分布の解析結果を示す．図内の左側が本解法による結果を，右側は De Vahl Davis の解析結果を示す．温度，流速のいずれの場合も分布はよく一致している．また計算は $Ra=10^{10}$ まで安定して行われている．計算機の発達に伴い，このように乱流計算が精度よく行われるようになってきている．

（3） その他の事例

ここでは，流れ解析の二つの事例を紹介する．

磁気ディスク装置内の流れ：

磁気ディスク装置においては，磁気記録密度の上昇に伴い，ヘッドの位置決め精度に対する要求がますます厳しくなってきている．位置決め精度を悪くしている要因はいくつかあるが，最近では磁気ディスクが高速で回転することによって発生する風の流れが，大きな原因となってきた．流れによって発生する乱れを風乱と呼び，ディスクの振動を誘発したり，サスペンションに非定常流体力を作用させサスペンション自身をも振動させている．

図 II-8-17 には多層ディスク間の圧力変動分布を示す[14]．ディスク振動の原因とな

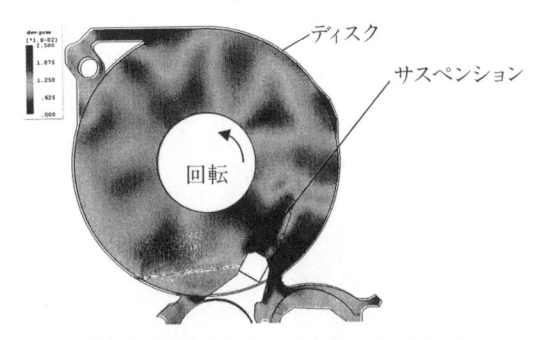

第 8 章　コンピュータ援用設計およびエンジニアリング　　　323

図 II-8-17　多層ディスク間の圧力変動分

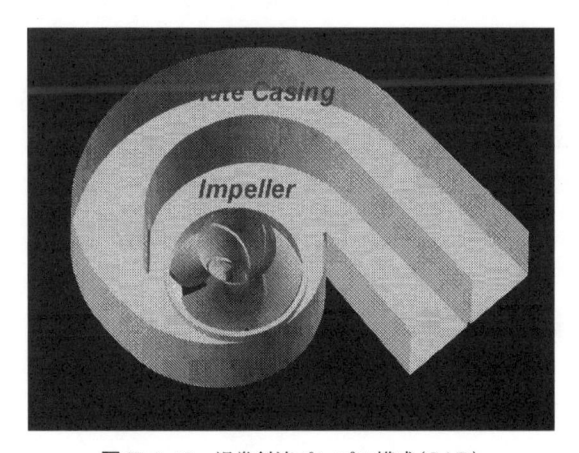

図 II-8-18　渦巻斜流ポンプの構成(CAD)

る周方向の周期的な圧力変動が見られる．

ターボ型流体機械の内部流れ：
　ターボ機械の内部流れ解析は，流体性能や信頼性を評価する上で大変重要である．最近の並列計算機の速度向上に伴い，非定常流れが直接計算でき，かつ大規模な剥離を伴う流れに対しても高精度な予測ができるようになってきた．
　ここでは渦巻斜流ポンプの流れ解析を示す[15]．図 II-8-18 は解析に用いた CAD 図である．メッシュは，入口旋回止め部，羽根車部および吐出しケーシング部の三つの部分から構成され，それぞれが重なり合うようになっている．また羽根車のメッシュは羽根車とともに回転する．計算結果の一例として，羽根車動翼負圧面の静圧分布を

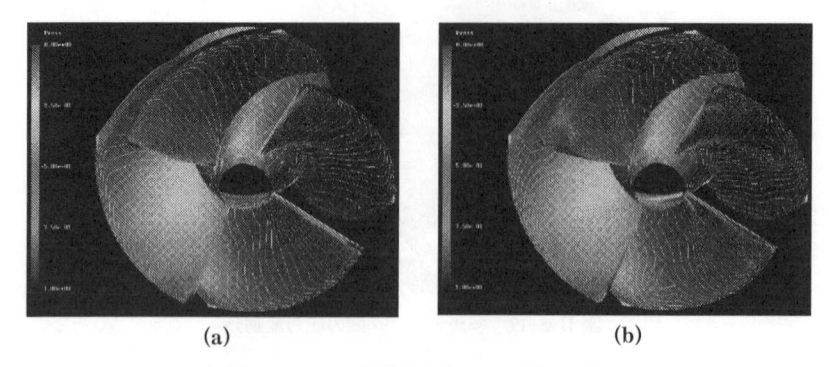

図 II-8-19 羽根車動翼負圧面の静圧分布
（a） 設計流量，（b） 60％流量

図 II-8-19 に示す．設計流量においては，スパン方向（ハブ・シュラウド間の方向）にほぼ均一な負荷がかかっており，静圧分布の有意な差は見られない．一方，60％流量の場合，動翼負圧面側の流れは，チップ側の前縁直後の領域で剥離を起こし逆流領域が形成されている．この解析は，設計点以外の特性を評価する上で極めて有力な手段となってきている．

8.3.2 構造強度解析－FEXSOLVER－

（1） 解析の基礎

FEXSOLVER で扱う解析タイプは図 II-8-20(a)〜(e)に示した 5 種類である．図 II-8-20(a)〜(d)は 2 次元ソリッド・タイプで，(e)が 3 次元ソリッド・タイプである．

図中に示した構成式の一般形は，3 次元状態での応力（$\sigma_x, \sigma_y, \sigma_z, \tau_{xy}, \tau_{yz}, \tau_{zx}$）と，ひずみ（$\varepsilon_x, \varepsilon_y, \varepsilon_z, \gamma_{xy}, \gamma_{yz}, \gamma_{zx}$）との関係を初期応力（$\sigma_{x_0}, \sigma_{y_0}, \sigma_{z_0}, \tau_{xy_0}, \tau_{yz_0}, \tau_{zx_0}$）と初期ひずみ（$\varepsilon_{x_0}, \varepsilon_{y_0}, \varepsilon_{z_0}, \gamma_{xy_0}, \gamma_{yz_0}, \gamma_{zx_0}$）を含めて表したもの（図 II-8-20(e)に示された構成式）を，各解析タイプの 2 次元化の仮定に基づいて修正したものである．構成式中の C_{ij} は材料のスティフネス係数マトリクスであり，例えば等方性弾性問題ではヤング率とポアソン比の組合せなどで表現されるものである．異方性材料や弾塑性問題などの場合を考慮して，フル・マトリクスとして表してある．初期応力や初期ひずみは，熱応力解析における熱ひずみ $\alpha \Delta T$ （α：線膨張率，ΔT：温度変化量），弾塑性

第8章 コンピュータ援用設計およびエンジニアリング

FEX-ATYPE-01

モデル	2次元平面応力モデル
モデル名称	P. STRESS
仮定	変形：$u=u(x,y)$, $v=v(x,y)$ 応力：$\sigma_z = \tau_{yz} = \tau_{zx} = 0$
平衡条件	$\dfrac{\partial \sigma_x}{\partial x} + \dfrac{\partial \tau_{xy}}{\partial y} + X = 0$ $\dfrac{\partial \tau_{xy}}{\partial x} + \dfrac{\partial \sigma_y}{\partial y} + Y = 0$ （X, Y は物体力）
ひずみ-変位関係	$\varepsilon_x = \dfrac{\partial u}{\partial x}$, $\varepsilon_y = \dfrac{\partial v}{\partial y}$, $\gamma_{xy} = \dfrac{\partial v}{\partial x} + \dfrac{\partial u}{\partial y}$
構成式の一般形	

$$\begin{Bmatrix} \sigma_x \\ \sigma_y \\ \tau_{xy} \end{Bmatrix} = \begin{bmatrix} C_{11}' & C_{12}' & C_{14}' \\ C_{12}' & C_{22}' & C_{24}' \\ C_{14}' & C_{24}' & C_{44}' \end{bmatrix} \cdot \left[\begin{Bmatrix} \varepsilon_x \\ \varepsilon_y \\ \gamma_{xy} \end{Bmatrix} - \begin{Bmatrix} \varepsilon_{x_0} \\ \varepsilon_{y_0} \\ \gamma_{xy_0} \end{Bmatrix} \right] + \begin{Bmatrix} \sigma_{x_0}' \\ \sigma_{y_0}' \\ \tau_{xy_0}' \end{Bmatrix}$$

ただし，

$$\begin{bmatrix} C_{11}' & C_{12}' & C_{14}' \\ C_{12}' & C_{22}' & C_{24}' \\ C_{14}' & C_{24}' & C_{44}' \end{bmatrix} = \begin{bmatrix} C_{11} & C_{12} & C_{14} \\ C_{12} & C_{22} & C_{24} \\ C_{14} & C_{24} & C_{44} \end{bmatrix} - \begin{bmatrix} C_{13} & C_{15} & C_{16} \\ C_{23} & C_{25} & C_{26} \\ C_{34} & C_{45} & C_{46} \end{bmatrix} \cdot \begin{bmatrix} C_{33} & C_{35} & C_{36} \\ C_{35} & C_{55} & C_{56} \\ C_{36} & C_{56} & C_{66} \end{bmatrix}^{-1} \cdot \begin{bmatrix} C_{13} & C_{23} & C_{34} \\ C_{15} & C_{25} & C_{45} \\ C_{16} & C_{26} & C_{46} \end{bmatrix}$$

$$\begin{Bmatrix} \sigma_{x_0}' \\ \sigma_{y_0}' \\ \tau_{xy_0}' \end{Bmatrix} = \begin{Bmatrix} \sigma_{x_0} \\ \sigma_{y_0} \\ \tau_{xy_0} \end{Bmatrix} - \begin{bmatrix} C_{13} & C_{15} & C_{16} \\ C_{23} & C_{25} & C_{26} \\ C_{34} & C_{45} & C_{46} \end{bmatrix} \cdot \begin{bmatrix} C_{33} & C_{35} & C_{36} \\ C_{35} & C_{55} & C_{56} \\ C_{36} & C_{56} & C_{66} \end{bmatrix}^{-1} \cdot \begin{Bmatrix} \sigma_{z_0} \\ \tau_{yz_0} \\ \tau_{zx_0} \end{Bmatrix}$$

また，

$$\begin{Bmatrix} \varepsilon_z \\ \gamma_{yz} \\ \gamma_{zx} \end{Bmatrix} = \begin{Bmatrix} \varepsilon_{z_0} \\ \gamma_{yz_0} \\ \gamma_{zx_0} \end{Bmatrix} - \begin{bmatrix} C_{33} & C_{35} & C_{36} \\ C_{35} & C_{55} & C_{56} \\ C_{36} & C_{56} & C_{66} \end{bmatrix}^{-1} \cdot \left\{ \begin{bmatrix} C_{13} & C_{23} & C_{34} \\ C_{15} & C_{25} & C_{45} \\ C_{16} & C_{26} & C_{46} \end{bmatrix} \cdot \left[\begin{Bmatrix} \varepsilon_x \\ \varepsilon_y \\ \gamma_{xy} \end{Bmatrix} - \begin{Bmatrix} \varepsilon_{x_0} \\ \varepsilon_{y_0} \\ \gamma_{xy_0} \end{Bmatrix} \right] + \begin{Bmatrix} \sigma_{z_0} \\ \tau_{yz_0} \\ \tau_{zx_0} \end{Bmatrix} \right\}$$

図 II-8-20(a)　解析タイプ（平面応力）

モデル	2次元平面ひずみモデル
モデル名称	P. STRAIN
仮定	変形：$u=u(x, y), v=v(x, y), w=0$ ひずみ：$\varepsilon_z = \gamma_{yz} = \gamma_{zx} = 0$
平衡条件	$\dfrac{\partial \sigma_x}{\partial x} + \dfrac{\partial \tau_{xy}}{\partial y} + X = 0$ $\dfrac{\partial \tau_{xy}}{\partial x} + \dfrac{\partial \sigma_y}{\partial y} + Y = 0$ （X，Y は物体力）
ひずみ-変位関係	$\varepsilon_x = \dfrac{\partial u}{\partial x}, \varepsilon_y = \dfrac{\partial v}{\partial y}, \gamma_{xy} = \dfrac{\partial v}{\partial x} + \dfrac{\partial u}{\partial y}$
構成式の一般形	

$$\begin{Bmatrix} \sigma_x \\ \sigma_y \\ \tau_{xy} \end{Bmatrix} = \begin{bmatrix} C_{11} & C_{12} & C_{14} \\ C_{12} & C_{22} & C_{24} \\ C_{14} & C_{24} & C_{44} \end{bmatrix} \cdot \left[\begin{Bmatrix} \varepsilon_x \\ \varepsilon_y \\ \gamma_{xy} \end{Bmatrix} - \begin{Bmatrix} \varepsilon_{x_0} \\ \varepsilon_{y_0} \\ \gamma_{xy_0} \end{Bmatrix} \right] + \begin{Bmatrix} \sigma_{x_0}' \\ \sigma_{y_0}' \\ \tau_{xy_0}' \end{Bmatrix}$$

ただし，

$$\begin{Bmatrix} \sigma_{x_0}' \\ \sigma_{y_0}' \\ \tau_{xy_0}' \end{Bmatrix} = \begin{Bmatrix} \sigma_{x_0} \\ \sigma_{y_0} \\ \tau_{xy_0} \end{Bmatrix} - \begin{bmatrix} C_{13} & C_{15} & C_{16} \\ C_{23} & C_{25} & C_{26} \\ C_{34} & C_{45} & C_{46} \end{bmatrix} \cdot \begin{Bmatrix} \varepsilon_{z_0} \\ \gamma_{yz_0} \\ \gamma_{zx_0} \end{Bmatrix}$$

また，

$$\begin{Bmatrix} \sigma_z \\ \tau_{yz} \\ \tau_{zx} \end{Bmatrix} = \begin{Bmatrix} \sigma_{z_0} \\ \tau_{yz_0} \\ \tau_{zx_0} \end{Bmatrix} - \begin{bmatrix} C_{33} & C_{35} & C_{36} \\ C_{35} & C_{55} & C_{56} \\ C_{36} & C_{56} & C_{66} \end{bmatrix} \cdot \begin{Bmatrix} \varepsilon_{z_0} \\ \gamma_{yz_0} \\ \gamma_{zx_0} \end{Bmatrix} + \begin{bmatrix} C_{13} & C_{23} & C_{34} \\ C_{15} & C_{25} & C_{45} \\ C_{16} & C_{26} & C_{46} \end{bmatrix} \cdot \left[\begin{Bmatrix} \varepsilon_x \\ \varepsilon_y \\ \gamma_{xy} \end{Bmatrix} - \begin{Bmatrix} \varepsilon_{x_0} \\ \varepsilon_{y_0} \\ \gamma_{xy_0} \end{Bmatrix} \right]$$

FEX-ATYPE-02

図 II-8-20（b） 解析タイプ（平面ひずみ）

第8章　コンピュータ援用設計およびエンジニアリング

FEX-ATYPE-03

モデル	（ねじり無し）軸対称モデル
モデル名称	AXISYM
仮定	変形：$u=u(r,z),\ v=0,\ w=w(r,z)$ ひずみ：$\gamma_{r\theta}=\gamma_{z\theta}=0$ （r：半径方向，θ：周方向，z：軸方向を表す）
平衡条件	$\dfrac{\partial \sigma_r}{\partial r}+\dfrac{\partial \tau_{rz}}{\partial z}+\dfrac{\sigma_r-\sigma_\theta}{r}+R=0$ $\dfrac{\partial \tau_{rz}}{\partial r}+\dfrac{\partial \sigma_z}{\partial z}+\dfrac{\tau_{rz}}{r}+Z=0$ （R, Z は物体力）
ひずみ-変位関係	$\varepsilon_r=\dfrac{\partial u}{\partial r},\ \varepsilon_\theta=\dfrac{u}{r},\ \varepsilon_z=\dfrac{\partial w}{\partial z},\ \gamma_{rz}=\dfrac{\partial w}{\partial r}+\dfrac{\partial u}{\partial z}$
構成式の一般形	

$$\begin{Bmatrix}\sigma_r\\ \sigma_\theta\\ \sigma_z\\ \tau_{rz}\end{Bmatrix}=\begin{bmatrix}C_{11}&C_{12}&C_{13}&C_{14}\\ C_{12}&C_{22}&C_{23}&C_{24}\\ C_{13}&C_{23}&C_{33}&C_{34}\\ C_{14}&C_{24}&C_{34}&C_{44}\end{bmatrix}\cdot\left\{\begin{Bmatrix}\varepsilon_r\\ \varepsilon_\theta\\ \varepsilon_z\\ \gamma_{rz}\end{Bmatrix}-\begin{Bmatrix}\varepsilon_{r_0}\\ \varepsilon_{\theta_0}\\ \varepsilon_{z_0}\\ \gamma_{rz_0}\end{Bmatrix}\right\}+\begin{Bmatrix}\sigma_{r_0}{}'\\ \sigma_{\theta_0}{}'\\ \sigma_{z_0}{}'\\ \tau_{rz_0}{}'\end{Bmatrix}$$

ただし，

$$\begin{Bmatrix}\sigma_{r_0}{}'\\ \sigma_{\theta_0}{}'\\ \sigma_{z_0}{}'\\ \tau_{rz_0}{}'\end{Bmatrix}=\begin{Bmatrix}\sigma_{r_0}\\ \sigma_{\theta_0}\\ \sigma_{z_0}\\ \tau_{rz_0}\end{Bmatrix}-\begin{bmatrix}C_{15}&C_{16}\\ C_{25}&C_{26}\\ C_{35}&C_{36}\\ C_{45}&C_{46}\end{bmatrix}\cdot\begin{Bmatrix}\gamma_{r\theta_0}\\ \gamma_{z\theta_0}\end{Bmatrix}$$

また，

$$\begin{Bmatrix}\tau_{r\theta}\\ \tau_{z\theta}\end{Bmatrix}=\begin{Bmatrix}\tau_{r\theta_0}\\ \tau_{z\theta_0}\end{Bmatrix}-\begin{bmatrix}C_{55}&C_{56}\\ C_{56}&C_{66}\end{bmatrix}\cdot\begin{Bmatrix}\tau_{r\theta_0}\\ \tau_{z\theta_0}\end{Bmatrix}+\begin{bmatrix}C_{15}&C_{25}&C_{35}&C_{45}\\ C_{16}&C_{26}&C_{36}&C_{46}\end{bmatrix}\cdot\left\{\begin{Bmatrix}\varepsilon_r\\ \varepsilon_\theta\\ \varepsilon_z\\ \gamma_{rz}\end{Bmatrix}-\begin{Bmatrix}\varepsilon_{r_0}\\ \varepsilon_{\theta_0}\\ \varepsilon_{z_0}\\ \gamma_{rz_0}\end{Bmatrix}\right\}$$

図 II-8-20(c)　解析タイプ（軸対称）

モデル	一般化平面ひずみモデル
モデル名称	GP. STRAIN
仮定	変形：$u=u(x,y),\ v=v(x,y),\ w=\alpha z+\beta$ ひずみ：$\varepsilon_z=\alpha,\ \gamma_{yz}=\gamma_{zx}=0$ （$\alpha,\ \beta$ は定数）
平衡条件	$\dfrac{\partial \sigma_x}{\partial x}+\dfrac{\partial \tau_{xy}}{\partial y}+X=0$ $\dfrac{\partial \tau_{xy}}{\partial x}+\dfrac{\partial \sigma_y}{\partial y}+Y=0\ (X,\ Y\text{ は物体力})$
ひずみ-変位関係	$\varepsilon_x=\dfrac{\partial u}{\partial x},\ \varepsilon_y=\dfrac{\partial v}{\partial y},\ \varepsilon_z=\dfrac{\partial w}{\partial z}=\alpha,\ \gamma_{xy}=\dfrac{\partial v}{\partial x}+\dfrac{\partial u}{\partial y}$
構成式の一般形	$\begin{Bmatrix}\sigma_x\\\sigma_y\\\sigma_z\\\tau_{xy}\end{Bmatrix}=\begin{bmatrix}C_{11}&C_{12}&C_{13}&C_{14}\\C_{12}&C_{22}&C_{23}&C_{24}\\C_{13}&C_{23}&C_{33}&C_{34}\\C_{14}&C_{24}&C_{34}&C_{44}\end{bmatrix}\cdot\left(\begin{Bmatrix}\varepsilon_x\\\varepsilon_y\\\varepsilon_z\\\gamma_{xy}\end{Bmatrix}-\begin{Bmatrix}\varepsilon_{x_0}\\\varepsilon_{y_0}\\\varepsilon_{z_0}\\\gamma_{xy_0}\end{Bmatrix}\right)+\begin{Bmatrix}\sigma_{x_0}{}'\\\sigma_{y_0}{}'\\\sigma_{z_0}{}'\\\tau_{xy_0}{}'\end{Bmatrix}$ ただし， $\begin{Bmatrix}\sigma_{x_0}{}'\\\sigma_{y_0}{}'\\\sigma_{z_0}{}'\\\tau_{xy_0}{}'\end{Bmatrix}=\begin{Bmatrix}\sigma_{x_0}\\\sigma_{y_0}\\\sigma_{z_0}\\\tau_{xy_0}\end{Bmatrix}-\begin{bmatrix}C_{15}&C_{16}\\C_{25}&C_{26}\\C_{35}&C_{36}\\C_{45}&C_{46}\end{bmatrix}\cdot\begin{Bmatrix}\gamma_{yz_0}\\\gamma_{zx_0}\end{Bmatrix}$ また， $\begin{Bmatrix}\tau_{yz}\\\tau_{zx}\end{Bmatrix}=\begin{Bmatrix}\tau_{yz_0}\\\tau_{zx_0}\end{Bmatrix}-\begin{bmatrix}C_{55}&C_{56}\\C_{56}&C_{66}\end{bmatrix}\cdot\begin{Bmatrix}\gamma_{yz_0}\\\gamma_{zx_0}\end{Bmatrix}+\begin{bmatrix}C_{15}&C_{25}&C_{35}&C_{45}\\C_{16}&C_{26}&C_{36}&C_{46}\end{bmatrix}\cdot\left(\begin{Bmatrix}\varepsilon_x\\\varepsilon_y\\\varepsilon_z\\\gamma_{xy}\end{Bmatrix}-\begin{Bmatrix}\varepsilon_{x_0}\\\varepsilon_{y_0}\\\varepsilon_{z_0}\\\gamma_{xy_0}\end{Bmatrix}\right)$

FEX-ATYPE-04

図 II-8-20(d)　解析タイプ（一般化平面ひずみ）

第8章 コンピュータ援用設計およびエンジニアリング

FEX-ATYPE-05

モデル	3次元モデル
モデル名称	3 DIM
仮定	変形：$u=u(x,y,z), v=v(x,y,z), w=w(x,y,z)$
平衡条件	$\dfrac{\partial \sigma_x}{\partial x}+\dfrac{\partial \tau_{xy}}{\partial y}+\dfrac{\partial \tau_{zx}}{\partial z}+X=0$ $\dfrac{\partial \tau_{xy}}{\partial x}+\dfrac{\partial \sigma_y}{\partial y}+\dfrac{\partial \tau_{yz}}{\partial z}+Y=0$ $\dfrac{\partial \tau_{zx}}{\partial x}+\dfrac{\partial \tau_{yz}}{\partial y}+\dfrac{\partial \sigma_z}{\partial z}+Z=0 \quad (X, Y, Z \text{ は物体力})$
ひずみ-変位関係	$\varepsilon_x=\dfrac{\partial u}{\partial x}, \varepsilon_y=\dfrac{\partial v}{\partial y}, \varepsilon_z=\dfrac{\partial w}{\partial z},$ $\gamma_{xy}=\dfrac{\partial v}{\partial x}+\dfrac{\partial u}{\partial y}, \gamma_{yz}=\dfrac{\partial w}{\partial y}+\dfrac{\partial v}{\partial z}, \gamma_{zx}=\dfrac{\partial u}{\partial z}+\dfrac{\partial w}{\partial x}$
構成式の一般形	$\begin{Bmatrix}\sigma_x\\\sigma_y\\\sigma_z\\\tau_{xy}\\\tau_{yz}\\\tau_{zx}\end{Bmatrix}=\begin{bmatrix}C_{11}&C_{12}&C_{13}&C_{14}&C_{15}&C_{16}\\C_{12}&C_{22}&C_{23}&C_{24}&C_{25}&C_{26}\\C_{13}&C_{23}&C_{33}&C_{34}&C_{35}&C_{36}\\C_{14}&C_{24}&C_{34}&C_{44}&C_{45}&C_{46}\\C_{15}&C_{25}&C_{35}&C_{45}&C_{55}&C_{56}\\C_{16}&C_{26}&C_{36}&C_{46}&C_{56}&C_{66}\end{bmatrix}\cdot\left\{\begin{Bmatrix}\varepsilon_x\\\varepsilon_y\\\varepsilon_z\\\gamma_{xy}\\\gamma_{yz}\\\gamma_{zx}\end{Bmatrix}-\begin{Bmatrix}\varepsilon_{x_0}\\\varepsilon_{y_0}\\\varepsilon_{z_0}\\\gamma_{xy_0}\\\gamma_{yz_0}\\\gamma_{zx_0}\end{Bmatrix}\right\}+\begin{Bmatrix}\sigma_{x_0}\\\sigma_{y_0}\\\sigma_{z_0}\\\tau_{xy_0}\\\tau_{yz_0}\\\tau_{zx_0}\end{Bmatrix}$

図 II-8-20(e)　解析タイプ（3次元）

解析における塑性ひずみ ε_p，材料定数の温度依存性により仮想的に発生する初期応力などを一般的に表したものである．

図 II-8-20(a)～(d)の2次元ソリッド・タイプでは，x方向の変位 u と y 方向の変位 v が共に z 方向に変化せず，x と y の関数として表される．(a)の平面応力モデルでは，z 座標に関する応力成分 ($\sigma_z, \tau_{yz}, \tau_{zx}$) を零と仮定しており，構成式は σ_x,

σ_y, τ_{xy} に関するものとなる.ただし,スティフネス係数マトリクスは3次元状態の C_{ij} を修正したもの(C_{ij}' で表す)となり,x および y 方向の初期応力も z 方向の初期応力の効果を取り込んだもの(σ_0' で表す)となる.z 方向のひずみ(ε_z, γ_{yz}, γ_{zx})は x および y 方向のひずみ(ε_x, ε_y, γ_{xy})から算出される.平面応力モデルは,面内力を受ける薄板の解析などに用いられる.

(b)の平面ひずみモデルは z 方向の変位 w を零と仮定しており,z 方向のひずみ(ε_z, γ_{yz}, γ_{zx})も零となる.構成式の形は平面応力と同じであるが,スティフネス係数マトリクスの成分は3次元状態の C_{ij} をそのまま使う.また,初期応力 σ_0' の成分も平面応力とは異なる.平面ひずみモデルは,軸方向変形が拘束された柱状体が軸に垂直な面内で釣合い荷重を受ける場合の解析や,細長い構造物の断面の近似的な解析などに用いられる.

(c)の軸対称モデルも θ 方向(周方向)の変位 v を零と仮定しているが,ε_θ は r 方向(半径方向)の変形 u があれば零とはならない.したがって,構成式は(σ_r, σ_θ, σ_z, τ_{rz})の4成分に関するものとなる.軸対称モデルは,形状,荷重および境界条件が軸対称の場合の解析に用いられる.

(d)の一般化平面ひずみモデルは z 方向の変位 w が z の1次関数であると仮定したものである.z 方向の境界条件として外力を与えた場合は,z 方向に力の釣合いを保って一様に変形することを認めたものとなる.構成式は軸対称モデルと同じ形になる.一般化平面ひずみモデルは細長い構造物の断面の近似的な解析などに多用される.

(2) FEXSOLVER による計算事例

構造強度解析では基本問題を事例として扱い,解析のポイントを理解することに重点をおく.

鉄棒の応力と変形(図II-8-21)

1. 解 析 対 象

横棒を両端固定の梁として解析する.荷重は横棒の中央に作用すると仮定すると,モデルは半分でよい.

2. モ デ ル

図II-8-22 に示すように,左端を固定し中央断面を対称条件(z 方向自由,x 方向固定,y 方向固定)とする.荷重は1/2の300 N を $-z$ 方向に加える.

第8章　コンピュータ援用設計およびエンジニアリング　　　331

図 II-8-21

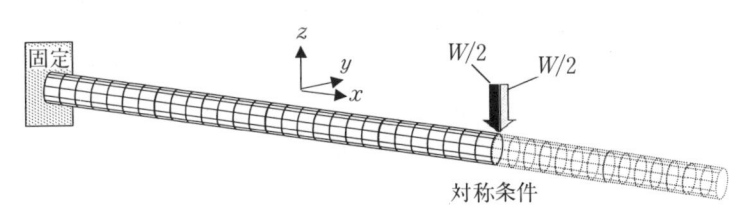

図 II-8-22

- 横棒；外径 30 mm，内径 26 mm
- 要素；4 節点シェル要素
- 材料定数；ヤング率 206000 MPa，ポアソン比 0.3

3. 解 析 結 果

図 II-8-23 に棒の固定端外表面の応力値と変形を示す．

梁理論による計算を下記に示す．

固定端の曲げモーメント　　$M = \dfrac{Wl}{8} = \dfrac{600 \times 1600}{8} = 120000 \text{ Nmm}$

断面 2 次モーメント　　$I = \dfrac{\pi}{64}(d_o^4 - d_i^4) = \dfrac{\pi}{64}(30^4 - 26^4) = 17329 \text{ mm}^4$

荷重点のたわみ　　$\delta = \dfrac{Wl^3}{192EI} = \dfrac{600 \times 1600^3}{192 \times 206000 \times 17329} = 3.58 \text{ mm}$

固定端の応力　　$\sigma = \dfrac{d_o M}{2I} = \dfrac{30 \times 120000}{2 \times 17329} = 104 \text{ MPa}$

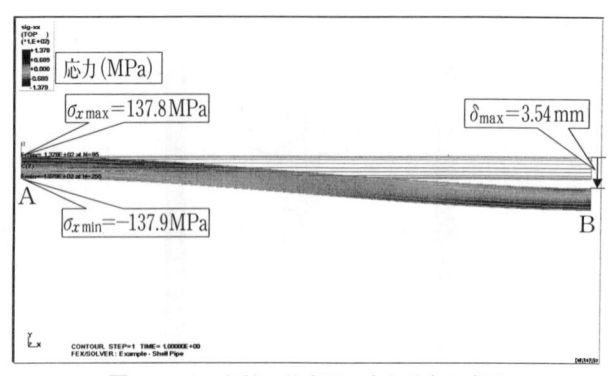

図 II-8-23　鉄棒の外表面の応力分布と変形

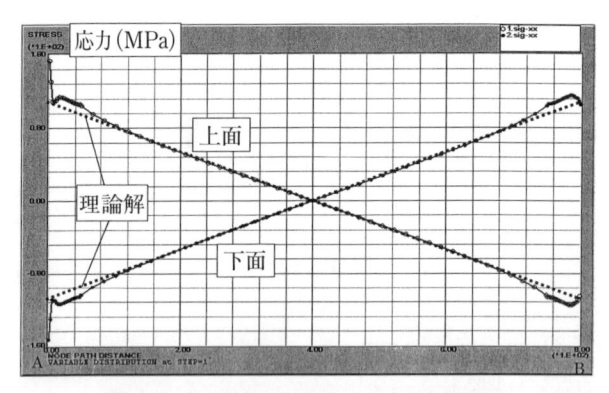

図 II-8-24　鉄棒の軸方向応力分布（外表面）

これより，
　　たわみの精度：$3.54/3.58\times100=99\%$
　　応力の精度：$104/137.8\times100=75\%$
となり，固定端の応力は理論解に比べかなり大きい値となる．

　図 II-8-24 に軸に沿った棒の外表面の応力の変化を示す．固定端および荷重点では局所的な応力分布があるが，軸に沿った分布を外挿した値は理論解の 104 MPa にほぼ一致する．このように固定端などは応力の特異点（き裂の先端などのように弾性力学では応力の大きさが無限大になる点）になることがある．

周期構造を持つ機械の解析事例—シロッコファン—

図 II-8-25 に示すファンの回転による変形を解析する．羽根枚数を N として，$2\pi/N$ の扇形部分を取り出して解析モデルを作るが，単純に斜角境界を設定すると，羽根のねじれによって下側の円板と上側の円輪が円周方向に相対移動する現象を再現することができない．

図 II-8-25

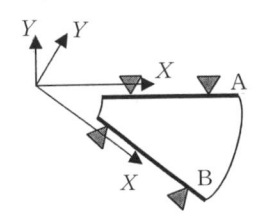

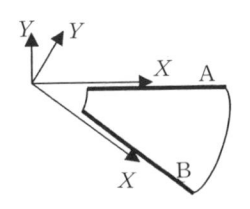

辺 A 上の点：Y 変位拘束
辺 B 上の点：Y' 変位拘束

辺 A 上の点の X 変位＝辺 B 上の点の対応点の X' 変位
辺 A 上の点の Y 変位＝辺 B 上の点の対応点の X' 変位

（a）斜境界条件　　　　　　（b）周期境界条件

図 II-8-26

そのような場合に周期境界条件を用いる（図 II-8-26）．図 II-8-27 は解析結果の変形を示す．羽根には遠心力と風圧が与えられている．羽根の変形によって，上の円輪が下の円板に対して反時計まわりに相対移動しているのが分かる．図 II-8-28 は応力分布を示す．

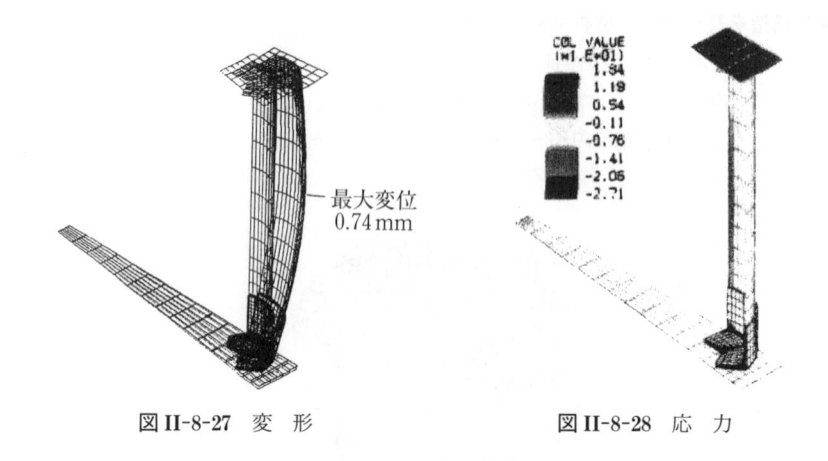

図 II-8-27　変　形　　　　図 II-8-28　応　力

弾塑性解析の事例—はんだ接合部の寿命予測—

電子部品のはんだ接合部はセラミックス素子とガラスエポキシ基板の熱膨張率の違いにより，温度変化を受けると熱応力が発生する．電流の ON・OFF で熱応力が繰返されることで，はんだが疲労により損傷する．

図 II-8-29 は，セラミックスコンデンサのはんだ接合部の応力解析モデルである．これに 10～70℃の温度サイクルを与えて，熱応力を解析する．はんだは降伏強度が低いためすぐに塑性変形し，弾性応力解析では寿命予測が難しいため，弾塑性解析により塑性ひずみを求める．

図 II-8-30 は 25℃から 70℃に温度上昇した時点の相当塑性ひずみ分布を示す．はんだとセラミックスコンデンサの界面にひずみが集中している．

これを 10℃に冷却し，さらに最初の 25℃に戻す解析も実行し，温度サイクルの間における相当塑性ひずみの変動幅 $\Delta\varepsilon_{peq}$ を求める．

図 II-8-31 にはんだ寿命のデータベースを示す．解析で求めた $\Delta\varepsilon_{peq}$ から，はんだ接合部の寿命 N_f を推定する．

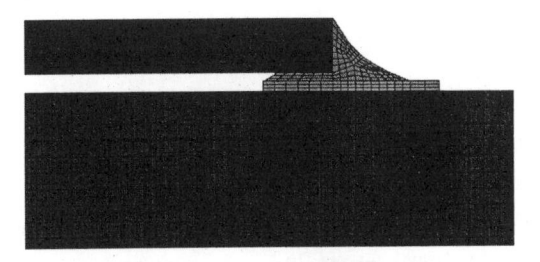

図 II-8-29 はんだ接合部モデル

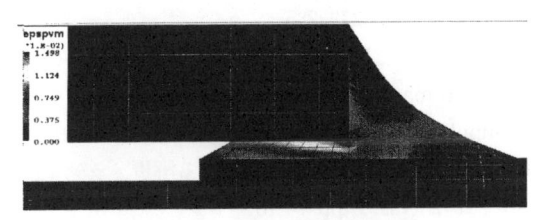

図 II-8-30 相当塑性ひずみ分布

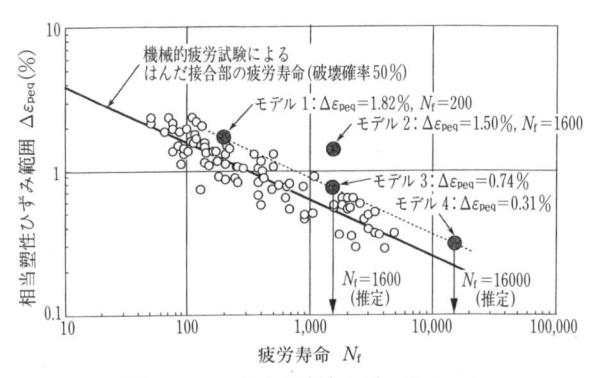

図 II-8-31 はんだ寿命のデータベース

参 考 文 献

[1] 安田仁彦：CAD と CAE, コロナ社 (1997).
[2] (社)日本機械学会：CAD システムの機能と構成, 技報堂 (1987).
[3] (社)日本機械学会：CAD/CAM 事例集, 技報堂 (1987).
[4] 滝澤千恵, 他4名：大規模流体解析対応四面体メッシュ自動生成技術の開発, 機論, 65-635, A (1999), pp. 44-49.
[5] 高橋宏明, 他4名：形状認識を用いた三次元自動要素分割システムの開発, 機論, 59-560, A (1993), pp. 279-285.
[6] Chiba, N., Nishigaki, I., Yamashita, Y., Takizawa, C. and Fujishiro, K.: A Flexible Automatic Hexahedral Mesh Generation by Boudary-Fit Method, Comput. Methods Appl. Mech. Engrg., 161 (1998), pp. 145-154.
[7] 西垣一郎, 他2名：CAE システムにおける解析メッシュ自動生成技術, シミュレーション, 18-2 (1999), pp. 74-81.
[8] 針谷昌幸, 西垣一郎：形状変更対応型六面体メッシュ生成技術, 機論, 66-646, A (2000), pp. 1096-1102.
[9] 海保真行, 他3名：四面体有限要素法を用いた並列 LES 解析(第2報, 高レイリ数熱伝達問題への適用), 機論, 68-667, B (2002), pp. 672-679.
[10] 加藤千幸：低マッハ数の乱流中に置かれた物体から放射される流体音の数値解析に関する研究, 東京大学博士論文 (1995).
[11] De Vahl Davis, G.: Natural Convection of Air in a Square Cavity, Int. J. Num. Method Fluids, 3 (1983), pp. 249-264.
[12] Le Quere, P.: Accurate Solutions to the Square Thermally Driven Cavity at High Reyleigh Number, Computers Fluids, 20-1 (1991), pp. 29-41.
[13] 山崎 格, 他3名：変形ガレルキン法による三次元自然対流問題の解析(第二報), 第12回数値流体力学シンポジウム講演論文集 (1998), p. 475.
[14] Shimizu, H., Tokuyama, M., Imai, S., Nakamura, S. and Sakai, K.: Study of Aerodynamic Characteristics in Hard Disk Drives by Numerical Simulation, IEEE Trans. of Mech., 37-2 (2001), pp. 831-836.
[15] 加藤千幸, 他3名：ターボ機械への LES 解析の適用, ターボ機械, 28-12 (2000), pp. 717-723.

索　引

あ

アーム ……………………………212, 247, 274
ISO ……………………………………………32, 35
IGV …………………………………………196, 197
アクチュエータ
　…50, 207, 213, 214, 250, 252, 259, 285, 299
　　　空気圧—— ……………………………250
　　　静電—— …………………………………297
　　　電気—— …………………………………250
　　　油圧—— …………………………………250
脚型 …………………………………………………249
圧縮機 ………………………………115, 121, 182, 193
圧縮仕事 ……………………………116, 133, 135
圧電素子 …………………………………………299
圧力損失 …………………………………………291
圧力比 …………………………………117, 119, 124, 133
アナログ信号 ……………………………………203
　　　——化 ………………………………………204
安全工学 …………………………………………………15
安全性 ………………………………………………15

い

位置決め …………………………………………213, 214
　　　——技術 …………………………………207
　　　——精度 …………………………………211
1次燃焼領域 ……………………………………148, 150
一方向凝固翼 …………………………………………128
移動機構 …246, 247, 249, 258, 265, 266, 270
イニシャルコスト ………………………………16
インゴット ………………………………………220
インタフェース ………………………………207
インハブ型モータ ……………………………216
インピンジメント冷却(構造)
　…………………………………………126, 164, 166

う

Wiesnerの実験式 ………………………………94

ウ

ウエハ ……………………………………………220
渦流れ形式 ………………………………………137, 138
渦巻斜流ポンプ ………………………………………323

え

ASME ………………………………………………33
ASTM ………………………………………………33
ANSI …………………………………………………33
AD …………………………………………………209, 210
Si ………………………………………220, 223, 230, 231
SAE …………………………………………………33
S-N曲線 ……………………………………………229
NRRO ……………………………………………212, 216
NACA翼型 …………………………………………124
NACA翼列 …………………………………………140
NF …………………………………………………33
NPSH …………………………………………89, 90, 106
FEM …………………………………………………312
FCU …………………………………………………192
MIL …………………………………………………33
MEMS ……………………………………………214, 283
遠隔・自動点検ロボット ……………………261
遠隔操作 …………………………………………253
　　　——ロボット …………………………243, 244
遠心羽根車の水力的設計 ……………………106
遠心ポンプ ……………………………………91, 92, 98
遠心力 ……………………………………………294

お

オイラーの理論ヘッド ………………………93
オイルウィップ …………………………………78, 79
応答性 ……………………………………………250
応力拡大係数 ……………………………………237, 238
応力集中 ……………………………………………64
　　　——係数 …………………………………65
応力の精度 ………………………………………332
おねじ ………………………………………………56, 58

音響センサ ……………………245
温度解析 ……………………225
温度分布 ……………………225

か
外界センサ ……………………245
外周速 …………………………98
解析プログラム ………………306
階層組織 …………………………9
回転軸 ……………………62,65
概念設計 ………………………28
開発設計 ………………………22
界面張力 ……………………289
改良設計 ……………………22,29
回路設計 ……………………221
過剰設計 ………………………26
かじり …………………………78
ガスタービン ………………113
加速試験寿命 ………………233
加速率 ………………………233
片当たり ………………………82
可動電極 ……………………296
過冷却 ………………………291
観察用センサ ………………251

き
機械 ………………………………3
　──工学便覧 ………………24
　──の副作用 …………………7
　──の目的 ……………………7
　──要素 …………………10,55
危険速度 …………62,65,66,179
起動特性 ……………………190
起動燃料 ……………………191
基板 …………………………224,228
基本動定格荷重 ………………71
ギャップ ……………………202-205
キャビテーション ……89,90,99
キャンバ線 …………………141
キャンベル線図 ……………175
共振現象 ……………………216

競争入札 ………………………96
強度計算 ………………………28
強度設計 ……………………314
許容荷重 ………………………67
切欠係数 ………………………61
記録媒体 ……………………203
記録密度 ……………………205

く
食違い角 ……………………141
空気圧アクチュエータ ……250
空気の自由工程 ……………213
クーロンの摩擦法則 ………292
クエット流れ …………………75
駆動力 ……………………298,299
グリース ………………………72
クリープ ……………177,223,228
クローラ型 …………………249
クローラ式 ……………265,266

け
経済性 …………………………16
形状記憶合金 ………………251
ケーシング ……91,121,129,147,161,182
弦 ……………………………141
原子レベルシミュレーション …237

こ
公害 ……………………8,15,16
工業標準化法 …………………33
工業用材料 ……………………45
高効率放熱 …………………207
工作法 …………………………28
硬磁性薄膜 ……………203,205
硬磁性微粒子 ………………202
高推力ボイスコイルモータ …207
剛性 ……………………………69
合成油 …………………………73
構造強度解析 ………………324,330
高速スウィッチング ………206
高速データ転送 ……………206

索　　引

鉱油 …………………………………73
効率 …………………………………13
コーティング ……………………181, 184
国際単位系 …………………………33
誤差三角形 ………………100, 101, 107
コスト ……………………………26, 233
固体潤滑剤 …………………………74
固定電極 ……………………………296
固有振動数 ………65, 213, 291, 301, 302
転がり軸受 …………………66-68, 70, 74
コ・ロケーション系 ………………214
ころ軸受 …………………………69, 71
コントロールディフュージョン翼列 …140
コンバインドサイクル ……………114, 173
コンピュータシミュレーション ………306

さ

サージング ………………123, 175, 191
サーペンタイン流路 ………………167, 170
サーボ機構 …………………………207
最小油膜厚さ ………………………81
最大主応力説 ………………………64
最大主応力則 ………………………315
最大せん断応力説 …………………64
最大せん断応力則 …………………315
最適化手法 …………………………308
最適形状 ……………………………308
最適設計 ……………………………234
裁縫ミシン …………………………8
再利用 ………………………………16
材料価格の短期的変動要因 ………42
材料価格の長期的変動要因 ………40
作業機構 ……………………246, 247, 258
サスペンション ……………………207, 214
作動円板理論 ………………………139
三円弧軸受 …………………………79
産業心理学 …………………………15
3次元羽根 …………………………100, 101
3次元モデル ………………………329

し

CAE ……………………………305, 306
CAD ……………………………29, 305
CSSスライダ ………………………212
CFD ……………………………………87
GOST …………………………………33
シール ………………………………296
　　──機能 …………………………289
シェル要素 …………………………313
視覚センサ …………………………245
磁気記録 ……………………………202
磁気ディスク装置
　　…………205-208, 211-214, 216, 322
磁気ヘッド …………………………202-205
軸 ……………………………62-65, 81, 91
　　──の制振性 …………………67
　　──の偏心率 …………………81
軸受 ………………………13, 55, 66, 91
　　転がり── ……………66-68, 70, 74
　　ころ── ………………………69, 71
　　三円弧── ……………………79
　　──剛性 ………………………68
　　──損失 ………………………81
　　──特性係数 …………………71
　　──幅 …………………………80
　　──メタル ……………………81
　　真円── ………………79, 80, 82
　　すべり── ……………66-68, 74
　　スラスト── …………………68, 216
　　静圧── ………………………74, 76
　　玉── …………………………69, 71
　　ティルティングパッド── ……79, 83
　　動圧── ………………………74
　　二円弧── ……………………79
　　部分── ………………………79
　　ラジアル── …………………68, 216
　　流体── ………………………210
　　流体動── ……………………216
軸対称モデル ………………………327
軸継手 ………………………………91
軸動力 ………………………………88, 95

――比 …………………………………89
軸流圧縮機 ………121-123, 130, 135, 180
軸流ポンプ ………………………………91
次元解析 …………………………………95
試行錯誤 …………………………………234
仕事係数 …………………………………133
仕事補正係数 ……………………………134
子午面 …………………91, 98, 101, 138
　　――形状 ……………………………98
　　――断面 ………………………91, 101
　　――出口流速 ………………………98
　　――流れ ……………………………138
試作 …………………………………………28
　　――設計 ……………………………28
市場寿命目標 ……………………………233
JIS ……………………………25, 32, 33, 35
磁性流体 …………………………………216
実装構造 …………………………………220
実揚程 ……………………………………88
自動制御技術 ……………………………15
自動ロボット ……………………………243
シミュレーション ………………………29
車軸 ………………………………………62
遮熱コーティング ………………………153
斜流ポンプ ………………………………91
車輪型 ……………………………………249
自由渦 ……………………………………105
　　――形式 ……………………………137
周期構造 …………………………………333
修正回転数 ………………………186, 187, 189
修正設計 …………………………………22
修正流量 …………………………186, 187, 189
周速度係数 ………………………………98
摺動部 ……………………………………291
重量計算 …………………………………28
寿命 ……………………………15, 67, 68, 70
シュラウド ………………………162, 182
潤滑材 ……………………………………216
潤滑油 …………………………72, 78, 292
　　――供給方法 ………………………82
準3次元流れ解析 ………………108, 139

ジョイスティック方式 …………………265
仕様 …………………………………11, 96
　　――満足の評価 ……………………108
正面形状 …………………………………98
シリコン …………………………………297
　　――単結晶 ……………………220, 293
　　――の脆性破壊強度 ………………237
自立巡回ロボット ………………………245
自励振動 …………………………………79
シロッコファン …………………………333
真円軸受 ……………………………79, 80, 82
振動 ……………………207, 208, 215, 216
　　――応答解析 ………………………175
信頼性工学 ………………………………14
信頼度係数 ………………………………71

す

吸込揚程 …………………………………89
水車発電機 …………………………83, 84
水動力 ……………………………………88
水力学的設計 ……………………………98
水力効率 …………………………………95
数値解析 …………………………………10
スケールアップ …………………………22
スタッキングボルト ………………121, 182
ステイター ………………………………216
スパッタ …………………………………215
スバル望遠鏡 ………………………48, 49
スピンドル …………………………207, 215
すべり ……………………………………94
　　――係数 ……………………………94
　　――軸受 ……………………66-68, 74
スミス線図 ………………………………157
スライダ ……………………207, 213-215
　　CCS―― ……………………………212
　　静圧―― ……………………………212
　　動圧―― ……………………………212
　　ピコ―― ……………………………212
　　負圧型―― …………………………215
　　ヘッド―― …………………………213
スラスト …………………………………178

索　引

----軸受 ································ 68, 216
スワラ ································ 145, 153
寸法効果 ································· 287

せ

静圧軸受 ································ 74, 76
静圧スライダ ··························· 212
正圧面 ································ 141, 159
正圧レール ····························· 215
静音性 ····································· 68
制御系 ··································· 252
制御装置 ································· 252
制御用センサ ··························· 251
生産コスト ··························· 13, 16
生産設計 ·································· 29
静止軸 ····································· 62
脆性破壊 ······························ 230, 231
静電アクチュエータ ················· 297
静電ステッピングモータ ··········· 296
静電力 ····························· 288, 292, 296
静翼 ··· 121, 127, 135, 140, 159, 164, 180, 182
積層構造 ································· 225
セクター ································· 209
設計行為 ··································· 4
設計者の責任 ·························· 29
設計の動機 ····························· 27
設計要求書 ····························· 27
接触角 ······························· 289, 296
全圧損失係数 ·························· 145
旋回失速 ························ 123, 175, 191
センサ ······················· 214, 251, 259, 264
　　音響—— ····························· 245
　　外界—— ····························· 245
　　観察用—— ·························· 251
　　視覚—— ····························· 245
　　制御用—— ·························· 251
　　——素子 ····························· 233
せん断強さ ································· 61
せん断ひずみエネルギー則 ········· 315
線密度 ··································· 209
全揚程 ····························· 88, 95, 106

そ

操作性 ····································· 14
操作装置 ································· 252
操作卓 ······················· 253, 259, 276
相似設計 ·································· 96
相似則 ····································· 95
増分理論 ································· 229
速度係数 ···························· 98, 103
　　——線図 ····························· 106
速度三角形 ········· 92, 107, 130, 135, 137, 141
側壁 ······································ 136
損失 ································· 13, 88

た

タービン ························ 115, 127, 182
　　——冷却 ····························· 174
ターボ型 ·································· 87
ダイ ····································· 219
ダイアフラム ··························· 299
耐久性 ····································· 15
耐衝撃性 ································· 207
体積力 ··································· 288
ダイボンディング構造 ··············· 222
ダブテイル構造 ························ 177
玉軸受 ································ 69, 71
たわみの精度 ·························· 332
単位重量当たりの製品価格 ········· 43
弾完全塑性体 ·························· 226
単結晶シリコン ················· 220, 293
単結晶翼 ································· 129
段効率 ····························· 118, 133, 155
弾性変形量 ······························· 70
弾塑性解析 ······························ 334
団体規格 ·································· 33
段付き軸 ·································· 65
断熱効率 ····················· 117, 118, 185, 187

ち

チップ
　··· 124, 161, 219, 221, 223-225, 230, 231,
　233, 234, 237

チップ実装構造 ……………………232
　　半導体—— …………221,222,224,229
知的所有権 ………………………260
知能ロボット …………………243,245
チャンファ …………………………81
抽気 ……………………………123
超合金 ……………………181,184
超常磁性現象 ……………………210

つ
通信系 …………………………254,259

て
DIN ………………………………33
ティーチング・プレーバック方式 ……265
DMD ……………………………284
定格寿命 …………………………71
定型的設計 ………………………24
ディジタル化 ……………………203,204
ディスク ……………121,122,127,175,182
　　——強度 ……………………177
TPI …………………………209,210
TBC …………………………153,184
ディフュージョンファクタ ……………135
ティルティングパッド軸受 ………79,83,84
デローニ法 …………………………309
電気アクチュエータ ………………250
電気抵抗 …………………………220
電極列 ……………………………296
転向角度 …………………………160
電子分周回路 ………………………26
伝達要素 …………………………10
伝動軸 ……………………………62
転動体 ……………………………66

と
動圧軸受 …………………………74
動圧スライダ ……………………212
導体バンプ ………………………222
導体ワイヤ ………………………222
動等価荷重 ………………………71

動粘度 ……………………………290
動翼
　　…121,124,127,128,135,138,140,159,
　　165,180,182
動力 ………………………………93
　　——源 ……………………253,259
　　——効率 ……………………12
特許 ……………………………260,280
トライボロジ ……………………291
トラック …………………………209
　　——密度 …………………209
トランジスタ ……………………220
トルク ……………………59,93,178

な
内部損失 …………………………95
流れ解析 …………………………108
ナット ………………………10,59
軟磁性材料 ………………………202

に
二円弧軸受 ………………………79
2次燃焼領域 ……………………149,150
2進法 ……………………………204
2値化 ……………………………204
人間工学 …………………………15

ぬ
ぬれ性 ……………………………289

ね
ねじ ………………………………56
ねじりモーメント …………………63,64
熱応力 ……………………222,334
　　——解析 ……………………226
熱効率 ……………………119,120,189
熱サイクル ………………………224
　　——寿命 …………………224
熱抵抗 ……………………………234
熱伝導 ……………………………291
　　——の基礎方程式 ……………225

索　引

熱疲労寿命 …………………………229
熱変形 ………………………………224
熱膨張 ………………………………224
　——係数 …………………………223
燃焼温度 ……………………………193
燃焼器 …………115,121,124,142,180,182
燃焼効率 ……………………………144
燃焼ノズル …………………………124
粘性力 ………………………286,290,291,294

の

ノイズ ………………………………254

は

ハードディスク装置 ………………208
配線 …………………………………220
破壊確率 ……………………………231
破壊現象 ……………………………314
破壊靱性値 …………………………238
破壊力学 ……………………………237
吐出し量 ………………………11,88,95,106
薄膜材料 ……………………………293
パターンファクタ …………………164
パッキング ………………………13,14
パッケージング ……………………220
撥水処理 ……………………………296
撥水性 ………………………………289
発明 ……………………………………19
羽根厚 ………………………………106
羽根車 ………11,12,88,90-94,98,102,324
　——入口 …………………………100
羽根数 ………………………………106
ばね定数 ……………………………76,291
羽根出口角 …………………………106
羽根の積層法 ………………………102
羽根流線展開法 ……………………101
ハブ ……………………………124,216
パラメータ理論 ……………………139
梁の剛性 ……………………………287
半自由渦形式 ………………………137
はんだ ………………………222,226,229
　——接合部 ………………………334
ハンド …………………………247,248
半導体装置 …………………………219
半導体素子 …………………………221
半導体単結晶 ………………………221
半導体チップ実装構造 …221,222,224,229
反動度 ………………………………156

ひ

BS ……………………………………33
BPI ……………………………209,210
ピエゾ効果 ……………………………26
ピエゾ素子 …………………………214
ピエゾ抵抗効果 ……………………231
光ディスク装置 ……………………208
ピコスライダ ………………………212
微細管 ………………………………291
比出力 ………………………………119,120
比速度 ………………………98,100,103,106
ピッチ ………………………………56,141
引張強さ ………………………………60
比抵抗 ………………………………231,232
標準化 ………………………………10,31
表面間力 ……………………………286
表面張力 ……………………289,294,296
疲労寿命 ……………………………229
疲労破壊 ……………………………229
ピンチポイント ……………………161,162
ピンフィン冷却 ……………………168

ふ

負圧型スライダ ……………………215
負圧面 ………………………………141
ファンデルワールス力 …………288,292
フィルム冷却 ……………164,167,169,170
付加価値 ………………………………43
負荷係数 ……………………………155,156
複合発電 ……………………………114
複写設計 ……………………………23
浮上量 ………………205,207,211-213,215
沸騰 …………………………………89,286

索引

部
部分軸受 …………………………………79
フランジ ………………………………91
フリップチップ構造 …………………222
浮力 ……………………………………214
フレーキング ……………………………70
プロセス設計 …………………………221
プロトタイプ ……………………………20
フロント法 ……………………………309
分子動力学 ……………………………238

へ
平面ひずみモデル ……………326,328
ヘッド ………………205,207,211-214
　──スライダ ………………………213
ペレット ………………………………219
偏心量 ……………………………66,75

ほ
ポアズイユ流れ …………………………75
ボイド面積率 …………………………227
飽和した設計 ……………………………25
飽和蒸気圧 ………………………………89
保炎法 …………………………………153
ボード …………………………………219
ボールベアリング ……………………216
保守管理 …………………………………5
保守費 ……………………………………14
ポストプロセッサ ……………………312
ボリュートケーシング ……91,98,102
ボルト ……………………………10,59,84
ホワイトメタル …………………68,81,82
ポンプ ………………………11,13,20,87
　渦巻斜流── ………………………323
　遠心── ……………………91,92,98
　軸流── ………………………………91
　──寿命 ………………………………97
　──の効率 ……………………………89
　──の作動原理 ………………………92
　──比速度 ……………………………91
　マイクロ── ………………………299
　モデル── …………………………95,96

ま
マイクロポンプ ………………………299
マイクロマシン ………………………283
マイクロ理工学 ………………………286
曲げモーメント ……………………63,64
摩擦 ………………………………………13
　──係数 ……………………………68,292
マスターアーム ………………………276
　──方式 ……………………………265
マニピュレータ ………………………244

み
見かけの降伏応力 ……………………228
ミスアライメント ………………………78

む
無次元速度係数 ………………………100

め
メカトロシステム ……………………213
メカニカルシール ………………………13
メッシュ生成 ………306,308,310,319
メディア ………………………………215
めねじ ……………………………………56,58
面記録密度 ……………………………212
面密度 …………………………………209,212

も
モータ …………………………………216
文字のディジタル表示 ………………204
モジュール ……………………………219
モデルポンプ ……………………………95,96
模倣設計 …………………………………23

や
Young-Dupreの式 ……………………289

ゆ
油圧アクチュエータ …………………250
有限要素法 ………………………10,225
有効径 ……………………………………56

誘電率 …………………………288
油膜の減衰係数 …………………76
油膜のばね定数 …………………76

よ
揚水 ………………………………88
容積型 ……………………………87
揚程 ………………………………11
　　実—— …………………………88
　　吸込—— ………………………89
　　全—— …………………88,95,106
　　——曲線 ………………………98
　　——比 …………………………89
　　理論—— …………………95,105
翼間負荷 ……………………158,159
翼列 ………………………………136
　　——性能 ……………………140

ら
ライナ ………………147,149,180
落札受注 …………………………96
ラジアル軸受 …………………68,216
ランニングコスト ………………16

り
リード ……………………………56
　　——角 …………………………56

リヴァース・エンジニアリング …23
リサイクル性 ……………………16
流速係数 ………………………100
流体 ………………………………11
　　——解析 …………………317
　　——軸受 …………………210
　　——動軸受 ………………216
　　——力 ……………………215
流通価格 …………………………39
流量係数 …………………133,156
流量制御 ………………………291
流路形状 …………………………91
理論揚程 …………………95,105
　　——曲線 …………………105

れ
冷却効率 …………………162-164
冷却翼 ……………………127,166
レイノルズ数 …………………290
劣化モードの等価性 …………233

ろ
漏洩磁束 …………………202,205
ロータ ………121,127,177,178,216
　　——振動 …………………179
6自由度多関節型アーム ………247
ロストワックス鋳造法 ……128,181

2002年10月31日　第 1 版　発　行
2006年 9 月25日　第1版2刷発行

著者の了解に
より検印を省
略いたします

著者代表　日　置　　　進
発 行 者　内　田　　　悟
印 刷 者　山　岡　景　仁

現代機械設計学

発行所　株式会社　内田老鶴圃　〒112-0012 東京都文京区大塚3丁目34番3号
電話 (03) 3945-6781(代)・FAX (03) 3945-6782
印刷・製本/三美印刷 K.K.

Published by UCHIDA ROKAKUHO PUBLISHING CO., LTD.
3-34-3 Otsuka, Bunkyo-ku, Tokyo 112-0012, Japan

U. R. No. 522-2

ISBN 4-7536-5026-X C3053

*JME*材料科学シリーズ
金属の高温酸化
齋藤安俊・阿竹　徹・丸山俊夫編訳　A5・140頁・2000円

サイツ・アインシュプラッハ著
エレクトロニクスと情報革命を担う
シリコンの物語
堂山昌男・北田正弘訳　A5・304頁・3500円

物理のあしおと
奥田　毅著　A5・362頁・3000円

私の物理年代記
奥田　毅著　A5・200頁・2300円

現代物理学への道標
信貴豊一郎著　A5・184頁・2300円

材料学シリーズ
金属電子論　上・下
水谷宇一郎著　（上）A5・276頁・3000円　（下）A5・272頁・3200円

材料学シリーズ
結晶電子顕微鏡学
坂　公恭著　A5・248頁・3600円

材料学シリーズ
X 線構造解析
早稲田嘉夫・松原英一郎著　A5・308頁・3800円

材料学シリーズ
金属物性学の基礎
沖　憲典・江口鐵男著　A5・144頁・2300円

材料学シリーズ
鉄鋼材料の科学
谷野　満・鈴木　茂著　A5・304頁・3800円

価格は本体価格（税別）です．